알기쉬운
반도체 세미나
Semiconductor Seminar

伝田 精一 著 / 鄭鶴起 譯

BM 성안당

알기 쉬운 반도체 세미나

This Korean edition translated from
"WAKARU HANDOUTAI SEMINAR"
under the permission of the author:
Dr. Sei-ichi Denda and the Japanese publisher:CQ publishing Co., Ltd.
© Dr. Sei-ichi Denda 1968

머리말

여러분은 타임머신이라는 기계를 알고 있습니까? 지금으로부터 100여 년 전에 베르누이라는 소설가가 생각해냈던 기계입니다. 물론 실제로 실현 가능한 것은 아니지만, 이 기계의 좌석에 앉아서 다이얼을 돌리면 시간만 변화되어 미래뿐만 아니라 과거의 시간까지 조정이 가능하여 과거와 미래를 넘나들 수 있는 놀라운 기계입니다.

그럼 1000년 전으로 돌아가 볼까요? 아마 여러분이 지금 살고 있는 장소는 거대한 나무가 들어서 있는 산림이나 목초들로 뒤덮인 평야일 것입니다. 그렇게 오랜 옛날이 아닌 100년 전만 해도 지금과는 전혀 다를 것입니다. 그 무렵 우리 나라에는 '새로운 문명'이 미국이나 유럽을 통하여 흡수되기 시작하였으며 이른바 '과학'이라는 분야에 들어서게 되었습니다.

그때까지만 해도 우리 나라에는 마땅히 과학이라 불릴 만한 것이 없었습니다. 여러분은 TV 시대극을 통해서 그 당시의 사람들이 농작물과 나무, 종이, 옷감, 철 등을 사용하고 있는 것을 볼 수 있습니다. 예를 들면 술, 조미료, 기름을 만드는 것이나 금속을 정제하는 것 또는 어떤 의학의 발전 등은 수백 년에 걸쳐서 사람들이 생각해 왔던 것입니다.

100여 년 전이라면 여러분들의 조부모들이 사시던 때이므로 매우 오랜 옛날로 생각하는 분들이 많을 것입니다. 그럼 약 50년 전 정도는 어떠했을까요? 해방이 되었을 때이지만, 그 무렵도 지금과는 달랐을 것입니다. TV는 없고 라디오도 민영방송은 없었을 뿐만 아니라, 대도시를 제외한 다른 지역에서는 청취할 수도 없었으며 음질도 불량했습니다.

레코드는 수동식이었고 형광등도 없었으며 전화는 다이얼식으로 근거리 통화만 가능했던 시대로, 트랜지스터는 아직 발명되어 있지 않은 상태였습니다. 해방 후 4, 5년 후에야 트랜지스터가 발명되었고, 이것이 실용화되어 여러분의 눈앞에 나타난 것은 1950년경이었습니다.

그 당시 사람들의 경이로움은 상상을 초월하는 것이었습니다. 그 전까지는 진공관밖에 몰랐던 사람들이 1mm 정도의 작은 소자에서 신호가 증폭되는 것이 가능하다는 것을 알게 되었습니다. 필라멘트도 없고 견고할 뿐만 아니라 수명도 반영구적인 것으로 온통 장점뿐이었으며, 마치 미지의 우주로부터 원반이 도착한 것과 같았습니다.

트랜지스터는 여러 가지 의미에서 혁명을 일으켰습니다. 그 일례로 재료혁명이 있습니다. 그 전까지 진공관은 금속을 절단하고 구부려 유리 안에 봉하여 제작했습니다. 저항 등도 '산화물' 정도로 인식하였습니다. 물론 캐소드 등은 물질 자체로 연구되었지만 소위 전자공학이라는 것은 금속 등을 이용하여 소자를 제작하는 것이었습니다.

그러나 그 당시 트랜지스터는 게르마늄(Ge)이라는 반도체를 단결정으로 하여 순도 높게 정제하지 않으면 동작하지 않았습니다. 이것은 지금까지 누구도 경험하지 못한 것이었습니다. 물질 내부를 움직이는 전자를 제어하고 이를 이용하는 새로운 고찰방법으로, 이로 인해 전자공학의 도약을 가져오게 되었습니다. 전자공학이 단순히 금속세공 등을 이용하는 분야에서 확대됨에 따라 물리학의 이론이 필요해짐으로써 새로운 과학분야로 탄생하게 된 것입니다.

또한 트랜지스터의 미세함도 혁명이었습니다. "왜 이렇게 미세해야 하는가?"에 대한 질문은 반대로 "진공관은 왜 그렇게 커야만 하는 것인가?"하는 의문과 동일한 것입니다.

전자공학이 단순히 미세한 전기를 취급하는 학문이 아니라 인간의 정신적 움직임의 일부를 수용할 수 있다는 사고방식이 그 전에도 없던 것은 아니지만…, 만약 매우 복잡한 전자회로를 제작하게 될 경우 회로 자체가 워낙 커서 감당 못하고 포기해 버리게 됩니다. 그러나 트랜지스터 시대가 도래하여 이와 같은 꿈이 실현 가능하게 되었고 정보처리의 학문이 급격히 발전하게 되었습니다. 현재 전자계산기의 능력은 여러분도 잘 알고 있듯이 트랜지스터의 출현에 기인한 것입니다. 100여 년 전에 싹트기 시작한 문명의 혁명은 30년 전까지만 해도 아직 우리 나라에 상륙하지 않았던 것입니다.

트랜지스터가 발명된 지 약 50년 정도 경과되었으므로 타임머신으로 비행한다면 그리 먼 시간은 아닙니다. 또한 그 발전의 속도는 매우 빠르게 진행되었습니다. 최근 과학분야에서 그렇게 급속도로 발전한 것은 없었으며 가히 경이적이라 할 수 있는 발전속도를 보면 향후 10년 동안 어떻게 변화할 것인가는 상상할 수도 없을 정도입니다.

그 일례로 등장한 것이 집적회로(IC)라는 것은 여러분도 잘 알고 있을 것입니다. 이 책에서도 잠깐 언급했지만, IC를 보면 당연히 우주시대의 산물이라고 말할 수 있습니다. 그것이 인간의 손에 의하여 만들어졌다는 것이 놀랍기만 합니다.

반도체 재료는 트랜지스터부터 IC까지 거대한 발자취를 남기고 있습니다. 앞으로도 계속적으로 발전될 것입니다. 그러나 반도체를 완전히 이해하기는 힘들 것입니다. 그것은 금속세공과 같은 것은 아닌, 즉 보이지 않는 것이기 때문입니다.

그러나 예를 들면 여러분은 자신의 신체 내부를 볼 수 없지만, 의사들은 여러 가지 임상과 경험으로부터 판단, 치료하고 있습니다. 반도체에서도 마찬가지로 내부에 관한 연구결과를 이용하면 외부의 현상에 의하여 상황을 판단할 수 있습니다. 일개 반도체과의 의사가 되는 것과 마찬가지가 아닐까요? 전혀 엉뚱한 판단을 내리지는 않을 것입니다.

트랜지스터와 반도체의 역사는 위에서 설명한 바와 같이, 아직 매우 짧습니다. 여러분은 트랜지스터가 하루 빨리 완성돼서 사용하게 되기를 바라겠지만, 여러분도 반도체 발전과정에 필요한 사람이며, 방관자가 아닙니다. 기초지식은 앞서 연구한 결과를 답습하고, 이제부터는 여러분이 역사를 만든다는 기분으로 공부해 주십시오. 실제로 반도체는 아직 아이디어를 창출할 여지가 풍부한 분야입니다. 반도체 시대에서는 불행히도 아마추어들의 발명이 현저히 감소하였지만 주변의 반도체 소자 중에서 발명할 만한 것은 없는지 생각해 보지 않겠습니까?

따라서 먼저 반도체 내에서 무엇이 발생하고 있는가를 알아야 합니다. 이 책에서는, 반도체 내의 현상을 이해하기 쉽도록 설명했습니다. 그리고 트랜지스터의 동작원리나 간단한 회로의 동작에 대해서도 다루었습니다.

1973년에는 트랜지스터 발명 25주년 기념식이 몇 차례 개최되었으며 트랜지스터를 발명하여 노벨상을 받은 Shockley와 Brattain, 그리고 Bardeen 에게 기념 메달이 수여되었습니다.

또한 1973년에는 일본의 Esaki박사가 터널 다이오드의 발명으로 노벨상을 받았습니다. 그 무렵, 반도체는 새로운 영향을 인간에게 미치기 시작했습니다.

그것은 LSI라 불리는 인간의 두뇌 역할 중 일부분 정도를 수행할 수 있는 IC의

노벨상 수여 메달

개발입니다.

그 당시 여러분 주변에는 개인용 전동타자기도 있고 디지털 시계도 있었습니다. 종전에는 생각할 수조차 없었던 고품위 장치들이 상용화되어 손쉽게 구입할 수 있게 되었던 것입니다.

1975년경, 드디어 마이크로컴퓨터가 개발되었습니다. 그 당시까지는 감히 상상할 수조차 없었던 괴물과도 같은 컴퓨터이지만, 지금은 알라딘 램프의 지니와 같이 여러분의 명령을 무엇이든지 들어주고 있습니다. 따라서 지금은 30여 년 전의 대형 컴퓨터보다 고성능인 PC를 어느 가정에서나 볼 수 있으며 초등학생도 사용하게 되었습니다.

10년 후에 우리들은 상상할 수 없는 새로운 전자공학의 세계를 볼 수 있을 것 같지 않습니까? 이에 반도체는 그 신기원의 중추적 역할을 담당할 것이 확실합니다.

저 자

최근 반도체산업의 활성화에 따라 우리 나라 산업에서 차지하는 반도체생산성 비중의 확대로 반도체이론 및 실험에 관한 공학도의 관심이 집중되고 있다.

특히 기초학문인 수학, 물리, 화학 등을 이용한 응용공학으로서 컴퓨터과학 및 생체공학 등 최첨단 학문까지 접목시키는 단계에 이르렀다. 반도체산업은 타 산업에도 지대한 영향을 미치는 기간산업으로서 우리 나라의 경제성장에 막대한 파급효과를 지니고 있으며, 우리 나라와 같이 천연자원보다 인적자원이 풍부한 나라에서는 중대한 위치를 차지하고 있어 반도체에 대한 공학도의 관심과 개발 노력은 우리 나라 산업발전에 커다란 몫을 차지할 것이다.

반도체공학은 복합학문으로서 쉽게 접근하기 어려우며 기초과정을 완전히 습득하지 않은 학생들이 처음 접하면 바로 어려움에 처하게 될 것이다. 이와 같은 현상은 반도체공학이 접근부터 난해한 학문으로, 대학 학부실험실에서는 실험 불가능한 이론을 단지 주입식으로 이해시키려고 하는 교육자의 안일함에서 비롯되었다고 사료되어 학생들에게 보다 쉽게 반도체이론을 강의하고자 본 책자의 번역에 착수하게 되었다.

본 서는 1960년대 반도체산업의 기틀을 마련하여 본격적인 반도체산업의 부흥기에 진입한 일본에서 저술된 것으로서 기본을 충실하게 이해시키려고 노력하였으며 학생들에게 어려운 반도체이론을 보다 쉽게 설명하기 위하여 그림을 도입, 유사한 상황을 설명함으로써 반도체이론을 습득하기 용이하도록 구성되어 있다.

또한 반도체공학의 응용을 위하여 후반부에는 전자회로에 적용할 수 있는 이론을 쉽게 설명하였다. 특히 이해하기 어려운 수식을 그림으로 비유하여 설명함으로써 차후 복잡한 반도체이론을 습득할 학생들에게는 다소의 도움이 될 것이다.

본 서의 구성을 보면 먼저 반도체의 기본인 원자이론 및 결정이론 등에 대하여 설명하였으며, 이를 바탕으로 반도체소자의 동작을 이해하기 위하여 기초적인 반도체물성, pn접합의 구성 및 제작방법, 트랜지스터의 제작 및 동작특성 등에 대하여 설명하였으며 마지막으로 반도체소자를 이용한 증폭회로의 설계법에 대하여 알기 쉽게 그림으로 설명하였다.

다시 한번 강조하지만 반도체공학에 관한 지식을 습득하고자 하는 공학도는 기본에 충실한 자세로 학문정진에 임하여야 할 것이며 본 서가 반도체에 관한 기본적인 지식습득에 도움이 되었으면 하는 바램이다.

마지막으로 본 서가 역서로서 세상에 출판되기까지 애써주신 성안당 관계자 여러분께 심심한 감사의 뜻을 전하며 아울러 원고정리 및 그림제작에 애써준 고석웅 학생에게도 감사의 뜻을 전하고자 한다.

군산 미룡벌에서 역자

차 례

제5장 정공이란

제6장 불순물의 역할

제7장 반도체 내의 캐리어 이동

제8장 페르미 레벨

제 12장 트랜지스터의 증폭작용

제 13장 트랜지스터의 제작방법

제 14장 IC에 대하여

제 15장 반도체 소자의 취급방법

제 16장 트랜지스터의 전류-전압 특성

제 17장 증폭회로의 기초

제18장 바이어스 회로

제19장 증폭회로의 설계

제20장 파라미터와 등가회로

제 1 장

반도체란

트랜지스터나 다이오드는 이제 여러분 곁에서 쉽게 발견할 수 있고, 일반적인 라디오에도 2~3개 정도는 들어 있다. 그 중에 하나를 선택하여 조사하는 경우, 내부를 알 수도 없고 명칭도 이해할 수 없으므로 포기해 버리고 만다.

여러분은 진공관의 유리관을 자르고 전극을 손으로 만져 볼 수도 있고 그 전극에서 전자가 방출되고 그리드를 통하여 플레이트에 도달한다는 것을 실감할 수도 있을 것이다. 그러나 트랜지스터는 케이스를 벗겨내도 내부 구조는 알 수 없고 어디서 전자가 방출되고 어디로 향하는지 전혀 알 수 없는 괴물과도 같을 것이다.

그러나 **트랜지스터를 무엇으로 제작하느냐**는 질문에 대해 여러분은 즉시 "반도체"라고 답할 것이다. 물론 반도체이지만 그것은 귀찮은 괴물과 같은 것이다.

반도체의 단면은 잘 알고 있어도 전체를 이해하기란 매우 어렵다는 것을 학자들도 잘 알 것이다. 그것은 현대의 물리학이나 화학 그리고 전자공학 등의 모든 분야를 흡수한 거대한 괴물과도 같은 학문분야이기 때문이다.

어떤 의미에서는 원자구조 자체가 반도체의 동작원리에 관련되어 있으므로 반도체를 이해하기 위해서는 우선 물질 자체에 대한 연구를 해야만 한다.

이 괴물은 매우 무섭다

인간생활과 물질

과학이란 인간에게 이로운 것이어야 한다. 우리들이 연구하고 개발하려는 **물질**도 결국 인간의 일상생활에서 유용하게 사용된다. 여러분의 주변에 어떤 물질들이 사용되고 있는지 살펴보면 크게 나누어서 **유기물질**과 **무기물질**로 구분할 수 있다. 즉, 생물의 신체, 식물, 식료, 나무, 종이 등은 유기물질로서 탄소(C), 산소(O), 수소(H)를 주성분으로 하고 있다. 그들은 먼저 식물에서 발원되었으며, 그로부터 지구상에 생명의 근원으로 등장하였다.

무기물질은 흙이나 암석의 주성분인 규소(Si), 알루미늄(Al), 철(Fe), 칼슘(Ca) 등 금속 자체이거나 산소와의 혼합물이다. 자연계에서 순수 단일체로서의 금속은 거의 없으므로 산화물에서 산소를 제거하여 철, 구리, 알루미늄을 추출하고 있는데, 이것이 현대문명의 기틀이 되고 있다. 우리 주변을 둘러보아도 반도체는 없을 것이다. 이는 반도체의 대부분이 기계적 성질이 약하므로 구성물질로서는 이로움을 주지 못하기 때문이다. 실리콘은 지구상에서 산소 다음으로 많이 존재하지만 20년 전까지만 해도 그 유용성을 알지 못했다.

여기서 알 수 있는 것은 자연과학의 발달이 아직 불충분하여 100여 종류의 원소 중 반 이상의 원소에 대하여 아직 충분한 연구가 이루어지지 않았다는 것이다. 순수한 원소나 새로운 합금을 잘 조사해 보면 반도체에 뒤지지 않는 우수한 성질이 발견될 수도 있다. 반도체는 전기분야에서 매우 중요한 역할을 하는데, 전기 외의 **에너지 형태**로는 음, 열, 빛, 자기, 위치, 방사선, 텔레파시 등 여러 형태의 에너지가 존재하므로, 각각의 에너지에 대한 새로운 물질을 연구할 수도 있다. 최근 화제가 되고 있는 레이저 등

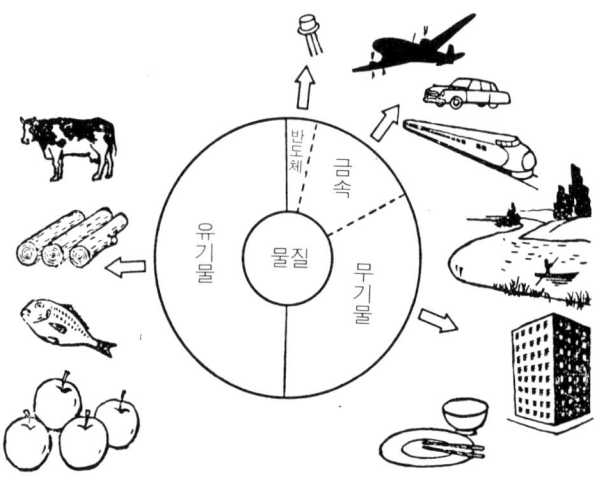

그림 1.1 자연계에 존재하는 물질의 주요 용도

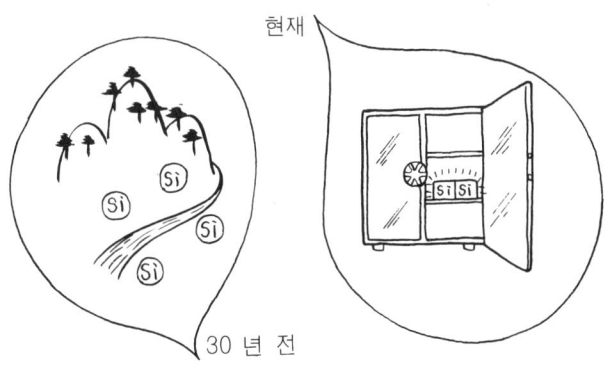

예전에는 휴지보다 쌌지만 지금은 금보다 비싼 실리콘

도 전기를 진일보한 에너지의 형태로 변화시키는 장치이다. 또한 이러한 원소들을 조합한 화합물의 수도 무한대이므로, 다시 말해서 물질의 성질(물성)을 이용한 과학은 무한한 가능성을 갖고 있다. 그러므로 재치있는 사람은 주식이나 토지를 매매하듯이 싼 원소를 매입하여 가격의 상승을 기대할지도 모른다. 그러나 그렇게 하여 이익을 남기지는 못할 것이다.

실리콘 단결정은 30년 전까지만 해도 양질을 만들려는 노력이 없었으므로, 어디에나 저질의 싸구려밖에 없었다. 과학용으로 사용하기에는 매우 어려운 정제과정이 필요했으므로, 고순도 실리콘의 제작, 그 자체가 중요한 연구목적이었다. 사파이어에 대해서도 마찬가지이다. 사파이어는 비싼 보석이지만, 반도체 산업에 자주 사용된다. 처음에는 자연석을 사용했는데, 색깔은 우수해도 전기적 성질이 불량한 것이 많았다. 따라서 계속되는 꾸준한 연구 결과, 값싸고 큰 인공 사파이어를 제작하게 되었다. 지금은 다이아몬드도 인공적으로 제작하여 연마제 등에 사용하고 있다. 그러나 이와 같은 인공 결정은 용도가 다르기 때문에 천연보석의 가치를 훼손하지는 않을 것이다. 천연 사파이어가 파란색의 훌륭한 보석인데 비하여, 인공 사파이어는 투명한 유리와 같아서 갖고 싶어하는 사람도 없기 때문이다.

물질의 전기적 분류

물질의 분류에는 여러 가지 방법이 있다. 유기물과 무기물로의 분류, 또는 고체, 액체, 기체 등으로 분류한다. 모든 물질의 전기적인 분류에는 전도체와 절연체로 분류된다. 이 두 가지 성질은 극단적이라고 생각할 수 있다. 즉, **전도체**(구리, 알루미늄, 철 등)는 금속이며 절연체는 도자기, 플라스틱 등이고, 배전선이나 전기회로에는 이 두 가지 물질을 조합하여 사용하고 있다.

그렇지만 이 두 물질에 대한 명확한 경계는 없다. 전류의 흐름은 저항(정확히 저항률로서 단위 입방체의 저항을 말한다)으로 표시하지만 금속과 같이 $10^{-6}\,\Omega\,\text{cm}$ 정도로 낮은 물질에서부터 $10^{18}\,\Omega\,\text{cm}$ 정도에 이르는 절연체까지 여러 가지 물질이 분포되어 있다. 그러나 $10\,\Omega\,\text{cm}$ 이하의 저항물질을 전도체로 하는 규약은 없으며 절연체에 대해서도 마찬가지이다.

반도체의 정의

앞에서 설명한 바와 같은 전도체와 절연체 사이의 저항률을 가지는 물질을 반도체(반전도체)라 한다. 여러분들이 어떤 단어를 사용할 때는 그 정의가 확실해야만 한다. 불행히도 반도체에 대한 정확한 정의는 없으나, 그 의미가 너무 막연한 사람들을 위하여 정의를 내려보도록 하자.

그림 1.2에 앞에서 설명한 물질들의 저항률을 나타내었다. 이들을 전도체, 절연체, 반도체로 구분해 보면, 확실한 경계는 없으나 약 $10^{-4}\,\Omega\,\text{cm}$에서부터 $10^{10}\,\Omega\,\text{cm}$의 물질을 반도체라 할 수 있다. 이것이 반도체의 첫 번째 정의이다. 그러나 이 범위 내의 물질들이 반드시 반도체는 아니다.

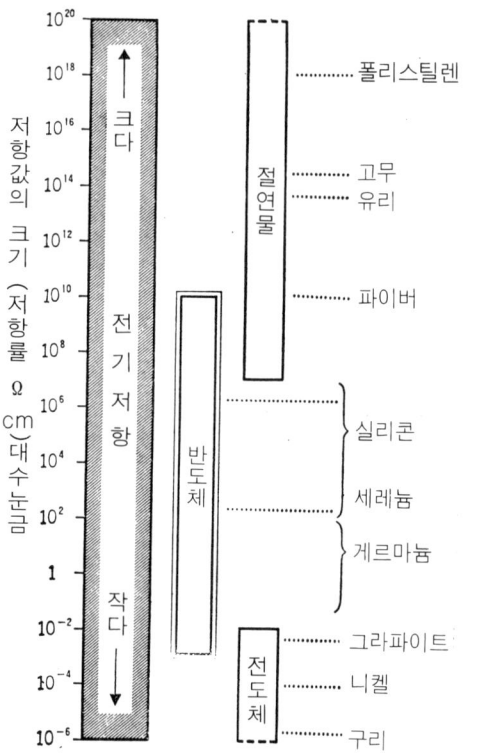

그림 1.2 여러 가지 물질의 저항 범위.
실리콘과 게르마늄은 폭이 있다

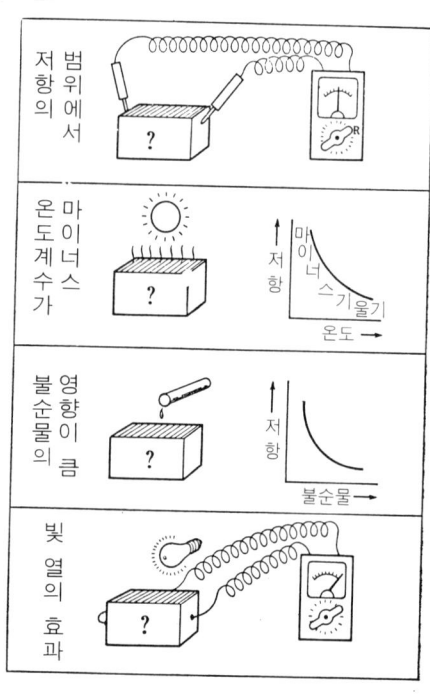

그림 1.3 반도체의 정의

넓은 의미에서 반도체라고 할 수 있지만 진정한 의미의 반도체라고 하기에는 부족하므로 아래와 같은 보충 설명이 필요하다.

반도체의 챔피언

두 번째 정의는, 일반적으로 전기저항의 온도계수가 마이너스(−)이면 반도체라 할 수 있다. 마이너스 온도계수란 온도가 증가할 때 저항이 감소함을 의미하며 금속 등의 전도체는 대개 플러스(+) 온도계수를 나타낸다.

세 번째 정의는 반도체 내에 함유된 금속원자(불순물)의 양이나 결정의 불완전성 여부 등이 전기저항에 매우 큰 영향을 미치는 물질을 반도체라고 정의한다.

네 번째 정의는 광전효과, 홀(Hall)효과, 정류작용 등 특수한 효과를 나타내는 것을 말한다(그림 1.3).

그러므로 위의 네 가지 정의에 해당하는 물질들은 확실히 반도체인 것이다. 그러나 정의 중 한두 가지만 만족하는 물질들도 있다.

실리콘이나 게르마늄은 상기의 네 가지 정의를 완전히 충족시키는 반도체, 즉 반도체의 챔피언인 것이다. 여담이지만, 영어에서 반도체는 Semiconductor로 세미컨덕터 또는 세마이컨덕터라 불리며 게르마늄은 저메니움이라고도 한다. 반도체라는 용어에 익숙치 않은 사람들은 흔히 반동체(半動體, 反動體)라고 하는 사람도 있는데 이것은 정치에 관여하는 사람들이 쓰는 용어일 것이다.

반도체는 왜 중요한가

앞에서 설명한 네 가지 정의는 반도체의 특징이지만, "어째서 반도체라는 물질이 최근 이렇게 주목받게 되었으며, 또 신기한 동작을 하는 것일까? 그 근원이 되는 성질은 과연 무엇일까?"에 대한 답은 천천히 하기로 하고, 그 근본적인 정의에 대하여 설명하겠다.

한마디로 말해서 "반도체는 외부로부터의 자극에 의하여 저항이 매우 민감하게 변하며, 전자와 정공, 두 입자가 존재하기 때문에 pn접합이라는 장벽을 만들 수 있다"라는 것이다. 외부로부터의 자극은 무엇이라도 좋으며, 예로 전기적, 열적, 광적, 자기적, 기계적인 영향을 들 수 있다. 예컨대 여러 형태의 에너지를 전기저항의 변화(정확히 말하면 전류를 전도하는 입자, 즉 전자 등의 캐리어 증감)로 받아들인다. 또한 장벽이라는 것은 전자 또는 정공을 어느 한 방향으로 흐르기 어렵게 하거나 쉽게 하기 때문에 반도체 내에서 전류의 흐름을 제어할 수도 있다.

진공관에서는 전자가 음극으로부터 열적으로 방출되어 진공관 내를 흐르면서 여러

그림 1.4 트랜지스터를 발명하여
노벨상을 수여 받은
쇼클리 박사

가지 동작을 한다.

반도체 내에서도 그와 같은 동작이 가능하며 전도 입자가 고체물질 내를 움직이는 것이다. 그러나 고체 내부이므로 진공상태보다 자유롭지 못하기 때문에 캐리어의 움직임이 약간 다를 수 있다. 다시 말해서 진공상태에서의 움직임이 수영장에서 수영하는 것과 같다면 고체상태에서의 움직임은 유원지에 있는 숲속을 걷고 있는 것과 같다.

이와 같은 의미에서 진공관과 트랜지스터는 매우 유사한 소자라고 할 수 있다. 여기서 상기해야 할 사항은 진공관도 트랜지스터도 모두 '발명'이라기보다는 '발견'이라는 것이다.

플레밍이나 쇼클리가 없었다면 진공관이나 트랜지스터는 이 세상에 존재하지 못했을 것인가?(그림 1.4) 그렇지는 않았을 것이다. 만약 미래에 진화한 생물이 살고 있는 유성을 발견했다면 그것 역시 진공관이나 트랜지스터의 경우와 마찬가지일 것이다.

물질의 성질을 세심히 관찰하는 사람들에게는 당연히 발견될 수 있는 특성이기 때문에 플레밍이나 쇼클리가 없었어도 누군가가 발견했을 것이다.

유명한 금언으로 "자연은 항상 옳다"라는 말이 있다. 장치가 이상하게 되었다면 문제는 항상 사람에게 있는 것이지, 자연에는 결정적 오류란 없는 것이다. 이와 같은 사고방식은 반도체를 조사해 보면 그 중요성을 알 수 있다. 즉, 실험결과가 좋지 않을 경우, 문제는 물질에 있는 것이 아니라 실험자에게 있을 것이다.

그러므로 어떤 새로운 실험결과가 도출되었을 때, 실험자의 실험이 틀림없다면 새로운 발견을 해낸 것이다. 그 현상을 사실로서(종래의 이론에서는 설명할 수 없었을지라도) 인정해야만 한다. 반도체에서는 지금까지 이와 같은 이해할 수 없는 현상이 자주

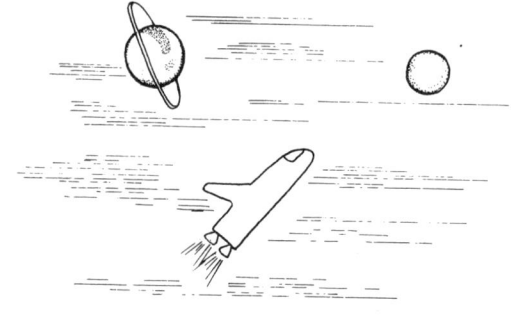

반도체는 미지의 세계이다

발생하였고, 그것이 중요한 발견이 되었던 것이다.

　반도체는 초기에 정류작용에만 사용하였으나 그 후 새로운 소자들이 개발되었고 지금은 전자공학에서 불가능한 것이 없을 정도가 되었다. 수 pA에서 수백 A까지의 전류 또는 수 mV에서 수천 V의 전압까지 그리고 직류에서 수천 MHz까지 반도체는 전분야에 걸쳐 사용되고 있다.

　위의 네 번째 정의에서와 같이 반도체는 자연계의 빛이나 열에도 민감하게 반응하나 자력, 방사선, 가스 등에도 잘 반응하고 있다. 그로 인하여 인간과 자연을 연결시키는 센서로서도 광범위하게 사용되고 있다.

제1장 요점

트랜지스터는 반도체로 제작한다.
반도체는 네 가지 성질이 있다.
반도체는 외부자극에 민감하다.

제1장 연습

문 1 실리콘이나 게르마늄은 왜 단일물질로서 추출되지 못하는가?
문 2 실리콘의 가치가 10년 전보다 10배 이상 되는 이유는 무엇인가?
문 3 어떤 선의 저항이 25℃에서 10Ω이고, 100℃에서 20Ω이었다. 이 물질은 반도체인가?

제 **2** 장

결정이야기

결정이란

트랜지스터 등에 이용하고 있는 반도체는 대부분의 경우, 단결정을 사용하고 있다. 단결정이 아닐 경우, 우수한 특성이 나타나지 않기 때문이지만, 그에 관한 설명은 뒤로 미루고 여기서는 '결정'이란 무엇인가를 생각해 보자.

결정(crystal)이란 정(晶)이 결(結)합된 물질로서 자연계의 어떤 법칙에 의해 원자 또는 분자가 결합하여 특정한 형태를 구성하고 있는 것이다.

오랜 세월에 걸쳐 완성한 작품 또는 노력하여 축적한 재산 등을 '땀의 결정'이라고 한다. 이와 같은 문학적 표현에서도 결정이라는 단어는 '귀중한 물건'이라는 의미를 내포하고 있다.

자연적으로 생산이 가능한 물건이라면 자연계에는 많은 결정이 존재할 수도 있겠지만 실은 그렇지 못하다. 눈으로 볼 수 있는 커다란 결정이라면 다이아몬드, 수정, 각종 광석, 얼음 등이 있지만 그보다 작은 결정들을 함유하거나 별도의 물질들이 혼합되어 있는 경우가 대부분이다.

결정이 되기 위해선 미묘한 외부조건, 즉 온도, 압력, 습도 등이 만족되어야 한다. 최근 제작되고 있는 인공결정은 그와 같은 조건을 인공적으로 조성하여 결정조건을 만족시키고 있다.

물질의 원자, 분자는 다소 비대칭적 형태를 띠고 있으며 완전한 구형은 아니다. 별개의 서술일지도 모르지만 다른 원자나 분자와 결합하기 위해선 몇 개의 손이 있어야 한다. 이것은 전자 등이 부착되어야 가능하지만, 여기서의 원자는 주사위와 같은 사각입자로 생각하고 있는 것이다.

먼저 **그림 2.1**을 관찰해 보자. 그림에서 사각입자를 원자라 하자. (a)와 같이 커다란 상자 안에 이 입자를 자연스럽게 집어넣으면 입자는 제멋대로 뭉쳐진다. 이와 같은

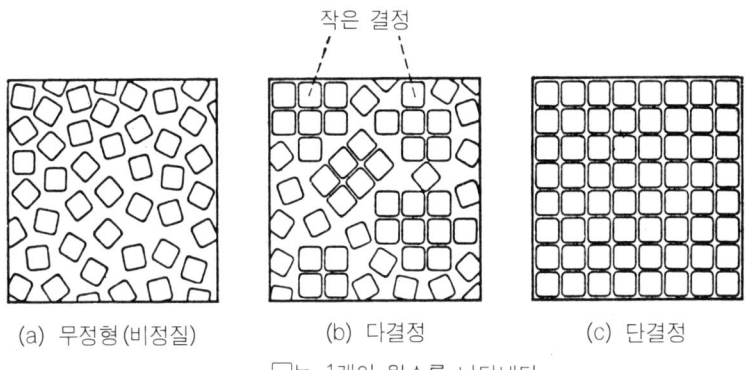

작은 결정

(a) 무정형(비정질)　　　(b) 다결정　　　(c) 단결정

□는 1개의 원소를 나타낸다.

그림 2.1 원자가 모여서 물질을 구성한다

물질을 **무정형**(amorphous)이라고 한다. 자연계의 물질들은 비정질의 형태가 많으며 금속 등도 대부분 이와 같은 형태를 띠고 있다.

다음으로, 상자를 외부에서 천천히 두들겨 보자. 쌀을 용기에 수북히 넣고 용기를 두들기면 쌀이 점점 다져지는 것을 알 수 있다. 이는 철길 주변의 자갈을 곡괭이로 두들기면 점점 다져지는 것과 같은 현상이다.

자세히 살펴보면, 개개의 입자가 (b)와 같이 상호 일정한 간격으로 배치되어 밀접하게 정렬되고 있는 것이다.

입자가 정렬되어 있는 일부분을 보면 결정과 같이 보일 수도 있다. 그러나 전체 상자를 보면 하나의 결정이 아니므로 이를 **다결정**(polycrystal)이라고 한다.

다음은 여러분들이 쉽게 알 수 있듯이 그림 2.1(c)와 같이 전체 입자가 정렬되어 있는 경우를 **단결정**(single crystal)이라 한다.

간단히 생각해 봐도 $1cm^3$당 10^{22}개의 원자가 들어있으므로 그림과 같이 규칙적으로 정렬되기란 매우 어렵기 때문에, 자연적으로 단결정이 만들어지기란 불가능하다는 생각이 들 것이다.

세상에 완전한 결정이란 존재하지 않는다. 실제 사용하고 있는 단결정에서도 불완전한 부분(불완전성, imperfection)이 존재하며, 이 부분이 0.01% 이하라면 대체로 원자는 훌륭하게 정렬되어 있다라고 할 수 있다.

결정을 사용하는 이유

양호한 인공결정을 만들기 위해서는 공정이 매우

결정

원자

원자가 결합하여 결정이 된다

까다롭기 때문에 오랜 연구와 많은 비용이 소요된다. 이와 같이 애를 써서 결정을 사용하려는 이유는 결정의 전기적 성질이 우수하기 때문이다.

반도체의 성질을 이용하고 있는 저항기나 발광체 등에서는 단결정을 사용하지 않는 예도 있지만, 이는 특별한 예이며 우수한 특성의 트랜지스터나 다이오드를 제작하기 위해선 단결정이 필요한 것이다.

그 중 한 가지 이유는 전자가 단결정 내부에서 움직이기 쉽다는 것이다. 예를 들어, 그림 2.2와 같이 게르마늄이라는 물질의 내부에서 전자가 움직이고 있다고 하자. 단결정을 게르마늄이라고 하면, 원자들이 규칙적으로 배열되어 있어서 그림 2.3과 같이 유원지의 정글짐과 같다라고 생각할 수 있다.

전자는 단결정 내부를 매우 자유스럽게 움직일 수 있으며 마이너스 전하를 갖고 있으므로 약간의 플러스 전압이 인가되면 플러스 전압 방향으로 흐르게 된다.

게르마늄 결정을 살펴보면, 금속과 같아 보이나 자세히 살펴보면 그림 2.2와 같이 결정을 구성하고 있는 원자와 원자의 간격이 비교적 넓다는 것을 알 수 있다. 그림에서 선은 원자를 결합시키는 손(이는 전자와 같다)이며, 만약 결정이 양호하여 규칙적인 배열을 하고 있다면 전자는 매우 먼 거리까지 움직일 수 있을 것이다. 그러나 최후에는 원자나 결합한 손과 충돌하게 된다.

충돌 후 순간적으로 잠시 멈췄다가, 임의의 방향으로 비행하지만 결국 플러스 전압 방향으로 흐르게 된다. 만약 게르마늄이 그다지 좋은 단결정이 아니라면, 전자는 쉽게 이동하지 못하고 약간만 이동하여도 충돌해 버릴 것이다. 마치 일요일 바겐세일 하는 백화점과 같을 것이다.

결국 외부에서 보면 전자의 속도가 매우 느리다는 것을 알 수 있다. 이와 같은 전자의 이동속도를 이동도라고 한다. 우수한 결정에서는 이동도가 클 것이며 이동도가 작

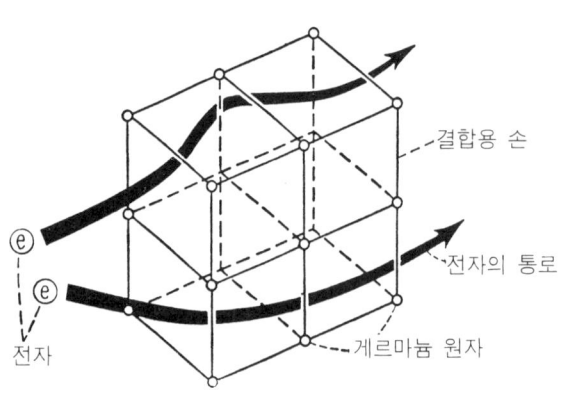

그림 2.2 단결정 내의 전자이동

그림 2.3 단결정과 전자들 … 정글짐

결정을 사용하는 이유 11

은 결정에서는 전자의 속도가 느리기 때문에 우수한 트랜지스터를 만들 수 없다.

다른 측면에서 고찰해 보면, 인간이 보통 위치에너지와 온도에너지를 가지고 있는 것과 마찬가지로 개개의 원자는 자신의 **전위**(또는 전압)를 지니고 있다. 즉, 3층에 있는 사람은 2층에 있는 사람보다 높은 위치에너지를 지니고 있다. 이는 계단이나 승강기를 이용하여 위로 올라갈 때 에너지가 몸에 붙기 때문이다. 계단을 내려갈 때는 위치에너지를 사용하므로 올라갈 때보다 쉬울 것이다.

원자가 지니고 있는 전위는 단결정과 같이 규칙적인 배열하에서는 평균적으로, 어느 위치에서나 동일하다고 생각할 수 있다. 예를 들면 높은 산 위에서도 동일한 높이의 도로를 걸을 때는 힘들지 않지만 평지에 있는 울퉁불퉁한 들길을 걸을 때는 힘든 경우와 마찬가지이다.

무정형의 다결정에서는 이 전위가 일정치 않아, 마루도 있고 계곡도 있고, 돌도 있고 길도 있어 속도가 생각처럼 나지 않는 것이다(그림 2.4).

반도체에서는 이상에서 설명한 바와 같이 전자의 움직임 이외에 또 다른 움직임의 메커니즘이 있다. 즉, p형 반도체에서 전자가 움직이는 경우(상기의 예는 n형 반도체의 경우임), 전자와 유사한 양의 전하를 가진 정공(hole)이 전류를 흐르게 한다. 만약 p형 반도체에 전자를 주입하면 주변에 수많은 양의 전하에 의하여 생존시간이 짧아지게 된다.

게르마늄 결정이 우수하다면, 그 전자의 생존시간(수명시간이라고도 함)은 1msec 정도이다. 매우 짧은 시간이지만 전자의 입장에서는 매우 긴 시간이다. 그다지 좋지 않은 결정이라면, 전자의 생존시간은 1μsec 정도로 이동도 못하고 소멸되어 버린다. 즉, 플러스 전하와 합쳐져서 소멸되는 것이다.

그림 2.5는 게르마늄이나 실리콘의 실제 결정상태(다이아몬드 구조)이다. 유원지의

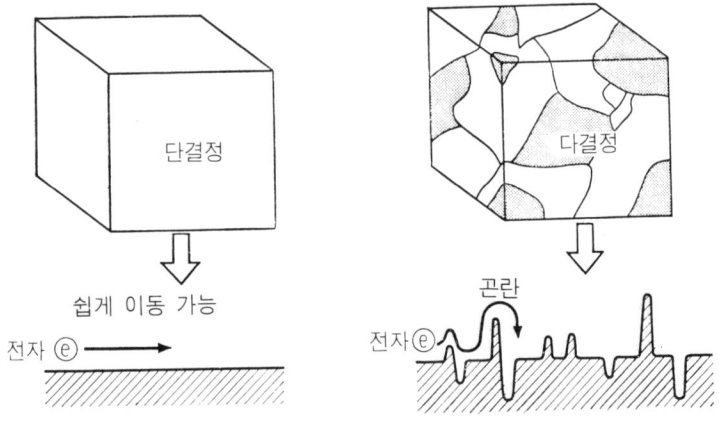

그림 2.4 물질 내 전위분포

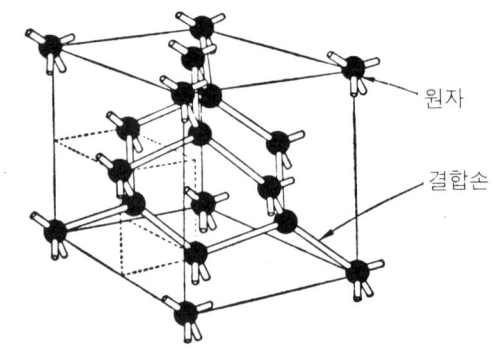

원자

결합손

그림 2.5 다이아몬드 결정구조(게르마늄이나 실리콘의 경우) 靑木 : 電子物性工學에서

정글짐과는 약간의 차이가 있다.

이상의 설명에서 알 수 있듯이 전기적으로는 전자의 이동도(움직임의 정도-mobility)와 수명(생존시간-lifetime)이 중요한 것이다.

이에 대한 것은 뒤에 상세히 설명하겠지만 두 특성은 물질의 전기적 특성을 결정하는 요소이다.

단결정 확인법

지금 여기에 하나의 반도체 물질이 있을 때, 그것이 단결정인가 또는 어느 정도로 좋은 결정인가를 조사해야 한다. 가장 간단한 확인법은 관찰해 봤을 때, 그 물질이 규칙성을 가진 형태이거나 또는 문양이 붙어있는 경우이다. 그렇다면 단결정이다. 그러나 육안으로는 단결정 여부를 확인할 수 없을 것이며 현미경으로 관찰해도 원자를 볼 수 없기 때문에 단결정 여부를 알 수 없는 것이다.

상세히 관찰하기 위하여 임의의 물질 표면을 화학약품으로 깎아내거나 X선 또는 전자선을 이용하여 조사한다. 약품으로 깎아낼 경우, 결정성에 의하여 깎이는 방향이 틀리기 때문에 표면에 문양이 나타난다.

이를 식각(etching)이라고 하는데, 식각면을 현미경으로 관찰하거나 빛을 입사시켜 반사된 형태를 관찰한다. X선이나 전자선을 이용할 때는 그 파장이 원자 간격에 근접하게 되므로 결정성을 볼 수 있게 된다. 그림 2.6은 특수한 약품으로 실리콘을 식각한 후의 모양이다.

그림 2.7은 게르마늄의 표면을 적당한 약품으로 식각한 후 현미경으로 관찰한 사진이다. 원자가 규칙적으로 배열되어 있기 때문에 이와 같은 모양을 띠는 것이다 또한 그림 2.8은 표면에 전자선을 조사한 후 반사한 모양을 보인 것으로서, 이를 라우에(Laue) 패턴이라 하며 단결정에서 규칙적인 점이 나타난다.

이와 같이 단결정 여부를 판단하는 방법에는 여러 가지가 있다. 어느 정도의 단결정

그림 2.6 단결정인 경우의 문양
(약품 식각시) Transistor
Technology Ⅱ. Biondi에서

그림 2.7 게르마늄 단결정의 식각문양

인지를 파악하기 위해선 앞서 설명한 바와 같이 전기적인 이동도나 수명 등을 측정하면 확실히 알 수 있다.

인공결정 제작법

지금까지 고찰한 반도체(실리콘 또는 게르마늄)는 단일체(화합물이 아님)로서 자연계에 존재하지 않는 원소이므로, 이를 순수하게 정제하여 추출하기는 매우 어렵다. 단결정이 아니면 성능이 나쁘

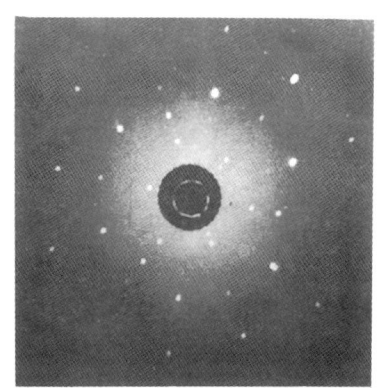

그림 2.8 라우에 패턴

기 때문에 인공적으로 결정을 제작하여 사용하고 있는데, 약 20년 전 우수한 결정을 만들기 위한 집중적인 연구가 이루어짐으로써 그 결과, 최근 들어 우수한 단결정을 제작, 사용할 수 있게 되었다.

이와 같이 결정을 형성하기 위해선 여러 가지 외부조건을 만족시켜야만 하는데, 이 조건을 인공적으로 조성할 경우 인공결정을 만들 수 있다. 결정을 제작하기 위해선 그 근원이 되는 작은 크기의 결정이 있어야만 한다. 이를 시드(seed)라 한다. 식물의 씨와 완전히 동일한 의미이다. 그림 2.9와 같이 씨를 심고 외부조건을 만족시키면 커다란 나무로 자라는 것과 동일하다.

여기서 하나의 의문점이 생기는데, 이는 "그럼 결정의 씨는 어떻게 만들 수 있을까?"이다.

닭이 먼저인가 계란이 먼저인가 하는 문제이긴 하지만 그것은 우연히 만들어진 조그만 결정을 점점 크게 만들어 사용하는 것이다. 좀더 일반적으로 말하면 그림 2.10과 같이 벽돌을 차곡차곡 쌓는 것과 같다. 즉, 씨결정 상에 원자가 스스로 적당한 위치를 찾아 어디든지 동일한 모양으로 쌓아지게 된다.

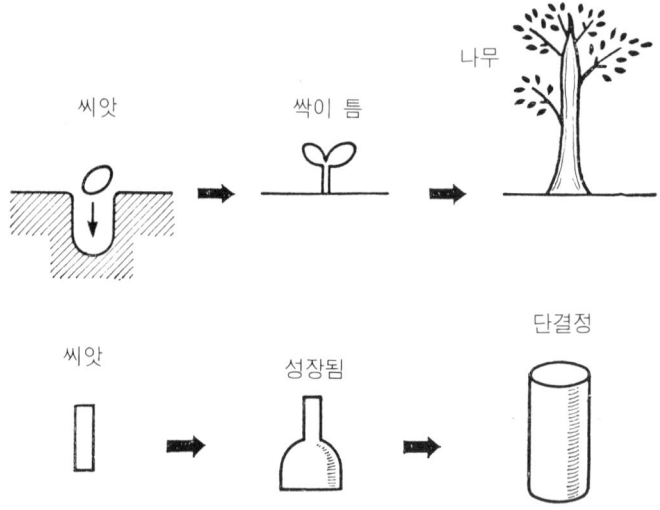

그림 2.9 나무 성장과 단결정 성장의 비교

이를 위해선 결정을 만드는 속도는 느릴수록 좋으며 보통 분당 1mm 정도의 속도로 결정을 만들어내고 있다.

구체적으로는 여러 가지 결정 제작방법이 있지만, 일반적인 방법은 **그림 2.11**과 같다. 먼저 실리콘이나 게르마늄 분말 또는 다결정을 도가니에 넣어 열을 가해 녹인다. 그 과정은 간단히 서술해도 매우 복잡한 과정이며, 먼저 게르마늄은 940℃, 실리콘은 1400℃ 이상에서 융해되므로 그 온도 이상에서 견딜 수 있는 도가니가 필요하며 도가니 자체도 매우 순도 높은 재질을 사용하지 않으면, 융해된 불순물이 결정에 삽입될 수 있다.

또한 도가니 내부에 산소가 존재할 경우 결정을 산화시키기 때문에 도가니 내부를 진공상태 또는 순수한 아르곤이나 수소가스 분위기상태에서 작업을 해야만 한다. **그림 2.12**는 실리콘 다결정이다.

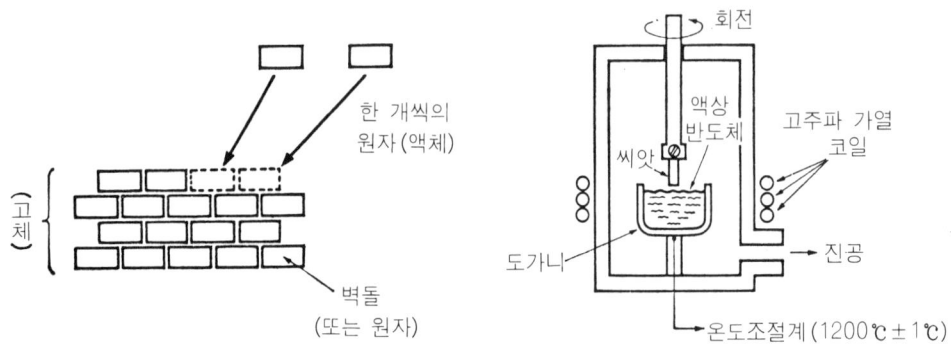

그림 2.10 벽돌쌓기와 단결정   그림 2.11 인출법에 의한 단결정 성장

그림 2. 12 실리콘 다결정

이렇게 하여 용해시킨 게르마늄이나 실리콘 표면에 조그만 씨결정을 천천히 부착한다. 이때 도가니 내부의 온도가 너무 높으면, 중요한 씨결정이 전부 녹아 없어져 버리며 온도가 너무 낮으면, 단번에 전부 굳어져 버리기 때문에 온도의 오차는 ±1℃ 이하로 조절하여야만 한다. 이 또한 매우 어려운 작업인 것이다.

이와 같이 결정을 만들기 위해선 정밀한 온도제어기술이 발달되어야 한다. 즉, 1000℃의 1% 정밀도라면 10℃의 오차가 발생할 수 있다. 따라서 결정을 제조하기 위해서는 0.1% 이하의 정밀도가 요구된다.

우리 주변에도 냉장고 또는 전열기 등 온도를 자동으로 제어하는 장치가 있지만, 이것들은 10% 정도에서 20~30% 정도의 정밀도를 갖고 있다. 여담이지만 사람의 신체는 정상체온이 36.5℃이고 37℃ 정도에서 이상을 감지하므로 ±0.5℃, 즉 약 1.3% 정도의 정밀도를 지니고 있으므로 트랜지스터나 진공관도 없는 정밀한 조절기를 내장하고 있는 것이다.

다음에 적당한 온도의 용해물은 근처에 적당한 장소만 있다면 굳어버릴 것이다. 그림 2. 11에서 적당한 장소는 씨결정이므로 자연스럽게 단결정이 형성되는 것이다. 이와 같은 방법을 인출법(pulling method) 또는 CZ방법(Czochralski method)이라 하며 가장 일반적인 결정성장법으로서 우수한 결정을 만들 수 있다. 그림 2. 13에 실리콘의 단결정과 씨결정 및 웨이퍼를 도시하였다.

지금까지 설명한 게르마늄이나 실리콘 결정은 과연 어떤 결정인가? 한 마디로 말하면 유리와 철의 자식이라고 할 수 있다. 색은 흑탄색(실리콘이

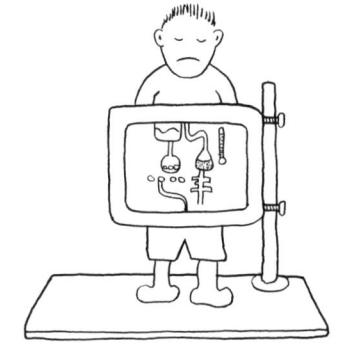

인간은 정밀한 온도조절장치를 지니고 있다

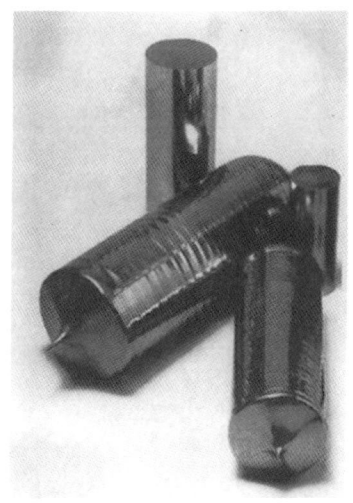

그림 2. 13 실리콘 단결정

약한 보라색을 띤다)으로 금속과 같이 보이지만 떨어뜨리면 쪼개진다. 여러 가지 물리적, 화학적 성질도 금속과 절연체의 중간 정도이다. 한때는 금보다 비쌌지만 지금은 금보다 싸며, 결정의 정도도 매우 향상되었고 지름 3″~6″ 정도의 실리콘 웨이퍼가 8000원에서 24000원 정도이다. 그러나 1장의 웨이퍼에서 3000개의 트랜지스터 또는 500개의 IC를 제작할 수 있다. 따라서 반도체는 값이 비싸도 재료의 원가는 트랜지스터 1개당 8원 이하가 되므로 트랜지스터의 가격은 거의 인건비가 차지하는 것이다.

제2장 요점

결정은 원자가 규칙적으로 배열되어 있다.
결정 내의 전자는 잘 움직일 수 있다.
씨결정을 잘 성장시키면 결정이 된다.

제2장 연습

문 1 만약 결정을 깎아 녹인 후, 다시 굳히면 단결정이 되는가?
문 2 전자는 왜 아래로 떨어지지 않는가?
문 3 결정 성장용 도가니에는 왜 아르곤을 사용하는가?

제 **3** 장

원자이야기

다음은 제2장에서 서술한 결정을 구성하고 있는 최소단위인 원자에 대하여 살펴보자. 반도체를 이해하기 위하여 원자의 구조를 먼저 공부해야 하는 것이 매우 귀찮은 일이라고 생각하는 사람들이 많다. 그러나 이는 자동차 구조를 모르고 운전하는 것과 마찬가지이다. 자동차 구조를 모르고 운전할 수는 있지만 만약 사고가 발생하면 난처해질 것이다.

원자에 관한 학문은 원자물리학이라 하여 매우 광범위하고 심오한 내용이지만, 여기서는 개략적으로 설명한다.

전자 고속도로

그림 3.1은 미국 로스엔젤레스 부근의 고속도로 입체교차로이다. 여기서는 자동차가 100km/h 이상의 속도로 계속 움직이고 있다.

이것을 상공에서 살펴보면 자동차란 조그만 입자가 정해진 도로 위를 규칙적으로 움

그림 3.1 로스엔젤레스 고속도로

직이는 것과 같다. 자동차라면 어디든지 자유로이 움직일 수 있을 것 같지만 실은 그렇지 않다. 전체 면적에 비해 미세한 부분만 주행할 수 있는 것이다. 이는 **전자**가 원자 주변의 정해진 도로만을 움직일 수 있다는 것과 유사한 것이다.

전자의 경우, 그 도로를 궤도라 한다. 일반적으로 원자는 중심에 **원자핵**이라는 플러스 전하입자가 있으며 **그림 3.2**는 가장 간단한 원자인 수소(H)의 모형으로서 1개의 전자만이 궤도를 따라 회전하고 있다.

어떠한 물질이라도 크게 나누면 이 두 개(원자핵과 전자)가 된다. 단지 물질에 따라 원자에 구속된 전자의 수가 다를 뿐이다.

이를 곰곰이 생각해 보면 참으로 이상한 일이다. 전자수의 차이에 따라 수소가 되기도 하고, 산소가 되기도 하고, 철이 되기도 하며, 알루미늄이 되기도 하는 것이다. 이와 같은 전자의 수를 물질의 **원자번호**라 한다.

그러므로 수소의 원자번호는 1번, 헬륨은 2번, 3번은 리듐,···, 14번 실리콘, 32번 게르마늄 등이다. 이 번호에서 금방 알 수 있듯이 실리콘은 전자가 14개, 게르마늄은 32개가 존재한다.

이 개수는 여러 가지 요인에 의하여 변화하나 원자핵의 플러스 전하의 개수는 변하지 않는다. 정확히 말하면, 각각의 궤도도 2~3개의 소궤도로 분리되어 있지만, 여기서는 하나의 궤도로 생각하기로 하자.

실리콘에 대하여 좀 더 자세히 살펴보면, **그림 3.2**의 전자궤도에 14개의 전자가 나란히 회전하고 있다(그림 3.3). 그러면 러시아워 같은 교통체증이 발생할 것이다. 전자가 더욱 잘 움직이려면 어떻게 하면 좋을까? 이 문제를 해결하기 위해서는 차선의 폭을 증가시키면 된다. 즉, 제2차선, 다시

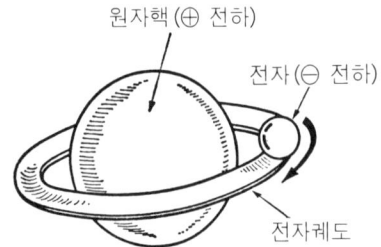

그림 3.2 수소원자 모델, 전자는
1개뿐

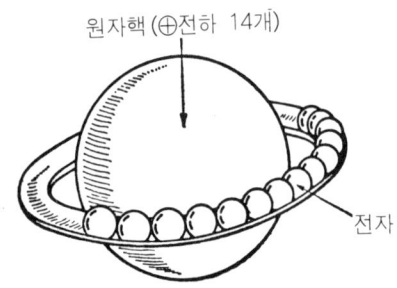

그림 3.3 14개의 전자는 제1궤도
가 좁아 움직일 수 없게
된다(실리콘의 경우)

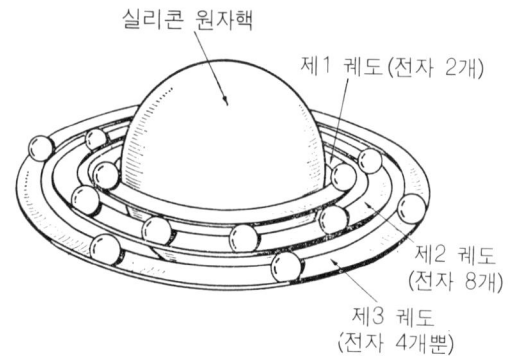

그림 3.4 실제 실리콘의 전자분포, 제3궤도까지 필요하다

말해 제2궤도, 제3궤도를 신설하면 된다.

실험적으로 원자에는 제7궤도까지 있는 것으로 밝혀졌다. 여기서 각각 궤도를 움직이는 전자의 수가 결정되어 제1궤도는 2개, 제2궤도는 8개, 제3궤도는 18개, 제4궤도는 32개 등으로 증가한다. 14개의 전자를 가진 실리콘의 경우, 그림 3.4와 같이 제1궤도와 제2궤도를 채우고 제3궤도에 4개의 전자가 들어 있다.

양자역학의 비밀

다음 설명은 여러분들이 마치 원자 내부에 들어가서 관찰하는 것 같아 믿어지지 않는 사람들도 있을 것이다. 전자는 아무 위치에나 있어도 괜찮은 것인지, 궤도란 대체 무엇인지 여러 가지 의문이 생길 것이다.

이와 같은 의문에 해결책을 공급하는 것이 양자역학이다. 양자역학을 이용하지 않으면 원자세계의 움직임을 이해하기란 매우 어렵다.

전자는 단지 궤도상에서만 있을 수 있고 그 외의 장소에는 존재할 수 없다는 것은 양자역학의 중요한 법칙이다.

이와 같은 양자역학적인 사고방식을 특별히 이해 못할 것은 없다. 즉, 쌀이나 설탕은 그램, 킬로그램으로 팔고, 사과나 계란은 개수로 판다. 계란 1개 반을 파는 사람은 없다. 1개 다음은 2개이고 그 중간은 없기 때문에 양자적인 것이다.

영어에서 물질명사라는 것은(예를 들면 sugar, coffee) 몇 개로 헤아릴 수 없기 때문에 a cup of coffee 등으로 이야기하고 있으며 물질명사가 아닌 것은 양적으로 수를 셀 수 있는 것이다.

이와 같이 전자의 궤도(이는 전자의 에너지에 해당함)가 불연속적이므로 앞의 설명과 같은 반도체의 특징이 나타나는 것이다.

여기서 주의할 사항은 이 미세한 전자를 취급할 때에는 입자 또는 파동으로서 다룰 수 있다는 것이다. 그러므로 전자가 원자핵 주위를 회전하고 있다는 표현도 정확히 말하면 옳은 것이 아니며 오히려 구름과 같은 형태로 존재한다고 하는 것이 옳을지도 모른다. 그러나 사람들은 항상 임의의 형태가 있는 모형으로 사물을 생각하므로 그림 3.4와 같은 모형을 필요로 하는 것이다.

계란 1.5개는 팔지 않는다

그림 3.5 인공위성은 지구에 대하여 전자와 같은 것이다

원자와 별

원자 내부에 전자가 움직이고 있다는 사실은 직관적으로 이해하기 힘들겠지만, 자연계에는 이해하기 쉬운 동일한 현상이 존재한다. 그것은 하늘에서 빛나는 별이다. 우리들이 살고 있는 태양계를 예로 들면, 원자핵에 해당하는 태양의 주변을 지구, 수성 등의 전자가 항상 동일한 속도로 궤도를 돌고 있다. 지구를 원자핵으로 생각한다면 달이나 인공위성은 전자에 해당될 것이다. 야간에 빛나는 달을 좀더 자세히 관찰해 보면 전자의 상태를 이해할 수 있을 것이다.

우리 인간들의 키에 비해 미세한 원자와 매우 큰 지구가 유사한 행동을 한다는 점은 자연의 신비함이 아닐 수 없다. "혹시 지구를 하나의 전자로 보고 은하성운을 하나의 세포로 생각하는 우주생물이 존재하지는 않을까?" 또는 "전자 중에 희귀한 생물이 살면서 트랜지스터에 관한 책을 읽고 있지는 않을까?" 하는 의문은 누구도 부정할 수 없는 가정이다.

원자의 결합손

여기서 다시 한번 수소에 대하여 생각해 보면, 그림 3.2와 같이 수소 주변에는 2개의 전자가 회전할 수 있지만, 수소원자는 1개의 전자만을 보유하고 있

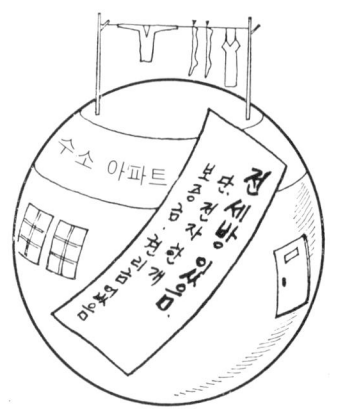

그림 3.6 수소는 항상 전세가 있는 상태이다

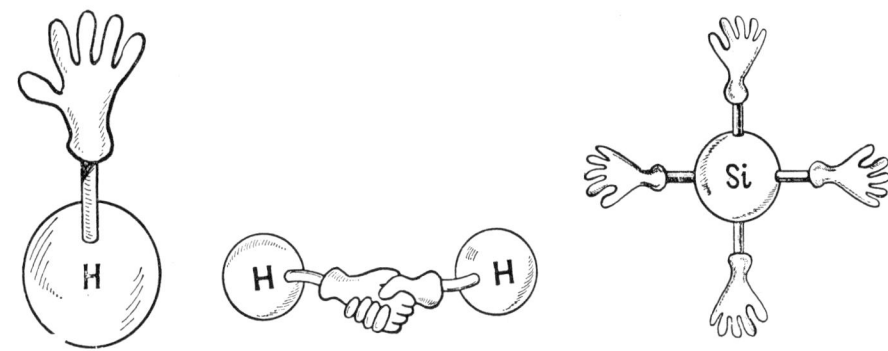

그림 3.7 수소의	그림 3.8 2개의 수소가	그림 3.9 실리콘의 결합손은
결합손은 1개뿐	결합한 수소분자	4개

기 때문에 1개의 전자를 추가로 받아들일 수 있다. 다시 말해서 수소는 항상 "전세 있음"이라는 간판을 걸고 있는 것과 같다(그림 3.6).

실제로 1개의 전자가 수소에 들어가면 헬륨(He)원자가 되어, 다른 물질과 결합하려는 성질이 매우 약해진다. 즉, 헬륨은 비활성 원소이다.

그러므로 수소원자는 1개의 전자를 보유하면서 다른 전자를 받아들이려고 하고 있다. 즉, 다른 원소와 결합하려는 성질이 강하다. 이와 같은 성질을 나타내기 위하여 수소원자는 그림 3.7과 같이 결합용 손이 있는 것처럼 표시할 수 있다. 문어의 다리나 말미잘의 촉수와 같은 모양이라고 생각해 보자. 이 손은 전자의 수를 표시하고 있다. 수소는 1개의 전자를 가지므로 손도 1개 있다.

수소원자가 많이 존재할 경우, 상호 다른 수소의 손을 원하기 때문에 그 중 2개의 원자가 결합하여 그림 3.8과 같은 모양이 된다.

이 때문에 실제 존재하는 수소는 2개가 결합하여 H_2의 형태를 취하므로 이를 수소분자라고 한다. 이와 같은 결합을 공유결합이라 한다. 이러한 사고방식을 실리콘에 적용시켜 보자. 그림 3.4와 같이 실리콘은 제1궤도와 제2궤도가 충족되어 있으며 원자번호 10번의 원소는 헬륨과 같이 비활성을 띠어 네온(Ne)가스가 된다. 그러므로 제1궤도와 제2궤도는 존재 유무에 관계없이 결합에 영향을 미치지 못한다. 실리콘이 제3궤도로 충족되기 위해서는 18개의 전자를 필요로 하지만, 4개밖에 없기 때문에 다른 물질과 충분히 결합할 수 있다. 결합손은 4개이며 수소에 비하여 더욱 문어에 가까워졌다는 것을 알 수 있다(그림 3.9).

이와 같은 결합손의 수를 '가(價)' 또는 '족(族)'이라 하며 실리콘은 4가이고 수소는 1가 원소이다. 그러므로 실리콘과 수소가 결합한 화합물은 SiH_4가 되는 것을 알 수 있다.

4가 원소로는 실리콘 이외에 게르마늄, 주석, 탄소 등이 있으며 이 원소들은 뒤에서

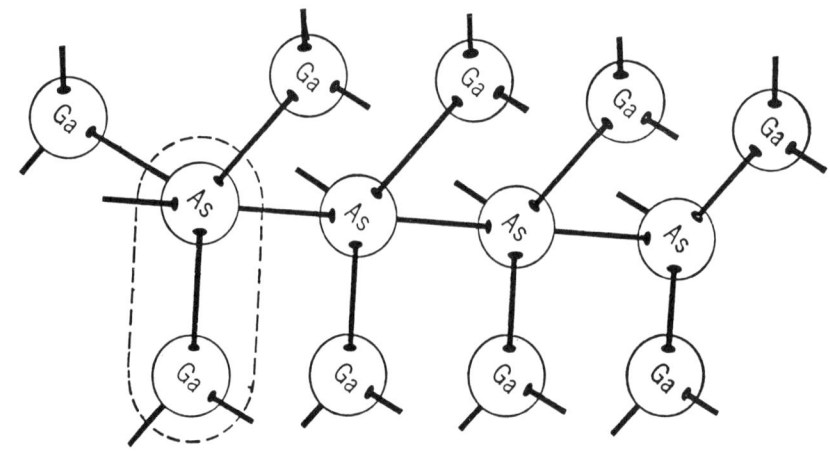

그림 3. 10 GaAs 반도체의 결합. 두개로 8개의 전자를 지니게 된다

설명하겠지만 반도체 성질을 가질 확률이 매우 높다.

여기서 갈륨비소(GaAs)라는 화합물을 생각해 보자. 그림 3. 10과 같이 갈륨은 3가 원자이며 비소는 5가 원자이다. 이 두 원소가 결합된 점선 안을 살펴보면 8개의 손이 되므로 4가 원자 2개와 유사하여, 역시 반도체 성질을 띠게 된다. 이를 **3-5족 화합물 반도체**라 한다. 마찬가지로 황화카드뮴(CdS)은 2-6족 화합물이 되며 약한 반도체 성질을 띠고 있다. 이들에 대하여 실리콘, 게르마늄 등은 1종 원소만으로 이루어진 **원소 반도체**이다.

많은 원자가 공존할 때

지금까지는 원자 1개가 따로 떨어져 존재하는 경우를 생각해 보았다. 그러나 실제 임의의 결정은 $1cm^3$당 10^{22}개의 원자로 이루어져 있으며 이 10^{22}의 수는 상상할 수조차 없는 매우 큰 수이다. 이는 전자가 팥알만 하다면 그 숫자의 팥알은 지구 안에 가득 찰 정도가 될 것이다. 이와 같은 숫자의 원자가 혼합되어 있다면 원자의 특성도 약간 변할 것이다. 이는 만원버스 안의 사람이 성격이 변하여 화를 내는 것과 같다.

원자의 경우, 특성이 약간 변하여 전자의 궤도 폭이 넓어지고 움직임이 더욱 활발해진다. 특히, 극단적인 경우 최외측의 궤도가 겹쳐지게 된다. 최외측 궤도는 전자가 전혀

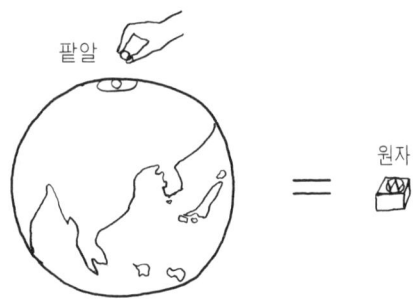

지구 내에 들어가는 팥알 수는 $1cm^3$내 원자수와 같다

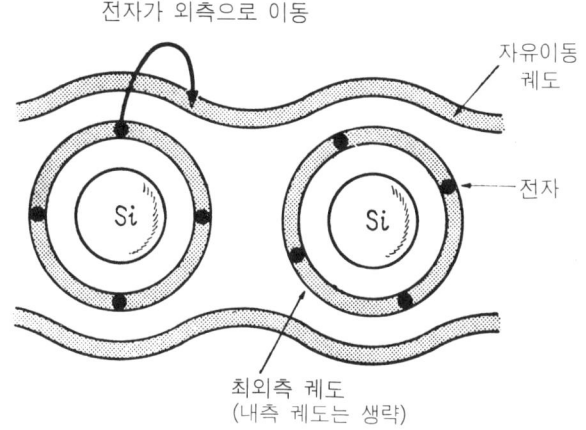

전자가 외측으로 이동

자유이동
궤도

전자

최외측 궤도
(내측 궤도는 생략)

그림 3. 11 원자가 모여 전자궤도를 생성한다

존재하지 않기 때문에 전자들은 더욱 잘 움직이게 되어 원자가 있는 곳이면 어디든지, 즉 물질 내부를 자유스럽게 이동할 수 있게 된다. 이를 **자유전자**라 하며 금속의 경우 대부분 이와 같은 상태가 된다(**그림 3. 11**).

이들 자유전자는 위와 같이 최외측 궤도에 있는 가전자들로서 내부 궤도에 있는 전자들과는 그 성질이 매우 다르다. 즉, 자유전자의 궤도는 최외측 궤도보다 외측에 있어 내부로 들어올 수는 없는 것이다.

절연체라는 물질에서는 어떠한 성질이 발생할까? 절연체에서는 원자들이 집합되어 있으므로 확실히 궤도폭은 넓어지지만, 외측 궤도와는 겹쳐지지 않으므로 자유전자는 나타나지 못하게 된다. 이에 비하여 반도체는 전자궤도가 최외측 궤도와 겹쳐지지 않으나 매우 근접해 있어 외측 궤도에 전자들을 여러 가지 방법에 의해 이동할 수 있는 것이다. 이와 같은 특징이 반도체를 더욱 효율적으로 사용할 수 있게 만드는 것이다.

제3장 요점

전자는 결정된 궤도를 움직인다.
원자와 태양계는 유사하다.
실리콘, 게르마늄은 4개의 결합손을 가지고 있다.

제 3장 연 습

문 1 구리는 원자번호 29이다. 전자의 수는 몇 개인가?
문 2 네온은 왜 연소되지 않는가?
문 3 절연체에는 자유전자가 존재하는가?

제**4**장

밴드 이론

제3장에서는 반도체 원자 주위를 회전하고 있는 전자에 관해 설명하였다. 그 요점을 정리하면 다음과 같다.

(1) 최외측 궤도에 4개의 전자가 존재하며 그림 3.9와 같이 다른 원자와 결합하기 위한 4개의 결합손이 있다.

(2) 원자가 많이 집합되어 있는 경우, **그림 4.1**과 같이 전자가 존재하는 최외측 궤도의 바로 외측 궤도와 겹쳐져서 4개의 전자는 결정 속의 어디라도 자유롭게 이동할 수 있게 된다.

이 장에서는 상기와 같은 상태를 다소 다른 각도에서 관찰해 보기로 한다.

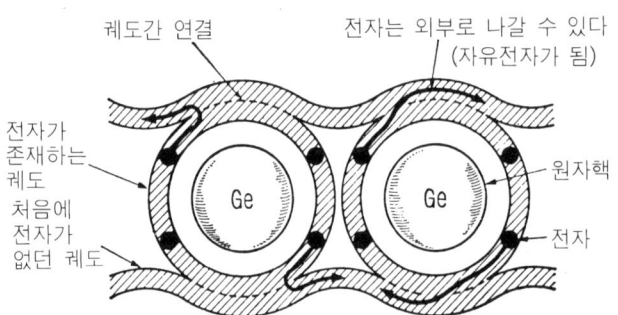

그림 4. 1 원자의 수가 증가하면 전자가 존재하는 궤도와 존재하지 않는 궤도가 연결된다

원자간 결합

결합손이 나와 있는 원자 두 개를 결합해 보면 손과 손이 곧 상호 연결되어 **그림 4.2**의 (a)와 같이 된다.

이후로는 손을 그리는 것이 복잡하므로 (b)와 같이 그려도 좋겠지만 전자 하나가 손하나를 뜻하므로 (c)와 같이 그리는 것이 이해하기 쉬울 것이다.

그림 4.2를 보면 두 개의 원자가 상호간 전자를 소유하므로 이와 같은 결합을 공유

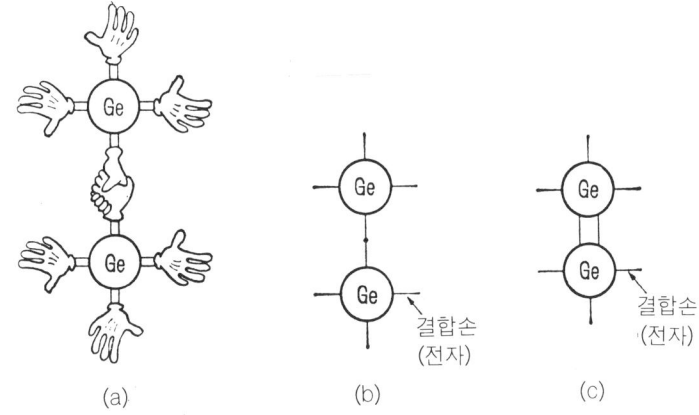

그림 4.2 두 개의 게르마늄 원자의 연결방법 및 표시방법(공유결합)

결합이라고 한다. 아파트나 공동주택 등에서 계단을 공유하여 사용하는 것과 마찬가지
일 것이다.

두 개의 원자가 결합할 때뿐만이 아니라 수많은 원자가 결합되면 어떠한 모양이 될
까? **그림 4.3**과 같이 원자들을 바둑판의 눈과 같이 배열하여 상호 연결시키면 가능하
다. 그림에서는 게르마늄 원자를 사용하였지만 실리콘의 경우도 마찬가지이며 화합물
반도체의 경우도 결합원리는 동일하게 된다. 그러나 이 그림을 자세히 살펴보면, 좀 이
상한 점을 발견할 것이다. 즉, 이대로 결합된다면 낱장의 종이처럼 결합되지만 실체 부
피를 가진 물체들은 높이 방향으로도 연결되어야 한다. 그렇다면 6개의 손이 필요할 것
이다. 주사위가 1에서 6까지 있는 것과 마찬가지이다.

4개의 손을 이용하여 입체적인 구조를 만들려면 **그림 4.4**와 같이 사면체의 형태로
연결하여야 한다.

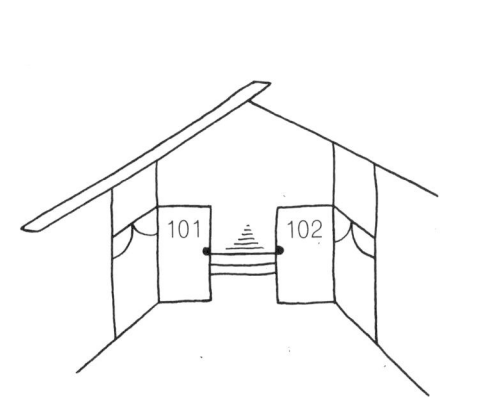

공유결합

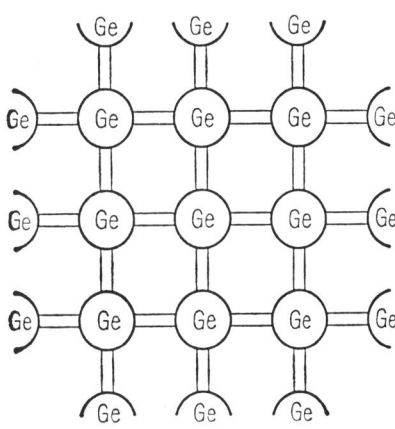

그림 4.3 다수의 원자가 모여있는 경우

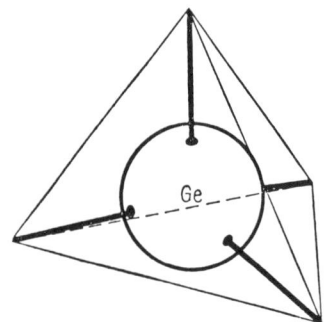

그림 4. 4 결합손은 입체적임

그림 4. 5 방파제용
시멘트 구조물

여기서 사면체의 꼭지점에 있는 결합손에 의하여 인근 원자들과 결합하는 것이다. 방파제에 놓여 있는 시멘트 구조물은 사면체 구조로서 상호 결합되어 있어 파도의 영향에 견딜 수 있는 것이다(그림 4. 5). 반도체의 경우도 그림 4. 4와 같은 사면체 원자가 규칙적으로 강하게 결합되어서 결정을 형성하고 있다. 입체적으로 많은 원자를 그리는 것이 불편하므로 대부분 앞서 설명한 바와 같이 그림 4. 3에 의하여 결정구조를 설명하고 있다.

밴드의 형성과정

반도체의 여러 가지 현상을 고찰하기 위하여 '밴드' 즉, '대(帶)'의 이론을 사용해야 한다. 이는 직관적인 모형으로는 이해하기 어려우므로 다음과 같이 생각해 보기로 하자. 그림 4. 1에서 Ge나 Si의 외측 전자는 보통 원궤도를 회전하고 있으나 만약 어떤 힘이 가해지면 외측 전자는 바로 다음 외측 궤도로 옮겨질 수 있게 된다. 이 힘으로는 온도, 빛, 전압 등 여러 가지가 있을 수 있다.

여기서, 여러분이 전자가 되어 생각해 보자. 외측으로 갈수록 지형이 더 높아진다면 외측으로 옮기기 위하여 약간의 힘이 필요할 것이다. 이와 같은 상황을 **그림 4. 6**과 같이 Si 원자의 경우 궤도의 단면을 고찰해 보면, 낮은 궤도로 보통의 전자는 회전하고 있으나 언덕을 넘어가면 위 궤도로 진입하여 궤도의 상황에 맞게 회전할 수 있는 것이다. 도심 속의 고가도로와 비교하면 지상을 달리던 자동차가 힘을 가하여 고가도로로 진입하는 것과 마찬가지이다. 이때 통행료를 지불하는 것 등은 자동차에 일종의 에너지를 가하는 것과 같다(그림 4. 7).

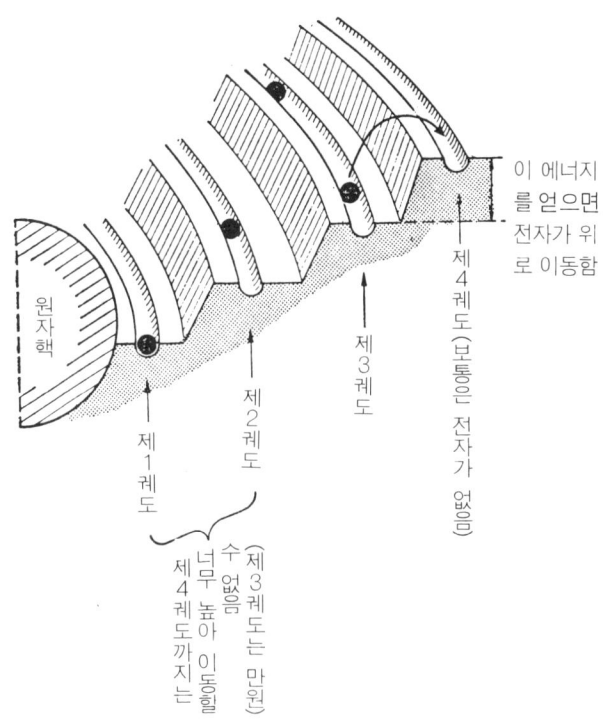

이 에너지
를 얻으면
전자가 위
로 이동함

제4궤도(보통은 전자가 없음)

제3궤도

제2궤도

제1궤도

제4궤도까지는 너무 높아 이동할 수없음(제3궤도는 만원)

원자핵

그림 4.6 전자궤도 모형과 필요에너지

　원자가 많이 모여 결정을 형성하게 되면, 모양이 약간 변화할 수 있다. 인근 전자나 원자의 수가 증가하기 때문에 전자의 궤도가 변할 수 있는 것이다. 이는 전자가 상호 전기적인 영향을 미치기 때문이다. 그 결과 두 개의 궤도는 **그림 4.8**과 같이 수가 증가하여 계단형태로 조금씩 높아지는 궤도로 변화하게 된다. 즉, 동일한 궤도에서도 높이가 틀리기 때문에 궤도의 폭이 존재하게 되는데, 이 폭을 **밴드**라고 한다.

　그림 4.8에는 하나의 궤도에 4개의 계단이 존재하는 것으로 표시하였으나 실제 결정에서는 그 수가 매우 증가하여 10의 몇 제곱 정도까지 늘어난다. 여기서 그림 4.8을 더 간단히 표시하기 위하여 원자를 생략하고 통로를 하나의 선으로 표시하면 **그림 4.9**(a)와 같이 된다. 이 경우, 가로 폭은 아무 의미가 없으며 선을 하나하나 그리는 것이 복잡하므로 (b)와

그림 4.7 고가도로를 이용하면 더욱 빠르다

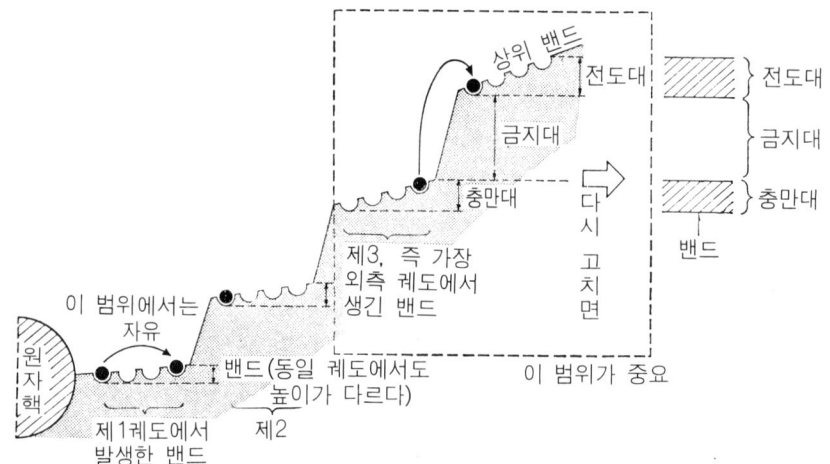

그림 4.8 결정에서의 궤도형성, 폭과 높이는 궤도마다 변하고 있다

같이 임의의 폭으로 밴드를 표시한다.

제일 위에 있는 밴드를 **전도대**(conduction band), 아래쪽 밴드를 **충만대**(valence band)라 하고, 상기 서술한 것 중 언덕에 해당하는 일종의 밴드를 **금지대**(forbidden band)라 하는데, 이 밴드에는 전자가 존재할 수 없다.

그렇다면 이와 같은 밴드는 무엇을 의미하는가? 그림에서 세로축은 궤도의 상하, 즉 에너지를 표시한다. 그림의 위쪽에 있는 전자는 에너지가 크며 아래쪽에 있는 전자는 에너지가 작으므로 위쪽에 있는 전자일수록 더욱 활발히 움직일 수 있는 것이다. 가로축은 결정의 길이를 표시하나 그다지 큰 의미를 갖고 있지는 않다.

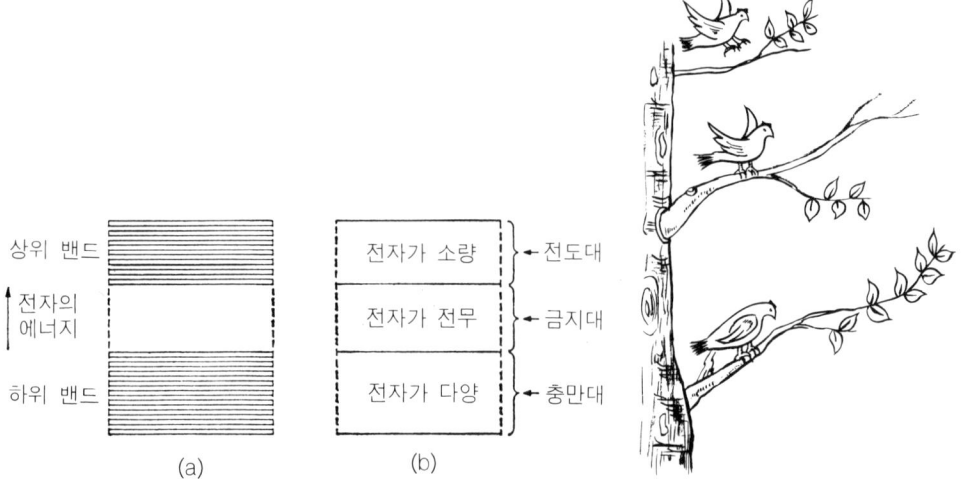

그림 4.9 전자궤도를 간략화한 그림(밴드 선도)   에너지가 높은 전자일수록 활동적이다

각 밴드의 역할

그림 4.9(b)의 에너지 선도(energy band diagram)는 반도체에서 반드시 필요한 것이며 반도체 소자(트랜지스터 등)를 이해하는 데 반드시 필요한 요소이다. 이 선도는 복잡하고 어려운 원자의 세계를 알기 쉽게 도와주는 중요한 수단인 것이다. 즉, 원자 내로 들어갈 수 있는 터널과도 같은 것이다. 지금부터는 각 밴드의 역할에 대하여 서술할 것이다.

맨 아래에 위치한 **충만대**는 원자의 최외측 궤도에 해당하며 원자당 8개의 전자통로(그림 4.9(a)에서 선의 수)가 존재한다. 실리콘 원자는 4개의 최외측 전자를 가지지만, 결정체가 공유결합하므로 전 통로가 전자로 가득 차게 된다.

충만대는 이와 같이 전자로 가득 차 있으므로 이들 전자는 움직일 수 없는 것이다. 움직일 수도 없는 만원상태의 출근버스라고 할 수 있으며 한 명의 승객이 빠져나가면 차례로 움직일 수 있을 것이다. 이와 같은 상황이 반도체에서도 발생한다.

충만대 위에 위치한 **금지대**는 전자가 들어갈 자리도 없고 전자가 머물 수도 없는 곳이다. 그렇지만 이 밴드 내에는 여러 가지 에너지 준위가 있을 수 있으므로 반도체에서는 매우 중요한 밴드이다. 금지대의 폭은 반도체마다 다르며 각 반도체의 성질을 결정하는 데 중요한 역할을 한다.

가장 위쪽에 위치한 **전도대**는 전자가 들어갈 수 있는 밴드이다. 단, 충만대와 달리 통로, 즉 좌석은 많은데 전자는 그다지 많지 않은 곳이다. 한가한 고속도로와 같은 것이다.

전도대로 들어 온 전자들은 결정 내를 자유스럽게 움직일 수 있으며 전기전도에 영향을 미치는 밴드이므로 전도대라 한다. 이때 전도대에 있는 전자를 **자유전자**라고 한다.

열에너지에 의한 전자이동

만일 전도대에 전자가 전혀 없다면, 결정 내를 움직일 수 있는 전자가 없어서 전류는 전혀 흐를 수 없으므로 절연체가 된다. 이에 비하여 반도체에서는 매우 소수의 전자가 충만대에서 전도대로 올라갈 수 있는데 이는 열에너지에 의한 것이다.

우리들이 살고 있는 사회는 절대온도 0K에 비하여 비교적 높은 온도(300K)로 유지되고 있다. 예를 들면 25℃에 결정을 놓아두면 결정

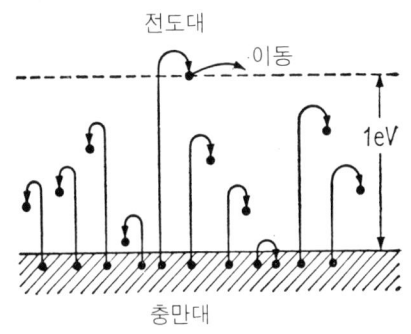

그림 4.10 열에너지에 의한 전자이동

도 그 온도까지 올라갈 것이다. 이에 해당하는 열에너
지가 전자에 영향을 미쳐 **그림 4. 10**과 같이 충만대에
있는 전자가 위로 튀어 올라가게 된다. 올라가는 모양
은 전자마다 상이하여 높이 올라가는 것도 있고 낮게
올라가는 것도 있다.

인간사회에서도 힘이 강한 자와 약한 자, 또는 수명
이 긴 자와 짧은 자 등이 있는 경우와 마찬가지이다.
전자의 경우 볼츠만 통계에 의하여 분포한다. 예를 들
면, 그림 4.10과 같이 10개의 전자가 있을 때 그 중에
1개만이 1eV 이상 에너지가 상승하며 이 전자만이 전
류의 흐름에 관련되는 것이다.

건강한 전자는 높이 올라간다

실온에 해당하는 열에너지는 약 0.03eV 정도이다. 즉, 평균적으로 전자는 0.03eV
만큼 올라갈 수 있는 것이다. 그러므로 반도체의 금지대 폭(이를 에너지 밴드 갭, Eg
로도 표시함)인 1.2eV(실리콘의 경우)를 초과하는 전자는 매우 적은 양일 것이다. 또
한 에너지 밴드 갭이 0.02eV라면 실온에서 모든 전자가 전도대로 올라가 저항이 0이
될 수도 있는 것이다.

금지대 폭에 의한 물질의 분류

앞의 설명에서 알 수 있듯이 에너지 밴드의 크기에 따라 반도체, 절연체, 도체로 분
류할 수 있다. 그림 4.11을 보면 (a)의 경우 **반도체**로서 적당한 폭의 에너지 밴드 갭
이 존재하며 (b)의 경우는 전혀 전류의 흐름이 없는 **절연체**인 경우이다.

에너지 밴드가 0.01eV 이하 또는 충만대와 전도대가 겹쳐지는 (c)의 경우는 **도체**이
다. 이 경우 전자는 충만대에서 전도대로 자유스럽게 이동하여 자유전자가 될 수 있으

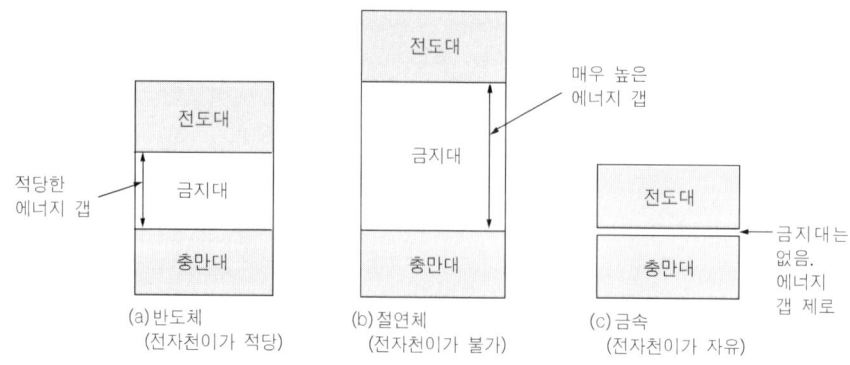

그림 4. 11 에너지 밴드 갭에 의한 물질의 분류

므로 전류가 잘 통하는 것이다.

표 4.1에 여러 가지 반도체의 에너지 밴드 갭을 표시하였다. 에너지 밴드 갭이 작은 물질은 동일한 열에너지에 의하여 많은 전자가 전도대로 올라갈 수 있으므로 저항이 낮아지는 반면에 에너지 밴드 갭이 큰 물질(예를 들면 ZnS, CdS, GaP 등)은 저항이 높은 소자를 만들 수 있는 것이다. 이외에도 여러 가지 성질이 있기 때문에 단지 에너지 밴드 갭만으로 반도체의 장·단점을 이야기할 수는 없다.

표 4.1 에너지 밴드 갭
(단위 eV)

Ge	0.78
Si	1.21
ZnSb	0.56
AlSb	1.60
GaP	2.4
GaAs	1.45
InSb	0.23
ZnS	3.7
다이아몬드	5.33

제4장 요점

게르마늄, 실리콘은 공유결합 물질이다.
궤도가 넓어져서 밴드가 된다.
반도체는 3개의 밴드로 구분된다.

제4장 연습

문 1 충만대 내의 전자는 움직일 수 있는가?
문 2 에너지 밴드 갭이 0.01eV인 물질은 실온에서 반도체인가?
문 3 임의의 물질이 실온에서 가진 에너지는 어떤 에너지인가?

제 **5** 장

정공이란

제4장에서는 에너지 밴드의 형성과정에 대하여 설명하였다. 여러분은 아직 충분하게 개념이 성립되지 않았을 것이다. 그러나 아직 여러 각도에서의 설명과정이 남아 있기 때문에 염려할 것은 없다.

여기서는 반도체에서 중요한 역할을 하는 정공(홀 : hole)에 대하여 설명할 것이다. 정공은 홀이라고도 불린다.

정공이란 무엇인가

정공, 즉 홀이란 구멍을 의미한다. 골프에서도 홀인원이란 용어의 의미에 '홀'을 사용한다. 반도체에서의 홀도 역시 구멍이란 뜻으로 전자가 제거된 구멍을 뜻한다. 그림 5.1을 살펴보면 앞의 설명과 같이 실리콘은 4개의 결합손을 가지고 있으며 결합손, 즉 전자들끼리 결합함으로써 결정을 형성하는 것이다. 이와 같은 결정에 임의의 온도가 가해지면(실온에서는 27℃, 절대 0°에서는 300K 높은 것이다) 열에너지가 결정에 영향을 미쳐 원자에 구속된 전자가 자유롭게 결정 내를 움직일 수 있게 된다(밴드 모형에서는 전도대로의 이동을 나타낸다).

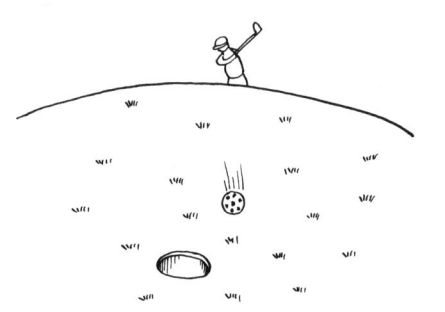

반도체에도 정공이 있다

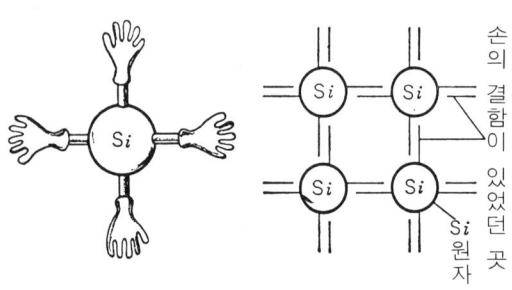

실리콘의 결합용 4개손   결정을 이루는 원자

그림 5.1 실리콘 결정의 배열관계

전자가 결정을 형성하고 있는 원자(예를 들면 실리콘)의 속박에서 벗어나 탈출하는 모양을 좀더 자세히 고찰해 보자. 먼저 실리콘 원자를 하나만 취해 보면 **그림 5.2**와 같이 전자의 수는 총 14개가 된다. 여기서 최외측 궤도에 존재하는 전자는 4개이며 이것이 결합손이 되는 것이다.

전자는 **마이너스** 전하를 가지며 그 양은 1.6×10^{-19}C 정도로 매우 미세하다. 하나의 실리콘 원자에는 14개의 전자가 존재하며 이에 해당되는 플러스 전하, 즉 14개의 플러스 전하가 원자핵 내부에 존재한다. 그러므로 외부에서 보면 원자는 마이너스 전하량과 플러스 전하량이 동일하므로 **중성**을 띠는 것이다.

이와 같은 일반적인 성질은 물질 내부에 다량의 전하가 존재할 때에도 외부에서 보면 마찬가지로 중성을 띠고 있으며, 임의의 자극이 가해질 때 이 평형상태는 깨지게 되어 소위 **이온화** 현상이 발생하는 것이다.

여기서 지구상의 전 인류를 생각해 보면 남녀가 0.1% 이하의 오차로 평형을 이루고 있는 것을 알 수 있다(전쟁 등이 없는 경우). 비록 미세하긴 하지만 거시적으로 볼 때 다량의 마이너스, 플러스 전하가 중성상태를 보이는 것은 어떤 철학적 의미가 있는 것 같다.

여기서 여러분은 하나의 의문이 생길 것이다. "실리콘의 결합손이 4개라는 것은 전자 4개(마이너스 전하가 플러스 전하보다 4개 많은 경우)를 끌어들인다는 것인가?" 물론 좋은 질문이지만 대답은 다음과 같다.

전자 4개는 화학적으로 활성이 강하고 다른 전자 4개를 끌어들이려고 하지만 전자만 끌어들이는 것이 아니라, 다른 원자에 구속되어 있는 전자를 포획하므로 전체적으로 고려해 보면 결국 중성이 된다.

이 중성 실리콘에 외부로부터 임의의 자극을 가해 보자. 예를 들면 결정 전체에 온도를 가해 보면, 전자는 결합을 끊고 자유스러운 전자가 될 것이다. 이때 남아 있는 원자

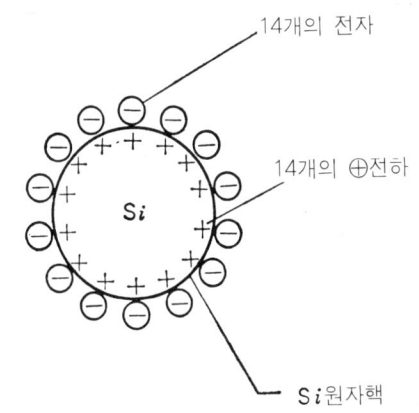

그림 5.2 원자 전체의 전자와 ⊕전하의 연결

전자가 나가버리면 가정에 구멍이 뚫린다

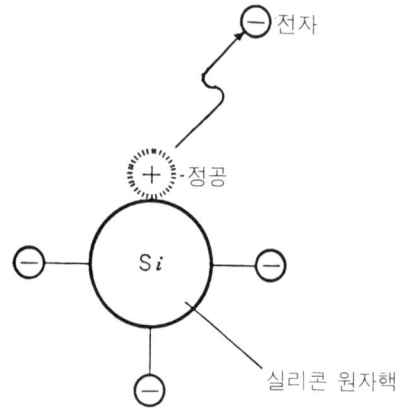

그림 5.3 전자가 빠져나간 자리가
정공이다

는 어떻게 될까? 아버지가 가출한 가정의 가족들은 어딘지 모르게 구멍이 뚫린 것과 같은 기분이 들 것이다.

실리콘에서도 마찬가지로 전자가 떨어져 나간 후에는 구멍이 존재하게 된다. 이것이 정공이다. 진짜 구멍이 아닌 전기적인 구멍이다. 즉, 중성으로부터 전자가 탈출하였으므로 나머지는 플러스로 대전된다는 것이다.

이를 그림으로 나타내면 그림 5.3과 같이 전체 전하량이 0인 원자가 플러스 전하를 받은 것과 같으므로 이 플러스 입자를 정공이라 하는 것이다. 그러면 정공은 어떻게 플러스 전하와 같은 행동을 하는 것일까? 우리 사회에서도 정공과 유사한 개념을 찾아 볼 수 있다.

예를 들면, 보통의 예금을 전자라 하면 정공은 대출금이다. 따라서 통장에 적자로 나타난 것이 정공이다.

그림 5.4의 수준기(水準器)를 보면 유리관 내에 물이 들어 있고 조그만 기포가 들어 있다. 유리관을 기울이면 기포는 역으로 상승한다. 이것이 정공이다. 다음 기회에 정공에 대한 좀 더 구체적인 설명을 하겠다.

정공의 움직임

그림 5.4의 기포 움직임에서 알 수 있듯이, 정공의 움직임은 항상 전자와 반대 방향이다. 공기입자의 움직임은 지구상의 중력과 반대로 상승하고 있다. 이는 전기력이 미

적자(赤字)는 정공과 동일한 것

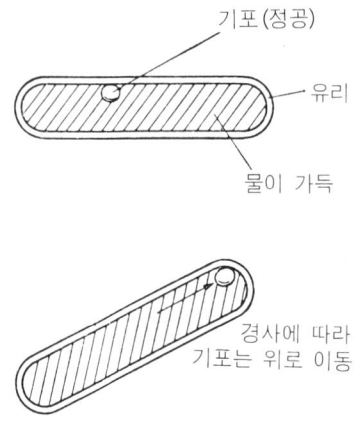

그림 5.4 수준기에서 기포는 정공에 해당한다

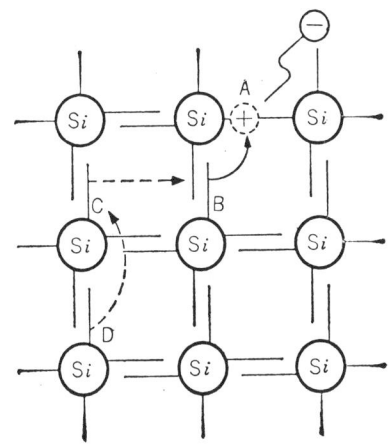

그림 5.5 정공의 움직임은 A-B-C-D
순으로 이동한다

인접해 있다면 간단히 넘어간다

칠 때에도 마찬가지이다.

　그림 5.3과 같이 전자가 탈출한 후, 전하는 어떻게 움직이고 있는가를 생각해 보자. 그림 5.5는 결정체 구조로서 그림의 A점에 있던 전자가 탈출하면, 다음은 인근에 위치한 B점의 전자가 이동하여 A점을 채운다. 이때, B점이 ⊕전하가 되는 것이다.

　다음은 C, D점이 순서적으로 움직이므로 정공이 A−B−C−D로 이동하는 것과 같은 것이다.

　자유전자가 되기란 매우 어려운데 어떻게 전자들이 그렇게 쉽게 이동해 올 수 있는지 의아해 할지도 모르겠으나, 인접해 있는 경우는 일일이 큰 길로 나갈 필요없이 울타리를 넘어 간단히 이동할 수 있는 것이다. 즉, 전자의 에너지가 낮아도 인접해 있기 때문에 강력한 인력이 작용하여 움직이는 것이 용이한 것이다.

　이와 같이 정공은 결정 속을 어디든지 쉽게 움직일 수 있으므로 자유전자에 대하여 ⊕의 전하를 지닌 **자유정공**이라 불러도 된다. 그러나 이 정공은 전자보다 움직임이 조금 둔하다. 이것을 이동도(mobility)가 작다고 말한다. 자유전자와 자유정공이 합쳐지면 전하가 0이 되어 중성으로 변한다.

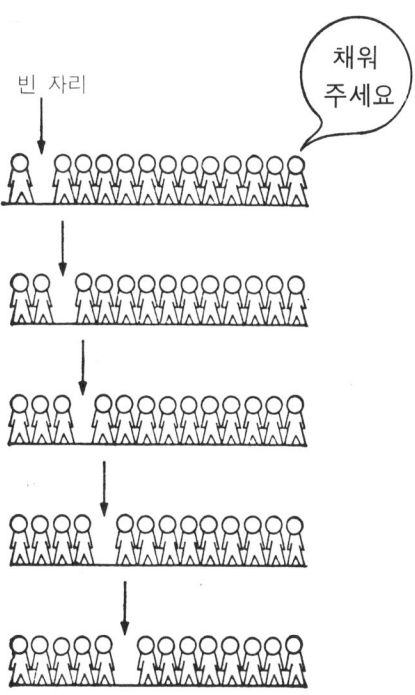

그림 5.6 빈 자리의 이동이
정공의 이동임

그림 5. 7 지상의 낙원-반도체

다시 한번 정공을 비유해 보면 **그림 5.6**과 같다. 많은 사람들이 줄지어 서 있을 때 한 사람이 빠지면 빈 자리(구멍)가 생긴다. 이 빈 자리를 옆 사람이 계속해서 채워나간 다면 빈 자리도 이동할 것이다. 그러나 사람이 움직이는 속도보다 빈 자리의 이동이 빠를 수는 없을 것이다.

지금부터는 앞의 복잡한 것들을 생각할 필요 없이, 단지 전자와 정공, 두 입자를 자유롭게 사용할 수 있다는 것만 기억하자. 필요하다면 언제든지 결정을 출입하면서 설명할 것이다.

지금까지의 설명으로 반도체의 특징을 이해할 수 있으리라 믿는다. 금속에서는 수많은 전자가 있을 뿐이고(사람으로 가득 찬 서울과 같이) 절연체는 도저히 전자가 들어갈 수 없다(불모의 사막과 같다). 이에 비해 반도체는 사람이 살기에 적당한 온도나 전기 에너지 환경에서 두 종류의 움직이는 손(전자와 정공)을 적당히 사용할 수 있는 것이다. 즉, 덴마크나 하와이 같은 지구상의 낙원인 것이다(그림 5. 7).

밴드 내의 정공

이 절에서는 에너지 밴드와 정공의 관계를 설명한다.

움직일 수 있는 자유전자는 맨 위의 비어 있는 전도대로 이동하고, 움직일 수 없는 전자는 충만대에 가득 차 있다. 정공은 에너지의 강도에 따라 원자에 구속되어 있으므로 마치 충만대의 전자처럼 충만대에 있게 된다. 그림 5. 8에 이를 표시하였다.

이 그림에서 알 수 있듯이 전자가 에너지를 받으면 위로 상승하고 정공은 반대로 이동하게 된다. 충만대의 정공은 마치 산소가 부족한 금붕어가 수면에 떠올라 있는 것과

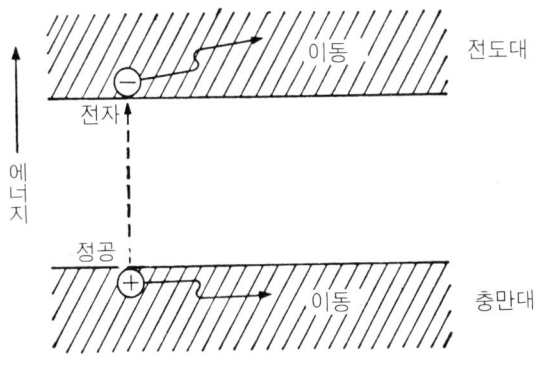

그림 5.8 전자가 전도대로 천이하면 정공이 남는다

같이 항상 충만대의 위쪽에 자리잡고 있다.

그림에서 보면 전자가 충만대에서 전도대로 상승하면 뒤에 정공을 남기고 두 입자는 해당 방향으로 움직이는 것을 알 수 있다.

이 책 처음에 반도체는 온도가 상승하면 저항이 작아진다고 하였다. 에너지 밴드 선도를 보면 온도가 상승할 때 원자 주위를 회전하는 전자도 열에너지를 받아 그 중의 일부분은 충만대에서 전도대로 상승하게 되는데, 이때 충만대에 정공을 남기게 된다. 즉, 전류운반이 가능한 것이다. 이들 입자가 증가하면 저항은 당연히 감소하는 것이다. 즉,

$$\text{저항 } R \propto \frac{1}{\text{전자수} + \text{정공수}}$$

의 관계가 성립하기 때문에 온도가 상승하면 저항이 감소한다.

임의의 물질에 대하여 전자와 정공의 수는 결정되어 있다. 게르마늄의 경우 실온에서 전자의 수는 $2.5 \times 10^{13}/cm^3$이다.

전자와 정공의 수는 동일하므로 각각 $2.5 \times 10^{13}/cm^3$이 된다. 즉, $1cm^3$당 10^{22}개의 원자로부터 10^{13} 정도의 전자가 나오는 것이다. 이는 지구상의 전체 인구에 대하여 1명 정도의 비율에 해당한다. 그러나 200℃에서는 거의 모든 전자가 탈출하여 자유전자가 된다.

불순물을 첨가할 때

지금까지는 단지 순수한 반도체에 대해서만 설명하였다. 이를 **진성반도체**(intrinsic-semiconductor)라고 한다. 이와 같은 반도체에서는 전자와 정공이 항상 같은 수이다.

불순물은 반도체의 맛을 자유롭게 한다

반도체가 순수하지 못하고 다른 물질이 첨가되었을 경우를 생각해 보자. 공기중에도 먼지나 불순물이 있을 수 있고 사람의 손에도 오염물질이 많이 붙어 있다. 물로 세척한다 해도 완전히 순수한 물은 없기 때문에 순수 반도체를 만들기는 매우 힘들 것이다. 결정상태가 나쁠 때도 불순물이 첨가된 경우와 유사한 특성을 갖는다.

이와 같이 순수한 반도체 이외의 물질을 **불순물**(impurity) 반도체라 하며 불순물을 첨가하면 반도체의 성질은 크게 변화하지만, 반도체에서 불순물이 항상 악영향을 미치지는 않는다. 요리에서도 소금이나 조미료가 맛을 변화시키듯이 반도체에서도 불순물이 반도체의 맛을 자유롭게 조절하는 것이다. 그러므로 이로운 불순물도 있는 것이다.

특히 3족 금속(갈륨, 붕소, 인듐 등)과 5족 금속(안티몬, 비소, 인 등)은 중요한 불순물이다.

반도체의 발달과 더불어 그 전까지 그다지 중요한 물질이 아니었던 인듐의 생산은 중요한 산업이 되었다. 불순물을 첨가시키는 방법에도 여러 가지가 있다. 불순물 금속을 원하는 농도와 장소에 정확히 첨가시키는 것이 반도체기술의 근본이라고 해도 과언은 아니다.

그러나 해로운 불순물도 있다. 금, 구리 등은 반도체 내에 구멍을 만들고 전자와 정공을 강제적으로 결합시켜 반도체에 해를 미친다. 그러나 특성을 향상시키기 위하여 금을 첨가시키는 경우도 있다. 독이 약이 되는 경우와 마찬가지이다.

불순물을 첨가시키면 반도체에는 어떠한 현상이 발생할 것인가를 다음 장에서 설명할 것이다.

제5장 요 점

전자가 빠져나간 자리가 정공이다.
전자와 정공은 반대로 움직인다.
불순물로 반도체 성질이 변화한다.

제5장 연 습

문 1 정공은 어떤 밴드에서 움직이는가?
문 2 정공과 전자는 어떤 것이 빠른가?
문 3 진성반도체란 무엇인가?

제 **6** 장

불순물의 역할

지금까지 설명한 바를 복습해 볼 때, 특히 중요한 두 가지는 다음과 같다.

① 반도체에는 전자와 정공이 있고 각각 ⊖와 ⊕의 전하를 갖고 있다.

② 온도가 상승하면 전자는 자유스럽게 움직이게 되고(즉, 전도대로 천이하고) 뒤에 정공을 남긴다. 즉, 전류가 잘 흐르게 된다.

이 두 가지는 매우 중요한 사항이므로 항상 기억해야 한다. 즉, 여러분의 머리로 전자의 세계를 상상하는 것

말보다는 상상을 하라

이 가장 훌륭한 학습방법인 것이다. 그러면 뒤에 설명할 복잡한 현상을 쉽게 이해할 수 있을 것이다. 이 장에서는 특히 중요한 사항인 반도체 내의 불순물에 대하여 설명할 것이다.

불순물이란

지금까지 설명한 반도체, 즉 실리콘이나 게르마늄은 매우 순수하다고 가정하였다. 수량적으로 말하면 99.999999% 정도의 순도를 가져야 한다. 이와 같이 9가 여덟 개 있는 순도를 8Ns(eight nines)라고 한다.

단결정의 제작방법에 대해선 제1장에서 설명했고 여기서는 순도 측정방법에 대해 설명해 보자. 물론 보통의 화학적 분석으로는 불가능하지만, 여기에서 1개씩의 전자가 나온다는 가정 하에 전기저항을 측정하면 역으로 순도를 구할 수 있다.

특히, 여기서는 실리콘이나 게르마늄 원자 이외의 모든 물질을 불순물이라 한다. 불순물이 첨가되면 반도체의 전기적 성질이 변화한다. 보통 '불순'이라 하면 나쁜 의미로 사용되고 있다. 즉 '불순한 동기'라든가 '불순한 관계' 등 …

순물이 첨가되면 반도체의 전기적 성질이 변화한다. 보통 '불순'이라 하면 나쁜 의미로 사용되고 있다. 즉 '불순한 동기'라든가 '불순한 관계' 등 …

반도체의 경우 불순물이란, 반도체의 성질을 변화시키기 위하여 순수 반도체에 첨가시켜 사용하고 있다. 다시 말해 반도체의 경우 불순물은 뜻밖에도 매우 유용한 성질을 만드는 데 사용하고 있다.

불순물의 역할은 음식에 맛을 내는 조미료 역할과 매우 유사하다. 순수한 증류수를 마셔보면 아무 맛도 느낄 수 없을 것이다. 여러 가지 이온이 들어가 있는 하천수가 더욱 맛있는 것이다. 염분이 많은 물은 금붕어나 인간에게도 그다지 이롭지 못하지만….

불순물을 첨가할 때 반도체의 이용범위는 매우 광범위하며 순수하거나 무시할 수 있을 정도의 불순물이 있는 것을 **진성반도체**(intrinsic semiconductor)라 하고 불순물이 첨가된 반도체를 **불순물반도체**(또는 외인성반도체 ; extrinsic semiconductor)라고 한다.

5가 불순물

불순물이 반도체에서 어떠한 역할을 하는지 조사해 보자. 먼저 5가 원자에 대하여 조사해 보자. 여러 가지 원소를 **표 6.1**과 같이 **주기율표**로 표시하여 이용한다.

전자수가 작은 원소부터 차례대로 배열하여 표를 만들며, 표 6.1은 2족에서 6족까지의 일부분을 표시한 것이다.

여기서 주의할 것은 4족은 C, Si, Ge, Sn, Pb 등이며 이들은 앞서 설명한 바와 같이 결합손이 4개인, 즉 4가 원소이다. 왜 이들 전부가 반도체가 아닌가 하면 Sn, Pb는 전도대와 충만대가 연결되어 있어 금속이 되며 C는 역으로 절연체가 되기 때문이다 (결정체인 탄소는 다이아몬드 등의 절연체이며 결정체가 아닌 탄소는 전도체가 된다).

표 6.1 원소의 주기율표

족	2	3	4	5	6
		$_5$B	$_6$C	$_7$N	$_8$O
		$_{13}$Al	$_{14}$Si	$_{15}$P	$_{16}$S
	$_{30}$Zn	$_{31}$Ga	$_{32}$Ge	$_{33}$As	$_{34}$Se
	$_{48}$Cd	$_{49}$In	$_{50}$Sn	$_{51}$Sb	$_{52}$Te
	$_{80}$Hg	$_{81}$Tl	$_{82}$Pb	$_{83}$Bi	$_{84}$Po

그림 6.1 As의 결합손은 5개

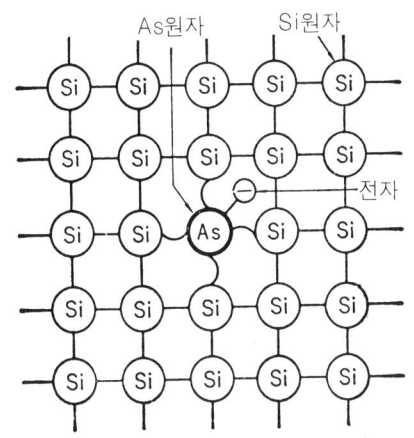

그림 6.2 As가 첨가되면 결합손 하나가
남는다

가족(도너) 수만큼 자녀(전자)가
있는 경우

5개의 결합손을 가진 As가 Si 내로 첨가되어 Si 내의 한 원자를 대치하게 되는 상태를 생각해 보자. 첨가되는 As는 많아야 0.1% 이하, 즉 Si원자 1000개당 1개 정도이므로 As는 드문드문 들어가 있는 형태이다.

그림 6.2를 잘 보면 당연히 결합손이 하나 남았다는 것을 알 수 있다. 결합손이란 앞에서도 설명했지만, 전자의 성질을 지녔으므로 전자 하나가 결합하지 못하고 떠도는 상태가 된다.

As 원자만을 생각해 보면, 원자핵 중의 ⊕와 전자 전체의 ⊖가 조화를 이루고 있으나 결합하지 못한 전자와 원자핵 내부의 ⊕가 비교적 멀리 떨어져 있기 때문에 인력이 약하고 쉽게 전자가 떨어져 나가는 것이다. 다시 말해서 전자는 쉽게 자유전자가 되고 전도대로 천이하는 것이다.

전자를 잃은 As 원자는 전하적으로 ⊕가 하나 남게 되며 이 ⊕는 원자핵이므로 고정된 전하가 된다. 이는 As 원자가 As^+ 이온이 되는 것이므로 이온화라고 한다.

결론적으로 말하면, 5가 원자가 첨가되면, 첨가된 원자와 같은 수의 전자가 발생하여 전도대에 전자를 공급하게 된다. 이와 같은 원소를 도너(donor)라고 한다.

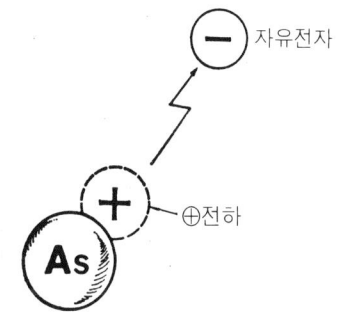

그림 6.3 전자가 나가면 As는
이온화되어 ⊕전하를 띤다

밴드의 변화

5가 불순물, 즉 도너가 첨가되면 에너지 밴드는 어떻게 변화할까?

불순물이 첨가되어 있지 않은 진성반도체, 즉 순수 반도체의 경우 에너지 밴드 선도를 그림 6.4(a)에 나타내었다.

진성반도체에서는 전자가 **충만대**(결정으로서 결합된 상태)에서 **전도대**(즉, 자유전자)까지 직접 올라가기가 매우 어렵다.

그러나 As가 첨가되면 전자 하나는 결합하지 못하여 원자핵으로부터 매우 멀리 떨어지게 된다. 이는 전자가 곧바로(약간의 에너지에 의하여) 전도대로 올라갈 수 있다는 의미이다. 그러므로 이 경우 충만대에서 전자가 올라간다고는 생각할 수 없다.

전자는 전도대의 바로 아래에 위치한다고 생각하여 전도대 아래(0.01eV)에 선을 그어 이를 As에 대한 **불순물 준위**(도너 레벨)라 부른다(그림 6.4(b)).

불순물 준위가 밴드 형태가 아닌 하나의 선으로 표시되는 것은 As가 드문드문 존재하기 때문이며(As가 서로 멀리 떨어져 있기 때문에 상호 영향을 미치지 못한다) 정확히 말하면 그 선은 점선으로 표시해야 한다.

이 도너 레벨 E_D의 위치는 반도체의 저항

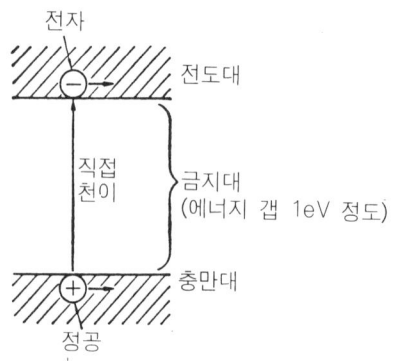

(a) 진성반도체의 에너지 밴드 선도

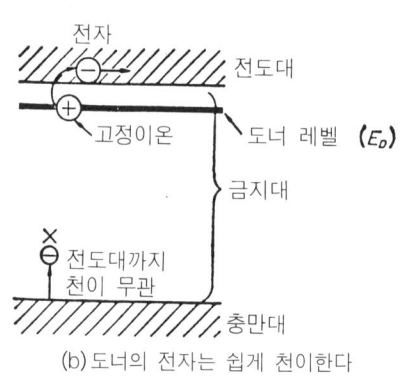

(b) 도너의 전자는 쉽게 천이한다

도너 레벨이 있으면 전도대로 올라가기 쉽다

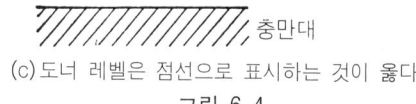

(c) 도너 레벨은 점선으로 표시하는 것이 옳다

그림 6.4

을 온도에 따라 측정함으로써 구할 수 있다. 간단히 말해서 온도에 의한 에너지는 kT 로 표시할 수 있으며 k는 볼츠만 상수, T는 절대온도이다.

실온, 즉 300K의 절대온도에서 kT는 약 0.026eV 정도이다(이 숫자는 기억해 두는 것이 좋다). 그러므로 실온에서 완전히 전자가 전도대로 올라가기 위해선 도너 레벨이 0.026eV보다 작아야만 한다는 것을 알 수 있다.

참고적으로 Si의 에너지 밴드 갭은 1.1eV이고 Ge는 0.7eV이므로 실온 정도의 열에 너지로는 전자가 천이하기에 부족하다는 것을 알 수 있다.

3가 불순물

표 6.1에서 3족, 즉 B, Al, Ga, In 등은 결합손이 3개이므로 모형도로 그리면 그림 6.5와 같이 결합손이 부족하게 된다. 즉, 실리콘의 결합손이 In의 결합손을 잡으려 하지만 아무 손도 없기 때문에 이는 불가능한 것이다. 그러므로 실리콘의 전자가 하나 남게 된다. 그럼 이 전자가 자유전자가 될 수 있는가?

실상은 그렇지 못하다. 이는 매우 이해하기 어렵겠지만 실리콘에 붙어있는 전자는 실리콘 원자핵에 강하게 구속되어 있어서(다시 말하면 충만대에 있어서), As의 경우와 같이 자유전자가 될 수 없는 것이다. 그럼 어떤 상황이 일어날까?

하나 남은 실리콘 전자는 움직일 수 없지만 전자와의 친화력이 존재한다. 그러므로 전자를 끌어들이는 힘이 작용한다. 이와 같은 힘은 ⊕전하가 존재하는 것과 같아지며 이를 정공이라고 한다.

5가 원소 As가 ⊕전하를 가지고(이온화해서) 하나의 전자를 방출하는 것과 같이 In 원자는 ⊖전하를 가지고 ⊕전하인 정공을 가지고 있는 것으로 생각할 수 있다.

그러면 여기서 정공이 움직이고 있다는 것은 어떤 의미일까 생각해 보자. 먼저 정공

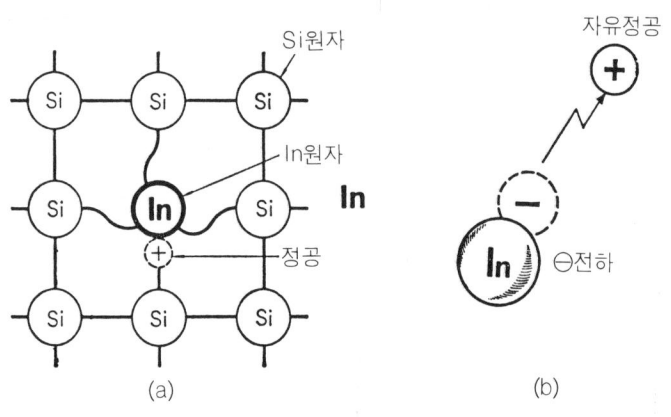

그림 6.5 (a) In이 첨가되면 손이 하나 부족하다
(b) 정공이 나가면 In은 ⊖가 된다

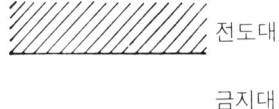

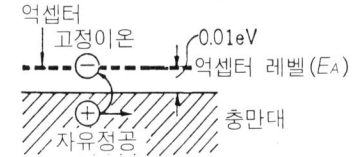

그림 6.6 억셉터가 존재할 때의 밴드
　　　 선도(전자가 천이하면 정공이
　　　 남는다)

은 항상 전자를 끌어들이려 하고 있다.

　이를 만족시키기 위해 어디서든지 전자가 오지 않으면 안 된다. 그러나 결정 중에는 여분의 전자가 없으므로 무리해서라도 전자를 끌어들이려 할 것이다. 전자를 끌어들이는 방법을 생각해 보면, 그 전자는 에너지를 많이 받지 않아도 비교적 간단히 옆으로 이동한다. 전도대로 상승은 하지 않고 단지 이동하게 된다. 즉, 충만대의 바로 옆에 무엇인가 이동할 수 있는 상태가 존재한다는 의미이다.

　　밴드 선도에서 충만대 바로 위에 전자를 취할 수 있는 임의의 레벨이 존재하게 된다. 전자가 이 레벨로 올라가면 충만대에는 정공(자유정공)이 하나 남게 된다.

　In원자는 전자를 항시 받아들이기 때문에 **억셉터**(acceptor)라 불린다. 밴드 선도에서는 충만대 바로 위 $0.01eV$ 정도에 억셉터 준위 E_A가 있고 전자는 충만대에서 쉽게 이 억셉터 준위로 올라가 정공을 충만대에 남기게 된다.

　이상에서 알 수 있듯이, 전자와 정공, 도너와 억셉터는 서로 겉과 속의 차이이며 밴드 선도에서도 상하의 차이가 있을 뿐, 전부 위아래를 바꾸어 놓은 상태와 같다.

　반도체에 존재하는 이와 같은 두 물체(전자와 정공)가 적당히 조화를 이루면 복잡한 동작도 만들어 낼 수 있는 것이다. 인간사회에서 남성과 여성의 조화가 미묘한 자연법칙인 것과 비교할 수 있다.

불순물 첨가방법

　표 6.1의 불순물이 모두 반도체의 불순물로 사용되는 것은 아니다. 반도체 내에서는 용해되기 쉬우며, 반도체 표면에서 증발되지 않아야 한다. 이와 같은 물질은 도너로서는 P, As, Sb 등이 있고 억셉터로서는 B, Al, Ga, In 등이 주로 사용된다.

　반도체 내에 불순물을 첨가시키는 방법은 매우 어려운 기술이다. 트랜지스터나 다이오드를 제작하기 위하여 결정체인 반도체에 불순물을 선택적으로 첨가시켜야만 하며 여기에는 몇 종류의 방법이 있다.

　최근 10여 년 간 발달해 온 반도체기술은 "어떻게 불순물을 반도체에 첨가시키는가?"라고 간략화할 수 있을 정도이다. 원하는 위치에 정확한 양의 불순물을 첨가시키는 것이 반도체기술의 핵심인 것이다.

불순물 반도체의 저항

도너나 억셉터를 첨가시키면 그와 같은 수의 전자나 억셉터를 첨가시키는 것과 동일한 효과를 나타내므로 반도체의 저항은 변화하게 된다. 먼저 도너의 경우만을 생각해 보자.

기본적인 것이지만 어떤 물질 중에 전류가 흐른다는 것은 전하를 갖고 있다는 것이고 (움직일 수 있는 입자의 수)×(입자의 이동 정도)가 전류를 의미한다. 즉, 자유전자가 많아서 전자가 잘 움직인다면 전류도 잘 흐르는 것이다. 즉,

$$\sigma = e \cdot n \cdot \mu (\eth)$$

가 된다. σ는 전기전도도($\eth \mathrm{cm}^{-1}$), n은 농도, μ는 이동도를 나타낸다. e는 전자의 전하량(C)이다. 이 식의 역수를 취하면 저항률을 구할 수 있다.

$$\frac{1}{\sigma} = \rho = \frac{1}{e \cdot N_D \cdot \mu}$$

ρ는 저항률(또는 비저항, $\Omega \cdot \mathrm{cm}$)이며 N_D는 도너의 $1\mathrm{cm}^3$당 수이다. 즉, 전자의 수 (n)는 도너의 수(N_D)와 동일하다.

μ는 이동도이며 게르마늄 내의 전자는 $3600\mathrm{cm}^2/\mathrm{V}\cdot\mathrm{sec}$, 즉 1cm에 대하여 1V의 전압을 가하면 1초간에 $3600\mathrm{cm}=36\mathrm{m}$를 이동할 수 있다는 것이다.

e는 $1.6\times10^{-19}\mathrm{C}$이다. 도너의 수와 저항률의 관계를 그림 6.7에 나타내었다. 저항률은 $1\mathrm{cm}^3$에 해당하는 저항을 말한다. 저항은 도너의 수가 증가할 때 감소한다. 그림의 xy축이 모두 로그 단위이므로 기울기는 거의 1인 직선이 된다.

게르마늄 내의 정공, 실리콘 안의 전자나 정공의 경우 이 그림과 약간 다른 특성을 보이지만, 이는 이동도가 틀리기 때문이다. x축을 보면 $10^{15}/\mathrm{cm}^3$ 정도의 매우 큰 숫자

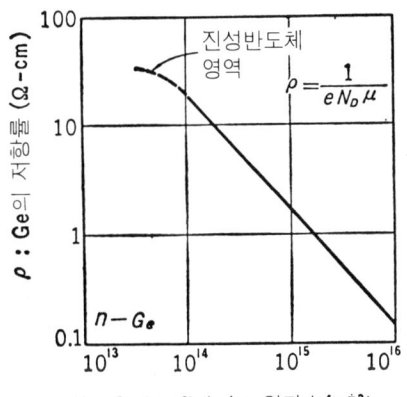

그림 6.7 n-Ge에서 As의 수와 저항률의 관계

로 눈금이 매겨지고 있다.

   그러나 깊이 생각해 보면, 1cm^{3}당 원자수이기 때문에 수백 개나 수천 개 정도로는 아무런 변화를 일으키지 못한다는 것을 알 수 있다. 즉, 보통 1cm^{3}당 10^{22}개 정도의 원자가 있기 때문에 10^{15}개의 불순물이 첨가되어 있을 때 10^{22}/10^{15}=10^7, 즉 반도체 원자 1천만 개당 1개 정도 도너가 존재하는 것이다.

제6장 요점

3가 또는 5가 원소가 불순물이다.
불순물은 금지대 내의 에너지 레벨을 형성한다.
저항률은 불순물 첨가량에 반비례한다.

제6장   연습

문 1 게르마늄 1cm^{3}당 갈륨 1000개와 안티몬 2000개를 첨가시키면 어떤 현상이 발생하는가?

문 2 게르마늄에 P를 10^{15}/cm^3 첨가하였다. 실온에서 저항률을 구하라.

제 **7** 장

반도체 내의 캐리어 이동

불순물 반도체

앞 장에서 설명한 불순물 반도체에 대하여 다시 한번 정리해 보자. 실리콘이나 게르마늄 내에 안티몬(Sb)과 같은 5가의 금속을 첨가시키면 안티몬 원자 1개에서 자유전자 1개가 공급되므로 저항이 줄어들게 된다. 이를 n형 반도체라 한다.

n형의 n은 전자가 지닌 전하가 ⊖(negative)임을 표시하기 위하여 사용한다. In과 같은 3가 원자를 첨가시키면 인듐 원자에서 자유롭게 이동할 수 있는 정공이 방출하여 저항이 줄어들게 된다. 이와 같은 반도체는 ⊕(positive)의 전하를 띠고 있으므로 p형 반도체라 한다. 그림 7.2와 같이 p자는 중간에 구멍이 있기 때문에 정공이 많다고 기억해도 좋을 것이다.

그러므로 불순물 원자가 하나 늘어감으로써 전자나 성공이 하나 생성되고 저항이 감소하게 되는 것이다. 불순물이 전혀 들어있지 않을 때 저항률이 가장 높아 게르마늄은 실온에서 $50\Omega \cdot cm$, 실리콘은 $20k\Omega \cdot cm$ 정도가 된다. 여기서 $\Omega \cdot cm$는 **저항률**

그림 7.1 n형에서는 전자가 전류를 운반한다

그림 7.2 p형에서는 정공이 전류를 운반한다

(resistivity)의 단위이다.

불순물에 용해도까지 첨가시켜보면 불순물의 종류에 따라 용해도가 다르기 때문에 첨가되는 양이 다르게 나타난다. 이때, 반도체는 점점 금속과 같은 성질을 띠게 되어 **반금속**이라고 부를 수 있을 정도가 되는 것이다.

수십 년 전, 당시 일본 소니社의 에사키 박사는 불순물의 첨가량을 점점 증가시키면서 다이오드를 만들어 보았다. 당시는 어느 정도 이상 불순물이 첨가되면 반도체로서의 특성을 상실하기 때문에 다이오드 특성이 나빠진다는 사고가 보편적이었다. 그러나 그런 상식을 깨고 다이오드의 특성은 물론이고 매우 진기한 특성(부성저항특성)이 나타났던 것이다. 이것이 유명한 에사키 다이오드(터널 다이오드 : tunnel diode)이다. 그 당시 에사키 박사는 "제작된 다이오드가 모두 부성 저항 특성을 보일 때 가슴이 뛰었다"고 토로했다. 여러분과 같은 공학도에게도 이와 같은 순간이 찾아왔다면 인생에 있어서 매우 중요한 전환점이 될 것이다. 이 다이오드의 발명으로 인하여 그는 노벨상을 받았다. 항상 자연현상에 대하여 의문을 지니고 부단히 실험한 결과인 것이다.

불순물 첨가에 의하여 반도체의 저항이 변하는 모양을 좀더 자세히 그리면 **그림 7.3**과 같다. 이 그림은 게르마늄에 대한 것이지만 실리콘의 경우도 유사한 결과를 나타낸다. x축은 불순물의 농도를 ppm단위로 표시하고 있다. ppm(part per million)이란 실리콘 원자 100만 개당 첨가된 불순물의 양을 표시한다.

그림 좌측에서 평행선이 나타난 것을 볼 수 있는데, 이는 불순물 농도가 매우 적어 (0.0000001% 이하) 그 이하로 불순물을 감소시켜도 저항은 그 이상 높아지지 않는 경우이다. 즉, 여기서는 불순물에서 발생한 전자나 정공은 열적으로 발생한 전자나 정공만 있기 때문이다. 이 영역을 **진성반도체**(불순물이 첨가되어 있지 않은 반도체) 영역이라고 한다.

에사키 다이오드의 발명은
불순물을 다량 첨가한 결과이다

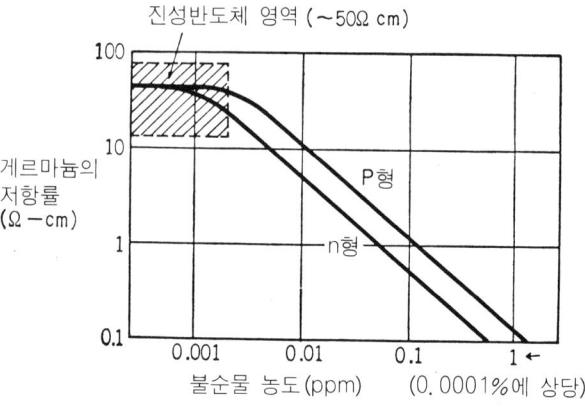

그림 7.3 불순물의 농도와 저항률의 관계

전자와 정공의 속도 비교

그림 7.3을 살펴보면, p형과 n형은 별도로 표시되고 있다. 이것은 무엇을 의미하는가 하면 동일한 불순물 농도의 p형과 n형 반도체, 즉 전자와 정공의 수가 동일한 반도체간에도 저항이 다르다는 것이다. 그 이유는 전자가 정공보다 빠르기 때문이다.

그림 7.4와 같이 동일한 언덕길에 전자와 정공을 각각 올려놓고 아래로 굴리면 전자가 먼저 도착할 것이다. 이 언덕길은 실제로는 전압의 크기에 해당한다. 좌측 끝이 0V, 우측 끝이 10V라면 반도체 내에 전압 언덕(정확히 말하면 **전계** 또는 **전장**을 의미한다)이 생겨 전자나 정공을 미끄러뜨릴 수 있을 것이다. 그러므로 전자와 정공이 동시에 우측 끝에서 출발하여 동시에 좌측 끝에 도달하기 위해선 전자의 언덕길 경사가 보다 완만해야 한다. 즉, 전압이 낮아야 한다는 의미이다.

전자나 정공이 우측에서 출발하여 좌측으로 이동한다는 것은 전자 또는 정공 1개분의 전류가 흐르는 것을 의미하므로 전자를 이용하면 동일한 전압에서 더 많은 전류를 흐르게 할 수 있다.

전자나 정공과 같은 입자(전하를 운반하므로 캐리어라고 함)의 속도를 표시하기 위하여 제6장에서도 언급하였지만 **이동도**(mobility)라는 양을 사용한다. 실제로 1cm의 반도체에 1V를 인가하였을 때(이때 전계는 1V/cm) 이동하는 캐리어의 속도를 표시하

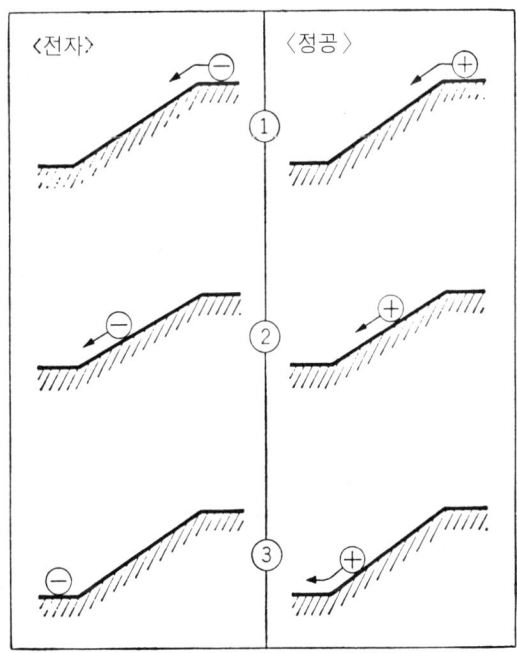

그림 7.4 전자와 정공의 속도경쟁, 전자가 빨리 도착함

므로 이동도의 단위는

$$\frac{cm/sec}{V/cm}$$

즉, $cm^2/V \cdot sec$가 된다. 표 7.1에 전자와 정공의 이
동도를 표시하였다. 이는 실온(약 25℃)에서의 경우이

표 7.1 캐리어의 속도(이동도)
($cm^2/V \cdot sec$)

	실리콘	게르마늄
전 자	1350	3600
정 공	480	1900

며 온도가 변하면 이동도도 변화한다. 표에서도 알 수 있듯이 실리콘 내에서와 게르마
늄 내에서 동일한 전자의 경우 속도가 다르다는 것을 알 수 있다. 예를 들면, 게르마늄
내에서 전자는 1V/cm의 전계를 가하면 1초간에 3600cm를 이동한다. 또한 실리콘 내
의 정공은 동일한 조건에서 4.8m를 이동한다.

전자와 인간의 속도 비교

전자와 인간의 속도를 비교해 보면 여러분들은 바로 전자가 빠르다라고 대답할 것이
다. 그러나 그렇게 간단하지는 않다. 가장 빠른 게르마늄 내의 전자가 1초당 36m를
진행하므로 만약 3cm 길이의 봉에 1V의 전압을 가하면 초당 약 10m 정도 이동하므
로 인간의 속도와 비슷해지는 것이다. 실제는 이렇게 작은 전계에서 실험하지 않기 때
문에 그 속도는 100배에서 1000배까지 증가한다. 많은 사람들이 "전자현상이라면 대
단히 빠른 것"을 떠올리기 때문에 이것을 의아하게 생각할 것이다.

그림 7.5와 같은 n형 게르마늄 봉을 생각해 보자. 내부에는 전자가 가득 차 있고 이
봉에 ⊕와 ⊖전압을 인가하면 좌측의 ⊕전압에 이끌려 가장 좌측의 전자는 밖으로 나
가게 된다. 즉, 도선으로 들어간다. 이때 우측의 빈 공간을 채우기 위하여 우측의 도선
에서 전자가 들어오게 된다.

이와 같은 상태는 전선에 전류가 흐를 때도 마찬가지로 발생한다. 이와 같이 이동은
1개의 전자가 우측에서 들어와 좌측 방향으로 이동하는 속도에 비하여 매우 빠른 광속

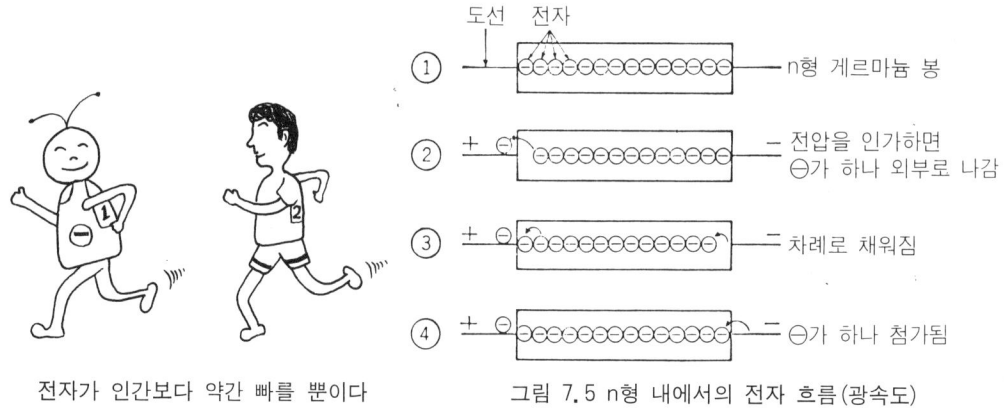

전자가 인간보다 약간 빠를 뿐이다   그림 7.5 n형 내에서의 전자 흐름(광속도)

그림 7.6 혼잡할 경우 제대로 걸을 수 없다. 반도체
내에서 전자의 움직임도 마찬가지다

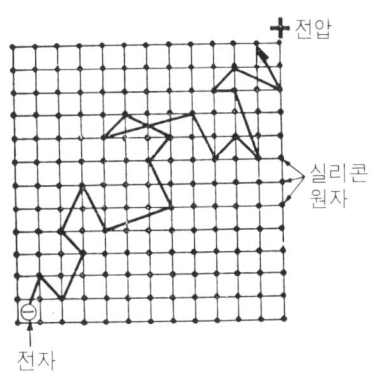

그림 7.7 전자의 속도가 느린 이유
⊕방향을 향하고 있으나
때때로 충돌한다.

도와 같은 속도가 된다. 그러므로 전체적으로 보면 전류는 광속도$(3 \times 10^8 \text{cm/sec})$로 흐르게 되는 것이다.

여기서 독자들은 전자가 어째서 그렇게 느린 것일까? 라는 의문점을 갖게 될 것이다. 그 이유는 다음과 같다. 여러분은 크리스마스 이브 공휴일에 백화점에 가 본 적이 있을 것이다. 너무 혼잡하여 어디를 가도 곧바로 걸어갈 수 없을 것이다. 급하면 급할수록 사람과 부딪히게 된다.

전자가 반도체 내에서 이동할 때에도 같은 일이 벌어진다. 그림 7.7과 같이 매우 많은 게르마늄이나 실리콘 원자와 부딪히게 된다. 그러나 전자는 원자에 비하여 매우 작기 때문에 실리콘원자 전부와 부딪히는 것은 아니고 가끔 충돌할 뿐이다.

전자가 빠르면 빠를수록 충돌횟수가 증가하여 자연스럽게 임의의 평형속도에 다다를 것이며 이것이 앞서 설명한 이동도인 것이다. 원자도 온도에 따라 조금씩 진동하기 때문에 충돌하기 쉬워져서 결과적으로 온도가 상승하면 이동도가 감소하는 것이다. 이를 격자산란이라고 한다.

n형 반도체에서 정공의 이동방법

지금까지의 설명은 n형 반도체에서 전자의 이동에 대한 것이었으며 p형 반도체에서 정공의 이동도 마찬가지로 설명할 수 있다. n형 반도체에서 전자의 이동은 금속의 경우와 거의 동일하며 마찬가지로 p형 반도체에서는 금속 내에 ⊕전자가 이동하는 것으로 생각할 수 있다.

여기서 중요한 것은 n형 반도체 내에도 정공이 약간 존재하며 p형 반도체 내에도 전자가 약간은 존재한다는 사실이다. n형 반도체의 경우, 전자의 수가 많기 때문에 **다수**

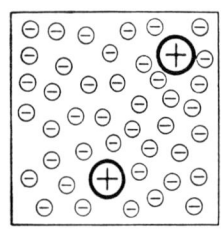 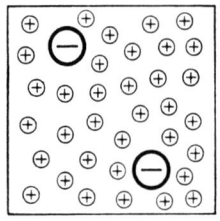

n형 반도체
(정공은 아주
적다)

p형 반도체
(전자는 아주
적다)

그림 7.8 n형과 p형 내의 캐리어 분포

(majority) 캐리어라 하고 정공을 소수(minority) 캐리어라 한다. p형 반도체에서는 반대이다. 그림 7.8을 보면 쉽게 이해할 수 있다. 소수 캐리어는 수가 적기 때문에 반도체 내에서의 움직임이 적다라고는 말할 수 없다. 수가 적어도 중요한 이동을 하는 경우가 많기 때문이다. 대표적인 예로서 n형 게르마늄의 정공에 대하여 살펴보자.

소수 캐리어인 정공의 주변에는 항상 전자가 존재한다. 남자만 있는 장소에 여자 한 명이 있다면 곧바로 이야기 상대를 찾는 것과 마찬가지로 이 정공은 곧바로 전기적으로 인근 전자와 합쳐져서 사라지게 된다. 즉, 정공은 항상 전자와 합쳐질 준비가 되어 있는 상태로 존재한다.

매우 짧은 시간이지만 정공은 전자와 결합하지 않고 존재하는데, 이는 약혼기간으로 생각할 수 있다(전체적으로 보면, 이 정공이 없어져도 다른 곳에서 다시 발생하기 때문에 정공의 수는 변하지 않는다).

n형 게르마늄에 전압을 인가하면 전자는 ⊕전압으로 향하고 정공은 ⊖전압으로 이동할 것이다 (그림 7.9). 이와 같은 이동현상을 드리프트라고 한다. 예를 들면, 강물에 낙엽이 떨어지면 자연스럽게 하류로 흘러가는 것과 동일한 현상이다. 또 다른 이동현상으로는 그림 7.10과 같은 상자의 입구에서 정공을 주입하였을 때 마치 모래성이 무

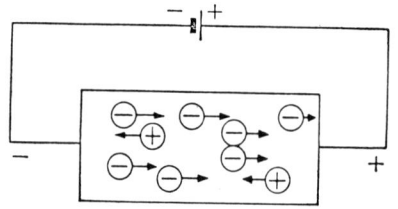

그림 7.9 전자는 ⊕, 정공은 ⊖단자로 이동

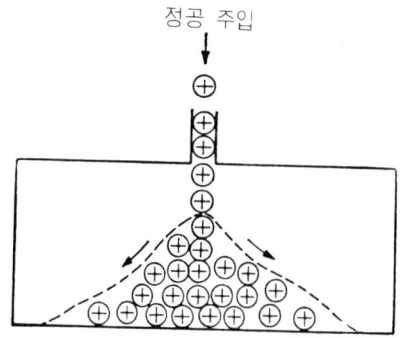

정공 주입

그림 7.10 정공이 주입되어 양측으로 분산된다

높이 쌓아도 붕괴된다

너지는 것과 같이 정공은 점점 퍼져나가기 시작한다. 이와 같이 자기 자신의 무게에 의하여 진행되는 이동현상을 확산이라고 한다.

트랜지스터와 같은 반도체 소자 내에서는 이와 같은 두 가지 이동현상이 발생하고 있다. 이 두 가지 이동현상 중에 확산보다는 드리프트의 속도가 빠르다는 것을 알 수 있다.

드리프트·트랜지스터는 드리프트 효과를 사용하여 캐리어의 이동속도를 증가시켜 차단 주파수를 크게 한 소자이다.

정공의 수명

상기 설명과 같이 n형 반도체 내에는 전자가 많이 존재한다. 이에 소량의 정공을 첨가시켜 보자(제9장의 주입효과 참조). 이 ⊕ 정공은 주변에 수많은 ⊖의 전자로 둘러싸여져 있으므로 정공의 이동은 전자와 매우 다르고 전자와 쉽게 결합할 수 있게 된다. 결합한 순간에 정공은 없어지게 된다. 즉, 구멍의 개념인 정공이 전자로 메워지게 된다. 이 경우는 p형 반도체에서도 마찬가지이다.

만약 반도체 결정의 상태가 나쁘거나 해로운 불순물(lifetime killer)이 첨가되면 재결합시간이 매우 짧아지게 된다. 소수 캐리어가 첨가되어 제거될 때까지의 시간을 수명시간(lifetime)이라고 한다.

게르마늄의 경우 약 1msec이며 나쁜 상황에서는 1μsec까지 감소한다. 실리콘에 금을 첨가하면 소수 캐리어의 수명이 매우 짧아진다. 그러므로 수명시간은 결정의 상태를 판단하는 기준이 될 수 있다. 그러나 스위칭 소자에서는 수명시간이 짧은 것이 장점이 된다.

제7장　요 점

n형은 전자, p형은 정공이 전류를 형성한다.
다수 캐리어는 광속도로 이동한다.
소수 캐리어는 확산에 의하여 천천히 이동한다.

제7장　연 습

문 1　n형 실리콘에 100V/cm의 전계를 가했을 때 전자의 속도를 구하라.
문 2　전계를 어느 정도까지 강하게 인가하여야 전자의 속도가 증가하는가?
문 3　수명시간은 대개 msec나 μsec 정도이지만 더 짧게 하는 방법은 없는가?

제 **8** 장

페르미 레벨

앞에서 설명한 p형 반도체 및 n형 반도체의 특성은 모두 이해할 수 있을 것이다. 여러분이 다루고 있는 다이오드나 트랜지스터는 이 p형과 n형을 적당히 접합시켜 만든 훌륭한 소자이다. 소자의 동작특성을 살펴보기 전에 먼저 페르미 레벨에 대하여 설명한다.

물질이 보유한 전압

세상에 존재하는 모든 물질은 고유의 전압을 지니고 있다. 예를 들면, 지구 자체는 전위 0V의 접지상태이며 자동차를 타고 주행할 때 공기와의 마찰 등에 의하여 자동차는 대전되고 있다. 자동차에서 내릴 때, 즉 지구에 발을 딛고 자동차 문을 닫을 때 정전기의 방전이 일어나는 것을 알 수 있다.

최근 이와 같은 방전현상을 방지하기 위하여 자동차에 그림 8.1과 같은 쇠줄을 달고 다니는 자동차가 늘고 있다.

고압선의 애자는 아마 수만 V로 대전되어 있을 것이다. 또는 합성섬유로 만들어진

그림 8.1 차의 전위방전용 사슬

유리의 전위는 5만V

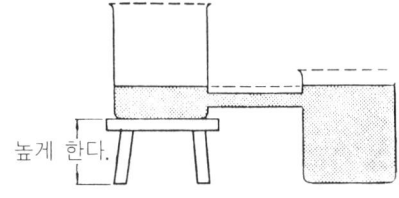

그림 8.2(b) 이 상태는 흐르지 않는다

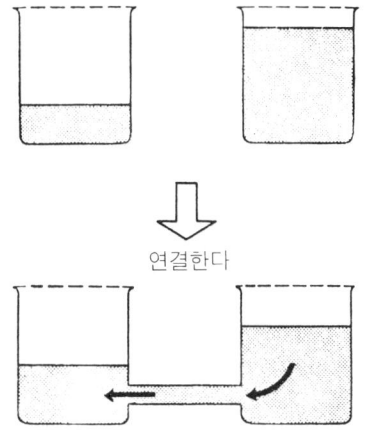

연결한다

그림 8.2(a)
수위가 다른 그릇을
연결하면 물이 흐른다

옷도 매우 잘 대전되는 것을 경험하였을 것이다. 대전되어 있는 물건을 접지전위에 접촉시키면 전류가 흐르게 된다. 낙뢰는 이와 같은 방전현상이다. 그러나 접지전위를 지닌 물질을 접촉시키면 전류는 흐르지 않을 것이다. 우리들의 주변에 있는 금속이나 반도체는 보통 0의 전위를 가지고 있으므로 책상 위에서 동질의 금속을 접촉시켜도 전류는 흐르지 않게 된다.

다른 각도로 생각해 보자. 그림 8.2(a)와 같이 두 개의 그릇이 있고 하나의 그릇에 물이 가득 차 있다고 하자. 이 두 그릇 아래를 파이프로 상호 연결시켜 보면 물은 많은 쪽에서 적은 쪽으로 흘러 (b)와 같이 그릇의 물높이가 조절된다. 물 높이가 낮은 쪽에서 높은 쪽으로는 물이 흐를 수 없다. 이와 같은 수위에 해당하는 것을 전기에서는 페르미 레벨이라고 한다.

페르미 레벨

페르미는 유명한 물리학자의 이름이고 레벨은 에너지 준위의 의미이다. 물과 비교해 보면, 페르미 레벨이란 "전자가 채워져 있는 높이"를 의미한다. 그림 8.3과 같이 각 물질에 들어있는 전자의 수가 다르기 때문에 페르미 레벨의 높이도 다를 것이다. 물과 마

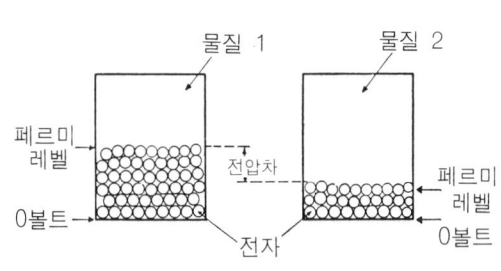

그림 8.3 전자의 페르미 레벨, 전자를 흐르지 않게
하기 위하여 우측 물질의 전압을 증가시킨다

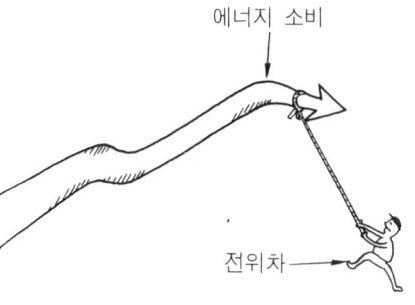

전위차를 걸어주면 에너지의 소비를 막는다

찬가지로 전기의 경우에도 이대로 연결되면 전자가 많은 쪽에서 적은 쪽으로 흐르게 되고 이는 전류의 흐름으로 나타나게 되며 전자로 채워져 있는 높이, 즉 페르미 레벨이 같아질 때까지 자동적으로 조절되는 것이다. 이 경우, 전자가 적은 쪽의 높이는 약간 상승할 것이다. 이는 실제로 대전되는 것에 해당하며 두 금속간에는 전압의 차(전위차)가 발생한다. 이를 **접촉전위차**라 하며 전류를 흐르지 않게 하기 위하여 자연이 애써서 발명한 해결방법이라고 할 수 있다.

전자에 대한 페르미 레벨

페르미 레벨이란 전자가 채워져 있는 높이를 의미하지만 정말로 전자는 어떠한 영향 아래에서도 일정하게 채워져 있는 것일까? 물의 경우 낮은 수위방향으로 흐르지만 전자에서도 그럴까?

예를 들어, 가벼운 깃털이나 실을 용기에 넣었을 때 좀처럼 가라앉지 않는 것을 알 수 있으며 그림 8.4처럼 아래에서 바람을 불어넣으면 깃털은 항상 공기중을 날아다니고 있을 것이다. 전자의 경우도 이와 유사한 현상이 일어난다. 바람은 온도에너지에 해당한다. 물체가 따뜻해지면 전자는 열에너지를 받아 물질의 내부를 떠돌아다니게 된다.

이 때 주의할 것은 전자가 물체의 높은 곳으로 이동하는 것이 아니라 에너지 방향으로 이동한다는 것이다. 즉, 에너지가 높은 곳으로 이동하는 것이다. 이 때, 전자는 모두 에너지가 높은 곳으로 이동하는 것이 아니라 자연현상에서는 반드시 낮은 부분에 많이 존재하므로 분포는 삼각형 형태가 된다.

x축에 전자의 수, y축에 에너지의 크기를 그리면 그림 8.5와 같이 된다. 온도가 상승하면 그래프는 가파르게 되고, 절대온도 0, 즉 −273℃가 되면 아래로 전부 새어버

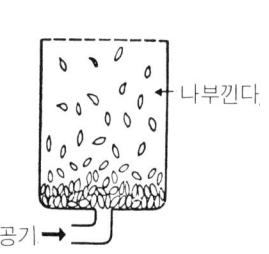

그림 8.4 새의 깃털과
전자의 비교

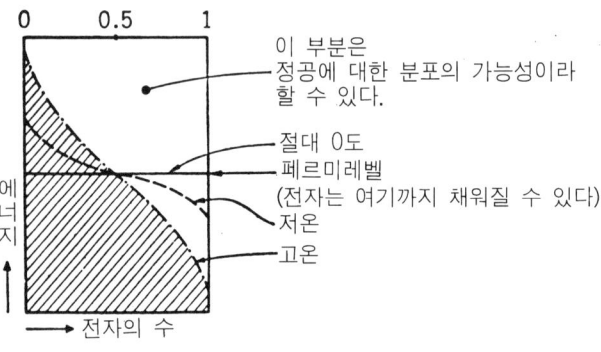

그림 8.5 페르미·디락 분포함수

(이 곡선에 따라 전자 또는 정공이 존재할 가능성이 있다. 그러나 실제로 전자는 전도대에만, 정공은 충만대에만 있기 때문에 이 곡선이 각 대와 겹치는 곳에만 전자와 정공이 존재할 수 있다)

리는 물의 경우와 같이 전자는 모두 아래로 이동하게 된다. 온도가 상승할 때, 페르미 레벨은 어디에 위치할까? 양자역학에 의하면 전자의 분포는 **페르미·디락의 분포법칙**을 따르며, 페르미 레벨에서는 전자의 수가 정확히 최대값의 1/2만 존재하게 된다.

정확히 말하면, 전자는 임의의 레벨에 얼마든지 들어가는 것이 아니라 들어갈 수 있는 좌석수가 정해져 있다는 것이다(원자수 등에 따라 결정된다). 그러므로 페르미 레벨은 좌석이 정확히 반만 채워진 상태, 즉 평균적으로 전자는 이 레벨까지 채워져 있는 것이다.

여기서 주의할 것은 그림 8.5는 수학적인 분포만을 나타냈다는 것이다. 다시 말해 전자가 존재할 가능성만을 표시한 것이다.

앞서 설명한 바와 같이 전자는 전도대에서, 정공은 충만대에서 동작하므로 이 그림을 이용하여 전도대와 충만대를 비교해 보면, 전자와 정공이 공존한다는 것을 알 수 있다.

제8장 요 점

모든 물질은 고유의 전위를 지니고 있다.
페르미 레벨은 전자가 채워진 높이이다.
온도에 의하여 전자의 에너지가 변한다.

제8장 연 습

문 1 자동차는 어떻게 대전되는가?
문 2 전자가 모두 동일한 입자라면 그림 8.5는 어떻게 하여 변하는 것인가?

제 **9** 장

pn접합과 동작원리

pn접합이란

지금부터 pn접합에 대하여 설명한다. pn접합(pn junction)이란 p형과 n형 반도체가 결합되어 다이오드나 트랜지스터를 만드는 모든 반도체의 기본구조이다.

지금까지 여러 가지로 살펴본 것은 한 마디로 말하면 반도체의 전자적 특성으로서, 반도체 결정 내에 전자나 정공이 어떻게 발생하고 이동하는가에 대한 사항이었다.

이와 같은 상황은 항상 **벌크 효과**(bulk effect)만을 고려한 것이다. 이는 '크다' 또는 '부피가 증가한다'라는 의미이지만 여기서는 한 덩어리의 결정 내에서 발생하는 현상을 의미한다. 이와 같은 벌크 효과는 고체물리학 분야의 학자들에 의하여 연구되고 있다.

Junction이라 함은 미국에서 두 개의 철도가 만나는 역을 말한다. 즉, 우리 나라에서는 서울역이나 대전역 등을 말한다. 여기서 설명하고자 하는 pn접합은 한 덩어리의 결정이지만 두 가지의 다른 특성을 가진 p와 n형 반도체의 접합으로서 벌크와는 다른 특성을 보인다.

접합부분에서는 특별한 현상이나 전기적 특성이 나타나는 것이다. 이는 물리학 분야라기보다는 우리들과 같은 공학자에 의하여 연구되어야 하는 분야인 것이다.

p형과 n형의 접합

p형과 n형의 게르마늄을 접합시키면 어떤 현상이 발생하는지 고찰해 보자. 먼저 앞에서 설명한 내용을 복습하기 위하여 p형과 n형 각각의 반도체 내의 전자와 정공이 어떠한 행동을 하는지 생각해 보자.

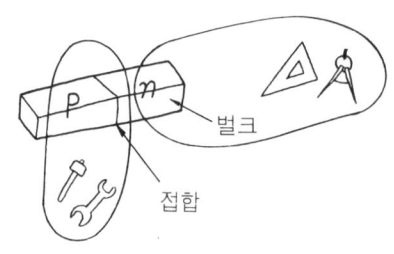

벌크는 물리, 접합은 공학

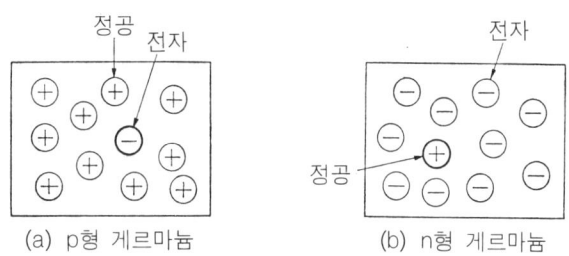

그림 9. 1 반도체 내에는 각각 두 종류의 캐리어가 존재한다

그림 9. 1(a)는 p형 게르마늄으로서 정공(⊕ 하전입자)이 90% 정도, 나머지 10%는 전자(⊖ 하전입자)로서 각각 자유롭게 움직이고 있다. 전자가 항상 10%는 아니며 불순물의 농도나 온도에 따라 변화하므로 여기서는 일례를 든 것이다.

또한 n형 게르마늄은 그림 9.1(b)와 같이 역으로 전자가 90%이고 정공이 10%이다. 이들 10%의 전자나 정공은 어떻게 생성되는 것일까? 90%의 다수 캐리어는 불순물에서 직접 첨가되는 것이며 10%의 소수 캐리어는 열에너지에 의하여 게르마늄 원자에서 정공과 전자가 발생되는 것이다.

예를 들면 p형 내의 전자는 오래 살지 못하고 소멸되어 버리지만 다른 곳에서 별도의 전자가 생성되므로 전체 10%의 수는 평형을 이루고 있는 것이다. 그러면 그림 9.2와 같은 p와 n형을 접합시키면 어떻게 될까?

아침 출근용 초만원 버스에 1대가 더 연결되었다고 생각하자. 이 때 승객들은 빈 버스로 이동하게 된다. 결국에는 두 대가 거의 같은 수의 인원이 될 때까지 이동할 것이다. 자연현상이란 항상 평형을 이루도록 이동한다. 한 예로서 건축하기는 어렵고 파괴하기는 쉬운 것이다. 그런 이유에서 p형 반도체의 정공은 n형 반도체로, n형 반도체의 전자는 p형 반도체로 이동하는 것이다. 실제로 이와 같은 이동은 순간적이며 결합과 동시에 멈춰버린다. 사람의 이동은 간단하지 않다. 왜 이동하는지 또는 왜 이동이 멈추는지를 설명하여야 한다.

우선, p형과 n형에 각각 도선을 연결하고 전류계를 결합하면(그림 9.3) 전자와 정공이 각각 상호 이동하여 외부로 전류가 흐르게 된다. 마치 전지와 같이 된다. 그러나

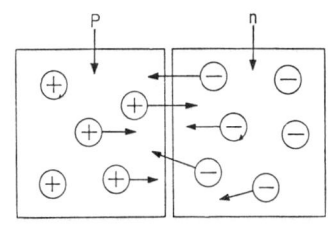

그림 9. 2 캐리어는 상대방으로 흐른다

자연현상에 의하여 평균화 된다

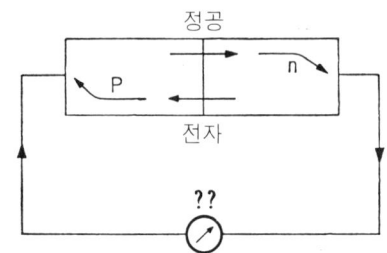

그림 9.3 pn접합에서 전류가 발생하는가

그림 9.4
벽이 있으면
오르기 힘들다

pn접합이 에너지원은 아니므로 전지가 되는 일은 발생하지 않는다.

"그렇다면 지금까지 결정 내에서 전자가 움직이고 있다는 설명은 어떻게 된 것인가?"라고 질문하는 사람도 있을 것이다. 그러나 이것은 결정 내에서 전자의 알짜이동이 없다는 의미이다. 즉, 거시적으로는 전자의 움직임은 일어나지 않는 것이다. 이와 같이, 전류가 흐르지 못하는 이유는 전자와 정공이 넘어갈 수 없는 벽으로 가로막혀 있기 때문일 것이다(그림 9.4).

이는 전기적인 벽으로서 실은 전압이 발생하는 것이다. 이를 pn접합의 **전위장벽**(potential barrier)이라고 한다. 이와 같이 전압이 발생하면 다시 전지가 될 것이라고 생각하겠지만, 역시 에너지원이 아니므로 전류는 흐르지 않는 것이다. 민감한 전압계로 측정해도 전압은 측정할 수 없을 것이다. 어떠한 전압계로 측정하더라도 반드시 에너지, 즉 전류가 필요하므로 불가능한 것이다. 별도의 측정방법을 사용하면, 이 전압의 존재 여부를 알 수 있다. 이와 같은 전압을 **봉입전압**(built-in potential)이라고 한다.

왜 전압이 발생하는가

pn접합에서 발생하는 전압은 게르마늄에서 0.5V, 실리콘에서 0.7V 정도로 별로 크지도 않은데 어떻게 이러한 전압이 발생하는 것일까?

예를 들어, n형 게르마늄을 생각해 보자. 여기에는 자유전자와 같은 수의 도너 불순물원자(예를 들면 Sb)가 첨가된 것이다. 전자가 방출되면 원자는 ⊕로 충전된다(전자가 붙어 있을 때는 중성이지만 전자⊖가 방출되면 ⊕가 남게 된다).

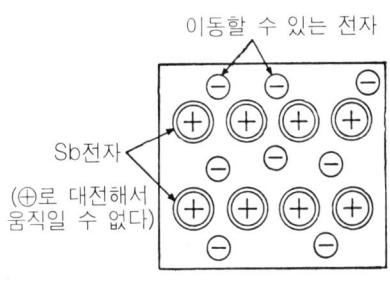

그림 9.5 n형 게르마늄 내의 고정전하
(이온화한 원자)

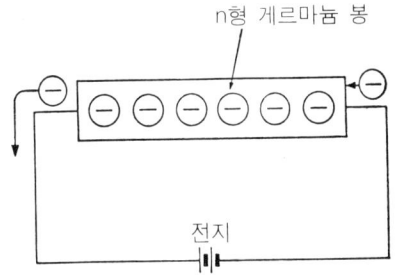

그림 9.6 전류와 전자의 움직임

틀림없이 이때 ⊕는 정공이 아니다. 도너원자 자신이 ⊕전하를 가지고 있을 뿐이므로 이 원자는 움직일 수 없는 것이다. 이 ⊕전하 또한 정공과 같은 행동을 하지는 않는다. 그 이유를 생각해 보면, 도너원자가 전자를 끌어들이는 힘이 매우 약하여 전자를 쉽게 방출하기 때문이다. 또한 ⊕전하를 가진 도너원자(이온화한 원자)도 전자를 끌어당기는 힘이 매우 약하다.

정공이 이동하기 위해서는 옆의 게르마늄원자에서 전자를 취하고 그것에 ⊕를 이동시켜야 하지만, 도너이온은 전자를 취할 힘이 약하기 때문에 그것은 불가능하므로 정공으로서 이동하는 것은 불가능한 것이다.

⊕로 충전된 도너원자는 전혀 움직일 수 없는 **고정전하**(fixed charge)인 것이다(그림 9.5). 간단히 정리하면, 소수 캐리어를 무시하면 결국 n형 게르마늄은 ⊕의 고정전하와 움직일 수 있는 ⊖전자가 중성을 이루게 되는 것이다.

그러므로 자유전자가 어떤 원인에 의하여 결정으로부터 방출되면 남아있는 ⊕전하에 의하여 결정은 강하게 대전되고 전자를 끌어들이려고 할 것이다.

여기서 의문이 생길지도 모른다. 그림 9.6과 같은 n형 게르마늄의 봉에 전류를 흘릴 경우, 전자가 밖으로 방출되므로 이때도 ⊕로 대전되는 것일까? 그렇지는 않다. 이 경우 전자가 방출됨과 동시에 같은 수의 전자가 전지로부터 공급되기 때문에 게르마늄 중의 전자수는 항상 일정하게 유지되는 것이다.

p와 n형을 접합시키면 이와 같은 고정전하(이온화한 원자)는 어떻게 되는 것일까? 그림 9.7을 살펴보면, 자유전자는 p형으로, 자유정공은 n형으로 이동하고 있다(이와 같이 이동하는 전자와 정공의 수는 접합된 반도체의 저항률에 따라 변화한다). 그러나 고정전하 ⊕는 n형 접합부에, 고정전하 ⊖는 p형 접합부에 남게 된다.

p형 반도체에 있는 ⊖전하는 다음 순간 전자가 p형으로 들어오는 것을 막고 있으며 n형 반도체의 ⊕전하의 경우도 마찬가지이다.

이와 같은 상태를 전압으로 생각해 보면, 그림 9.8과 같이 전압의 산에 전자가 오르

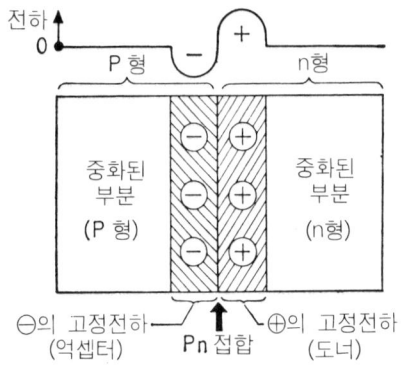

그림 9.7 캐리어가 상대방으로 이동하기
때문에 고정전하가 남는다

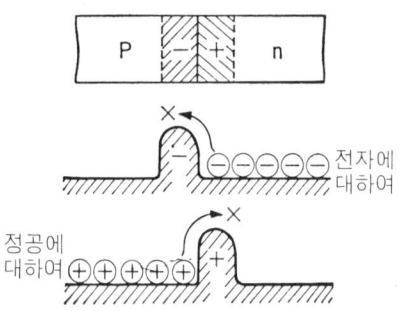

그림 9.8 접합에서는 전압의 산이 존재
하므로 그 이상 흐르지 않는다

기 힘든 상태인 것과 같다. 이와 같이 전자와 정공은 경계면에 벽이 있는 것과 같이 상
대영역으로 넘어가기가 매우 어려운 것이다.

완전한 pn접합

지금까지 설명한 pn접합은 p형과 n형 반도체를 서로 붙여 결합시키는 것이다. 그러
나 붙여 만든 pn접합 소자는 사용하기 불편할 것이다. 우선 두 개의 결정을 차질 없이
접촉시키는 것은 불가능하다. 반드시 굴곡이 존재하여 한 치의 오차도 없이 접합시킬
수는 없으며, 이 틈새를 전자가 통과할 수는 없는 것이다. 또는 풀이나 본드를 사용해
도 안 된다.

다소 귀찮긴 하지만 pn접합은 단결정을 사용해야만 한다. 하나의 단결정 중에 일부
는 p형이고 그 다음부터는 n형으로 제작해야만 한다. 접합부의 결정상태가 나쁘다면
깨끗한 전압의 벽이 생성되지 않아 곳곳에 미세한 구멍(전기적으로 정류성이 아닌 미세
한 구멍)이 생겨 전류를 흘려 보내므로 정류성의 역방향에서도 전류가 흐르게 된다.

p형에서 n형으로의 변화영역은 매우 짧다. 변화 폭이 0.1μm(1000Å) 이하인 **계단형
접합**, 2~3μm 정도의 폭을 가지는 **경사형 접합** 등이 있다. 이와 같이 변화영역의 폭
에 따라 특성이 변화한다.

매우 짧은 거리에서 불순물원자의 종류가 변하
므로 pn접합의 제작은 매우 어려운 작업이지만,
오랜 연구 끝에 여러 방법이 개발되어 지금의 반
도체 시대를 열어가고 있는 것이다. 접합의 제작
과정에 대해서는 제13장에서 다룰 것이다.

p와 n의 각 길이는 어느 정도 길어도 괜찮다.

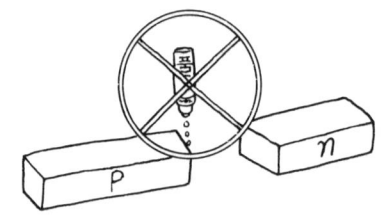

풀로 붙이면 안 됨

각 영역의 전자와 정공은 금속 내부와 같아서 다수 캐리어만 이동하므로 다소 길어도 무관하다. 다음은 제8장에서 설명한 페르미 레벨을 이용하여 실리콘이나 게르마늄을 고찰해 보자.

반도체와 페르미 레벨

페르미 레벨은 에너지 레벨의 일종으로, 앞에서 설명한 에너지 밴드 선도를 다시 한 번 나타내보자. 그림 9.9의 밴드 선도에서 전자는 전도대 위를 움직이고, 정공은 충만 대 아래로 움직이고 있다. 또한 도너를 첨가시키면 도너 레벨이 생기며 억셉터는 억셉 터 레벨을 형성하게 된다. 만약 이러한 사항을 잊었다면 제6장을 다시 살펴보면 된다.

먼저 도너나 억셉터가 없는 진성반도체를 생각해 보자. 진성반도체에서는 전자가 충 만대에서 전도대로 오직 열적으로만 올라갈 수 있기 때문에 전자수와 동일한 수의 정공 이 충만대에 생성된다. 일정한 온도에서 페르미–디락 분포함수는 일정하므로 밴드 선 도에 이 분포도를 적당한 위치에 첨가하여 사용할 수 있다. 따라서 페르미 레벨, 즉 분 포곡선의 중심을 대칭으로 하여 상하에 ⊕와 ⊖전하가 동일하게 존재하도록 한다. 진 성반도체의 경우, 충만대의 정공수와 전도대의 전자수가 동일하므로 페르미 레벨은 그 림 9.10과 같이 분포함수의 1/2이 되는 점은 항상 금지대의 중앙에 위치하게 된다.

즉, "진성반도체의 페르미 레벨은 금지대의 중앙에 있다"는 것을 알 수 있다. 이 분포 곡선을 이해하기 쉽게 하기 위하여 상당히 고온인 상태를 함께 나타내었다. 실온에서는 점선과 같이 분포하므로 이 경우 자유전자 생성이 불가능하다는 것을 알 수 있다.

이 시점에서 "페르미 레벨이란 그 위치까지 전자가 채워져 있는 경우이므로 금지대에 도 전자가 존재하는 것은 아닐까?" 하는 의문이 생길지도 모른다. 확실히 의아스러운 일이지만 이 경우 "페르미 레벨의 위치까지 전자가 채워져 있다고 생각하면 여러 가지 설명이 필요하겠지만 단지 가상의 레벨로서 간주하는 것"이 더 좋다.

여기서 중요한 사항은 페르미–디락 분포함수를 1에서 뺀 것, 즉 8장의 그림 8.5에

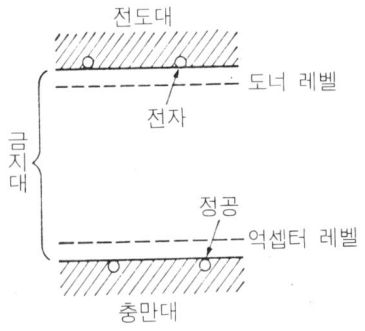

그림 9.9 반도체 에너지 밴드

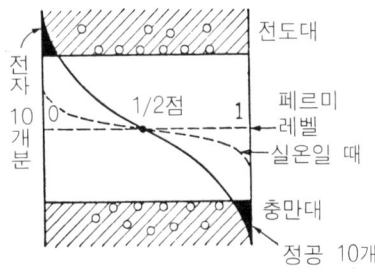

그림 9.10 진성반도체의 전자와 정공분포
(페르미·디락 분포함수의 커브와 접한다. 두 개의 그림
은 횡축이 다르므로 주의한다. 온도는 약간 높다)

서 빗금치지 않은 부분은 전자가 소멸된 부분, 다시 말해서 정공이 점유할 확률을 표시하고 있는 것이다. 정확히 전자와 정공은 반대의 경우를 나타내고 있음을 알 수 있다.

다음 n형 반도체에서는 도너원자에서 전자가 방출되어 전자만 존재하게 되며 정공은 없어진다. 전하의 측면에서 생각해 보면 전자의 ⊖와 도너 레벨에 있는 도너의 ⊕가 동일하게 존재하므로 페르미 레벨은 전도대의

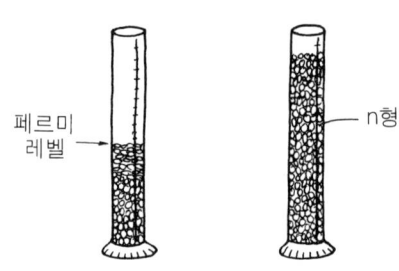

페르미 레벨

n형

진성반도체의 페르미 레벨은 중앙에

n형은 상층까지 전자로 채워져 있다

최소점과 도너 레벨의 중간에 정확히 위치하는 것이다. 즉, 도너원자가 첨가되면 그림 9. 11과 같이 분포함수는 약간 위로 이동하는 것이다. 이는 비교적 온도가 낮은 경우이다. 다시 말하면 n형 반도체에서는 도너 레벨 부근까지 전자가 채워져 있는 것이다. 또한 p형 반도체에서는 억셉터 레벨이 충만대의 최대점 바로 위에 위치하므로 정공은 충만대에만 존재하게 되는 것이다. 이때 정공의 ⊕와 억셉터의 ⊖에 의하여 그림 9. 12와 같이 페르미 레벨은 억셉터 레벨과 충만대의 사이에 위치하게 된다. 정공의 경우는 분포곡선의 우측을 사용한다.

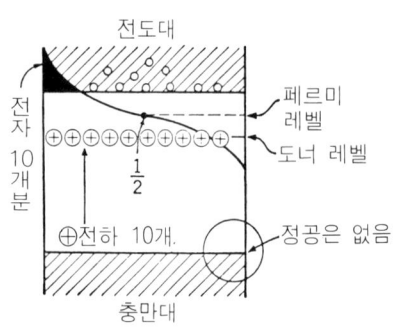

그림 9. 11 n형 반도체의 페르미 레벨
(실온)

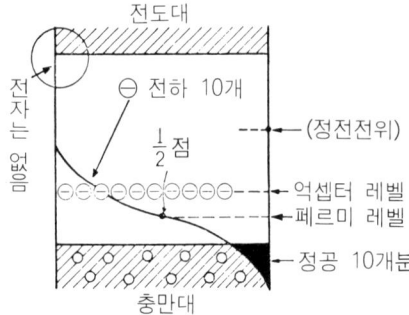

그림 9. 12 p형 반도체의 페르미 레벨
(실온)

pn접합이 생성되면

p형과 n형 반도체의 에너지 밴드 선도는 설명한 바와 같다. 그러나 p형과 n형의 전위는 어떻게 분포하는지 결정하여야 한다. 반도체의 경우 금지대의 중앙을 기준으로 선택하여 전위를 정의하고 있다. 이 위치가 반도체가 지닌 전압인 것이다.

그림 9. 13에 p형과 n형의 실리콘에 대하여 에너지 밴드 선도를 도시하였다. 이와 같은 에너지 밴드 모형은 트랜지스터를 설명할 때도 필요하므로 항상 기억해 두는 것이 편리하다.

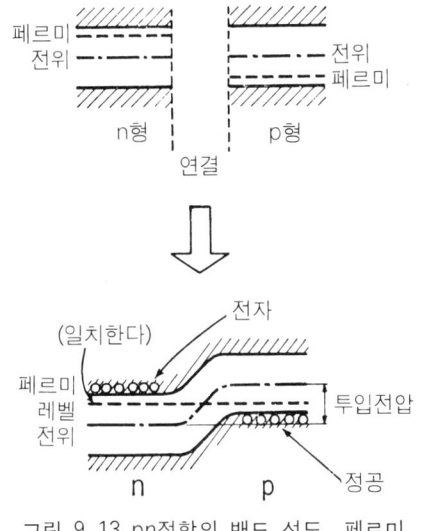

그림 9. 13 pn접합의 밴드 선도, 페르미
레벨이 일치한다

이 p형과 n형을 결합하여 pn접합을 만들어 보면, 가장 중요한 사항은 제8장에서 설명하였듯이 전류가 흐르지 않는 상태가 된다는 것이다. 그림과 같이 전류가 흐르지 않도록 전위를 형성하기 위하여, 당연히 밴드가 휘어져야 한다. 이 때 페르미 레벨은 일직선이 된다. 다시 말해서 "페르미 레벨이 일치하면 전류가 흐르지 않는다"라고 할 수 있다. 이는 대원칙으로서 어떤 경우에도 성립한다.

반면에 전위는 p형과 n형에 걸쳐 변화한다. 다시 말하면 페르미 레벨을 일치시키기 위하여 변화하지 않으면 안 되는 것이다. 전위가 변한다는 의미는 전압이 발생하고 있음을 뜻한다.

이와 같은 설명은 전에 전자와 정공의 이동현상에 대하여 논의한 바, 이와 동일한 사항이다. 그림과 같이 전자는 언덕이 있어 우측으로 이동할 수 없으며 정공 역시 언덕에 의하여 좌로 이동할 수 없는 것이다(일반적으로 정공은 위로 상승하려 하기 때문에 아래를 향하여 언덕을 이동할 수 없다). 페르미 레벨은 이와 같이 중요한 역할을 하고 있으며, 반도체 소자에 전압을 인가한다는 의미는 페르미 레벨을 인가전압만큼 이동한다는 것으로 생각할 수 있다.

여기서 페르미 레벨을 다른 측면에서 고찰해 보자. 페르미 레벨이란, 그 물질의 전자(또는 정공) 분포의 중심이라고 설명하였지만, 이는 이해하기 힘들기 때문에 "페르미 레벨은 그 물질의 전압이 0이 되는 점이다"라고 해도 일맥상통할 것이다.

여기서 물질의 전압이 0이란 물질 내부에 전압이 0이 되는 곳이 있는 것이 아니라

회사의 페르미 레벨

에너지 밴드에서 전압이 0이 되는 것을 의미한다. 이와 유사한 예로 회사의 평균급여를 들면, A회사의 남녀노소를 막론하고 모든 사원의 평균급여를 구하면 A회사의 경제적 기준인 페르미 레벨이 되는 것이다. 한편 A회사와 동일한 물품을 만들고 있는 B회사의 평균급여가 A회사보다 낮다면 자연히 B회사의 사원이 A회사로 이동하거나 또는 파업을 일으켜 결국 양사의 페르미 레벨은 동일해지는 것이다. 전에도 설명하였지만 두 물질이 접촉하면 반드시 페르미 레벨이 일치하므로, pn접합의 밴드 선도를 그릴 때 먼저 페르미 레벨을 일직선으로 표시하고 나머지 밴드를 적당히 표시하면 쉽게 그릴 수 있다.

pn접합의 밴드 선도는 **그림 9.14**와 같이 접합부에 완만한 곡면이 나타난다. 그러나 실제 pn접합부가 이렇게 완만하게 변하지는 않는다. 그림 9.14(c)와 같이 불과 수백 Å에서 수 μm의 범위까지 급격히 변하는 것이다. 이와 같은 밴드 선도의 그래프는 전압의 변화를 표시한 것으로서 다시 말하면 p, n영역 내에 있는 고정전하(이온화한 도너나 억셉터)의 수가 제한되어 있기 때문에 **프아송식**(Poisson's equation)을 이용하여 전압과 전하의 관계를 표시한 것이다.

전자와 정공은 접합에서 멀리 떨어져 있어서 이 캐리어들이 없는 부분, 즉 **공핍층** (depletion region)이 형성된다. 그림 9.14에서 알 수 있듯이 빗금 친 부분이 공핍층에 해당하며 에너지 밴드에서는 곡선 부분에 해당한다.

페르미 레벨의 응용으로서 트랜지스터의 경우를 생각해 보자. 트랜지스터는 pnp 또는 npn의 접합형태로서 **그림 9.15**에는 pnp트랜지스터의 구조를 나타내었다. 즉, 각각의 페르미 레벨을 일직선으로 그리고 나머지 에너지 밴드를 적당히 그리면 된다. 그러면 이미터와 컬렉터 등에 모두 전압이 발생한다는 것을 알 수 있다. 만약 페르미 레

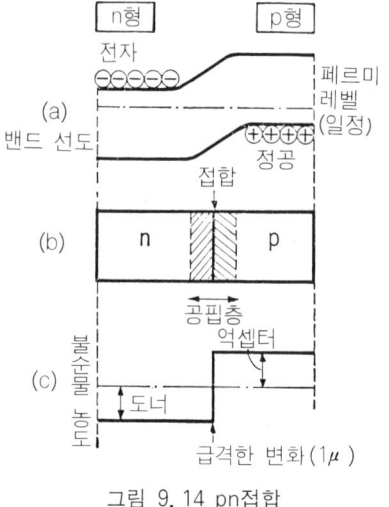

그림 9.14 pn접합

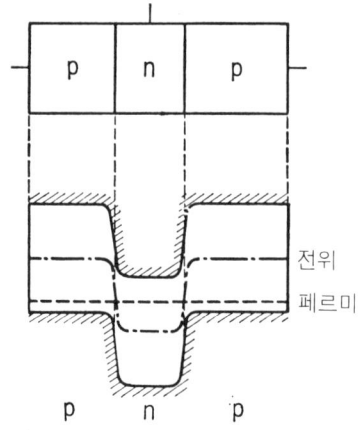

그림 9.15 pnp 트랜지스터의 밴드 선도

프아송식의 관계

벨이 각각 충만대와 전도대 근처에 있다면 pn접합에서 발생하는 전압은 대체로 반도체의 금지대폭(에너지 밴드 갭)에 해당된다는 것을 그림에서 알 수 있다.

다른 종류의 반도체라면 이 전압(봉입전압)이 변할 것이다. 이 전위는 다이오드의 특성에서 문턱전압(cut-in voltage라고도 함)의 약 1.5배에 해당한다. 그러므로 트랜지스터나 다이오드는 이 전압 정도를 인가하여야만 전류가 흐르기 시작한다. 이 전압은 실리콘에서 1.2V, 게르마늄에서 0.9V 정도이다. 실제로 다이오드의 문턱전압은 실리콘의 경우 0.7V, 게르마늄의 경우 0.5V 정도이다.

pn접합과 밴드 선도

pn접합의 밴드 선도는 사용도가 광범위하다. 반도체 내에서 발생하는 현상을 관찰할 때 반드시 밴드 선도를 이용해야 한다. 여기서는 pn접합이 지닌 몇 가지 특성을 살펴보기로 하자.

정류작용

pn접합이 지닌 기본적 특성은 **정류성**, 즉 교류를 직류로 변환시키는 작용이다. 이는 다이오드가 가해진 전압의 극성에 의해 저항이 바뀌는 비직선적인 성질을 이용한 것이다(그림 9.16).

그림 9.17은 pn접합에서 p형에 ⊕전압을 가한 경우이다. 이해하기 쉽도록 n형에

전위의 장벽은 오르기 힘들다

그림 9.16 pn접합은 전기의 일방통행

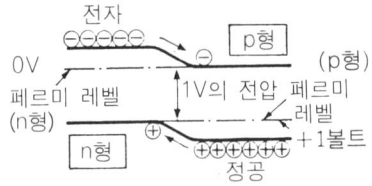

그림 9.17 순방향 바이어스시 밴드 변화

0V, p형에 ⊕전압을 가한 경우를 생각해 보자.

전압을 인가한다는 것은 밴드 선도에서 페르미 레벨을 그 전압만큼 이동시킨다는 것을 의미한다. 이때 주의하여야 할 사항은 밴드 선도에서는 전자의 움직임을 주체로 고려하기 때문에 ⊖전압의 크기만큼 위로 상승하게 된다. 즉, ⊕전압을 인가하면 페르미 레벨은 아래로 향하게 된다. 이는 이해하기 어려울지도 모르지만, 전자가 상승하거나 하락한다는 것은 ⊕전압이 전자를 끌어당기므로 그림에서처럼 아래로 이동하고 이 이동을 쉽게 하도록 밴드가 형성된다는 것이다.

이 그림을 살펴보면, 전자나 정공의 장벽은 거의 완전히 사라져 전자와 정공이 무제한 상대방향으로 흐르게 된다. 이는 저항이 감소하는 것과 일치하며 이를 순방향이라 한다. 접합에 가해진 전위차는 중앙부의 페르미 레벨 차이에 의하여 표시할 수 있다. 그림 9.18은 반대로 p형에 ⊖전압을 인가한 상태이므로 p형측이 상승하며 전자와 정공은 장벽이 높아져 상대방향으로 전혀 움직이지 못하는 상태가 된다. 이 때 저항은 증가하고 역방향 상태가 된다. 만약 열적으로 발생한 p형 내의 전자나 n형 내의 정공은 오히려 이동하기 쉬운 밴드 구조를 가지고 있으므로 상대방향으로 흐르게 된다. 그러나 접합면으로부터 먼 거리에 위치한 열적 생성 캐리어는 접합면까지 도달하기 전에 재결합에 의하여 소멸되며, 단지 접합면 근처에서 생성된 캐리어만이 역포화 전류라고 하는 미세한 전류를 형성하는 것이다.

이와 같이 역방향에서는 밴드의 곡선 부분이 커지면서 공핍층 폭이 증가하게 된다. 전압과 전류의 관계를 나타내보면, 그림 9.19와 같이 다이오드의 특성 곡선이 되고, 각 부분의 상태는 앞의 설명과 같다. 이 VI 특성 곡선은 항상 기억해 두어야 할 것이다.

pn접합은 그 자체로 정류성 다이오드에 광범위하게 사용되고 있으며 기타 pn접합의 경우 여러 가지 특성을 가진 다이오드에 이용되고 있다.

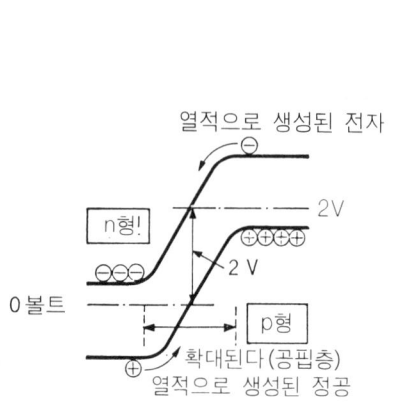

그림 9.18 역방향 바이어스시 밴드 변화

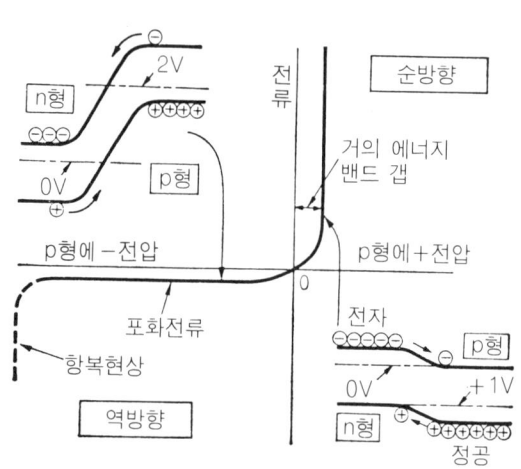

그림 9.19 pn접합의 VI 특성

항복현상과 제너 다이오드

그림 9.18에서 알 수 있듯이 역방향 전압이 커질 때 전류가 급격히 흐르는 점이 나타나는데, 이를 항복전압이라 한다. 이러한 현상은 10V에서 1000V 정도까지 소자에 따라 다양하게 발생하는데 그 이유에 대하여 살펴보자.

그림 9.20을 보면, 역방향으로 매우 높은 전압을 가한 경우이다. 앞에서 설명한 바와 같이 이 경우라도 매우 적은 양의 전자가 p형에서 열적으로 발생되어 n형으로 이동하게 된다. 역방향 전압이 매우 큰 경우, 에너지 밴드의 기울기도 매우 가파를 것이다. 이 경사도를 전계강도라고 한다. 예를 들어 100V를 1μm의 공핍층에 인가하였을 때 10^6V/cm의 높은 전계가 형성된다. 이 정도라면 공기 중에서도 방전현상을 일으킬 수 있을 정도이며 반도체 내에서는 전자사태현상을 일으키게 된다. 매우 빠른 속도로 가속된 전자가 원자에 충돌하게 되면 구속되어 있던 전자가 튀어나오고 정공을 남기게 된다. 튀어나온 전자와 정공은 다시 매우 빠른 속도로 이동하여 다른 원자와 다시 충돌하여 전자와 정공을 생성한다.

이와 같은 과정이 반복되면서 전자사태현상이 발생하는 것이다. 그러므로 전자는 n형으로 정공은 p형으로 이동하여 전류를 형성하며 결국 큰 양의 전류가 흐르는 것이다. 이를 전자사태항복(Avalanche breakdown)이라고 한다. 또 다른 항복현상은 그림 9.20과 같이 p형의 충만대에 있는 전자(자유전자는 아님)가 장벽을 넘어가는 것이 아니라 에너지 밴드 갭을 통과하여 n형으로 이동하는 현상으로 이를 터널 효과(tunnel effect)라 한다. 매우 높은 전압이 인가되면 가로방향으로 볼 때 에너지 밴드 갭은 좁아지게 되므로 캐리어가 쉽게 통과할 수 있다. 항복현상은 전자사태현싱이나 터널 효과에 의하여 급격히 발생하기 때문에 전류는 무한대로 흐르게 된다. 또한 항복현

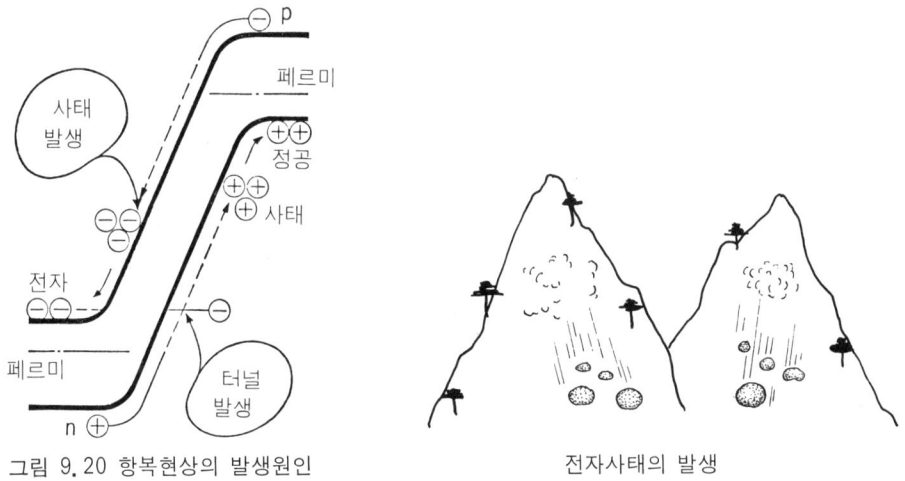

그림 9.20 항복현상의 발생원인　　　전자사태의 발생

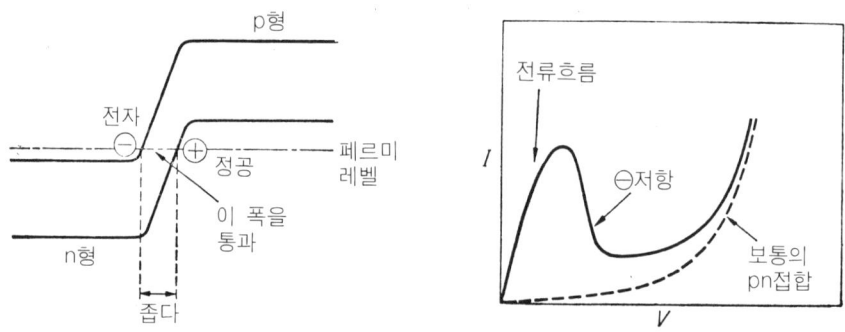

그림 9. 21 터널 다이오드의 밴드 선도와 *VI* 특성

상이 발생할 때 전압은 일정하게 유지되므로 정전압 회로에 유용하게 사용되고 있으며 발명자의 이름을 따서 **제너 다이오드**라고 한다(또는 정전압용 다이오드라고 한다).

제너 다이오드의 항복전압은 5V에서 30V 정도에 이르며 흐르는 전류가 1mA에서 100mA 정도로 변해도 전압은 0.1V 정도밖에 변하지 않는다. 실리콘에서는 7V 이상에서 전자사태현상이 발생하고 있으며 정전압원을 만들 때 이 제너 다이오드는 반드시 필요한 소자가 된다.

터널 다이오드

에사키 다이오드는 터널 효과를 이용하지만 제너 다이오드와는 다르다. 그림 9.21에 터널 다이오드의 밴드 선도를 나타내었는데 n, p형 모두 불순물 농도가 매우 높기 때문에 그림과 같이 페르미 레벨이 n형은 전도대에, p형은 충만대 안에 있게 된다. 또한 장벽의 폭이 협소하게 줄어들어 전자와 정공이 터널 효과에 의해 상호 이동하게 되므로 저항이 감소하게 되는 것이다.

이와 같은 이유에서 터널 다이오드의 *VI* 특성은 그림과 같이 저전압 영역에서 돌출부가 발생하여 부성저항특성을 나타내고 있다. 일반적인 pn접합 다이오드에서 순방향 특성이 나오기 전에 부성저항특성이 나타난다는 것을 기억하기 바란다.

pn접합과 빛

다음은 pn접합에 빛이 조사되었을 때 어떠한 현상이 발생하는지 살펴보자. 빛은 에너지를 가지고 있으므로 반도체에 조사되면 반도체 내의 전자나 정공을 같은 수로 생성시킨다. 빛의 강도가 강하면 강할수록 더 많은 양의 전자와 정공이 생성된다. 이와 같은 현상은 p형, n형에서 동일하게 발생한다.

여기서 외부 회로의 조건을 결정해 보면, 먼저 외부에 전류계를 연결하고 단락상태로 연결해 보자. 단락상태란 전압이 0V인 경우를 말한다. 이와 같은 조건에서는 페르미

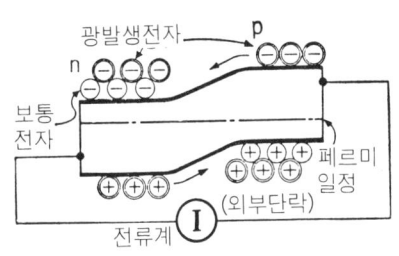

그림 9.22(a) 빛이 조사되었을 때,
외부회로는 단락상태

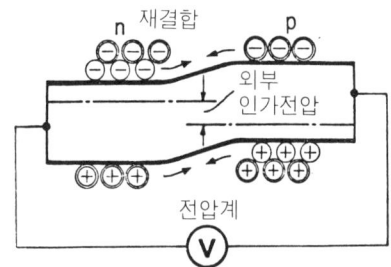

그림 9.22(b) 빛이 조사되었을 때,
외부회로는 개방상태

레벨이 어긋나지 않는다. 그림 9.22를 이용하여 설명하면, 빛에 의하여 p형, n형에 모두 각각 3개씩의 전자와 정공을 발생시킨다. 빛에 의하여 발생한 캐리어는 이중구로 표시하였다.

　n형에서 발생한 정공과 p형에서 발생한 전자의 경우 장벽은 제 기능을 발휘하지 못한다는 것을 그림에서 알 수 있다. 상대영역으로 흐르고 있는 전자와 정공에 의하여 외부에 전류가 흐르게 되나 n형에서 발생한 전자나 p형에서 발생한 정공의 경우 상대영역으로 이동하지 못한다는 것을 알 수 있다.

　다음은 외부 회로에 전압계를 연결한 경우를 생각해 보자. 전자와 정공은 같은 숫자로 발생하나 외부에는 전류가 흐를 수 없다. 이는 그림 9.22와 같이 페르미 레벨이 어긋나고, 즉 장벽이 낮아져 전자는 n→p로 흐르기 쉬운 상태가 되나 p→n의 전자와 n→p의 전자수가 동일하게 되어 전체적으로는 전류가 흐르지 않게 되는 것이다. 그러나 페르미 레벨의 어긋나는 정도가 전압계에 측정된다. 이를 자세히 고칠해 보면, 실리콘 접합의 경우 출력전압은 에너지 밴드 갭(약 1V)보다 클 수 없다는 것을 알 수 있다.

　다음은 pn접합에 역방향 바이어스를 인가하였을 때 빛을 조사하면 어떠한 현상이 발생할 것인가? 이는 그림 9.18의 역방향 상태에서 열적으로 발생한 캐리어가 증가하여 역포화전류가 증가하게 되며 다이오드의 저항이 높은 상태이므로 높은 부성저항을 연결하면 비교적 높은 전압을 얻을 수 있는 것이다.

　이와 같이 역방향 바이어스를 인가하면, 동일한 강도의 빛을 조사하였을 경우, 바이어스를 인가하지 않았을 때보다 큰 전압을 얻을 수 있다. 즉, 감도가 커지므로 미세한 광신호를 검출할 때 용이하다.

태양전지의 출력은 1V

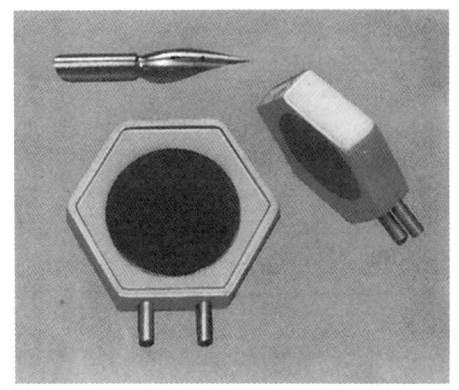

그림 9. 23 태양전지

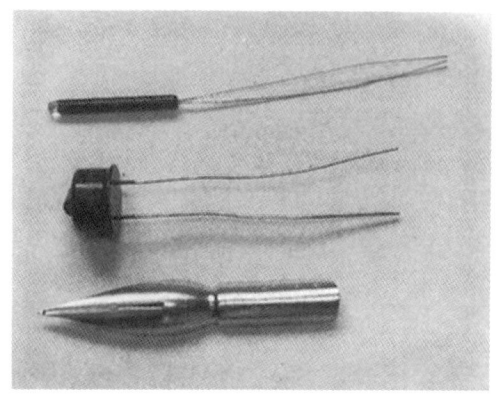

그림 9. 24 광 다이오드

태양전지와 광 다이오드

태양에너지를 실리콘 pn접합에 조사하여 전력을 얻는 데 사용하는 다이오드가 태양전지이다. 이를 그림 9.23에 나타내었다. 가능한 한 많은 양의 빛을 모을 수 있도록 면적을 크게 하여 제작한다. 태양에 노출되면 언제든지 전력을 얻을 수 있으므로 무인도의 등대나 인공위성의 전원 등 광범위하게 사용되고 있다.

태양전지는 공해를 발생하지 않는다는 점에서 미래의 에너지원으로 주목받고 있으며 점점 단가가 낮아지므로 일반 가정에서도 쉽게 접할 수 있게 되었다.

소신호용 광 다이오드는 그림 9.24와 같이 비교적 작은 실리콘이나 게르마늄의 pn접합으로 제작한다. 이 중에는 트랜지스터 구조와 동일한 것도 있다.

카메라에 사용되는 노출계에는 Se 광전지가 들어 있으며, 최근의 감도 높은 EE 카메라에는 CdS 또는 실리콘 감광소자를 사용하고 있다. 이들은 pn접합이 아니라 CdS 박막의 저항이 빛에 의하여 변화하는 성질을 이용한 것이다. CdS는 전압을 발생하지 않기 때문에 별도의 전지가 필요하다.

발광 다이오드

pn접합에 순방향 전류를 흐르게 하면 많은 양의 전자는 전도대로 올라가게 된다. 이 전자가 다시 충만대로 떨어져 정공과 재결합할 때, 방출한 에너지가 빛으로 변환되기 때문에 pn접합에서 빛을 방출할 수 있다. 그러나 실리콘의 경우는 방출하는 빛이 적외선이므로 눈에 보이지는 않는다.

가시광선 영역의 빛을 방출하는 물질에는 GaAsP나 GaP 등이 있다. 이와 같은 물질로 pn접합 다이오드를 제작하면 1.5~1.8V 정도의 인가전압에서 적색빛이 방출된다. 여러 가지 불순물을 적당히 첨가하면 녹색이나 황색빛도 방출할 수 있다. 최근에는 오렌지빛이나 갈색, 황록색, 청색 등 다양한 빛을 방출하거나 2, 3색을 동시에 방출할

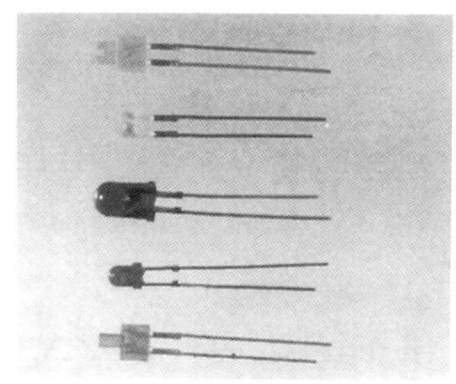
그림 9. 25 발광 다이오드

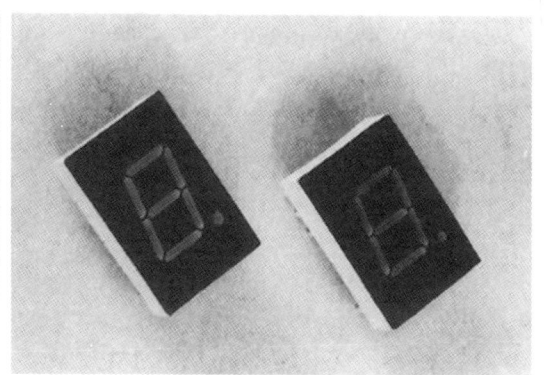
그림 9. 26 발광 디스플레이

수 있을 정도로 개발되었다.

이와 같은 발광 다이오드(LED)를 그림 9. 25에 나타내었다. 이는 필라멘트도 없고 반영구적이므로 적당히 조합하여 여러 가지 지시기에 사용되고 있다. 그림 9. 26은 하나의 예로서 작은 다이오드를 7개 조합하여 숫자나 알파벳을 표시한 소자이다. 최근에는 손목시계, 벽시계, VTR 등에 이와 같은 지시기를 광범위하게 사용하고 있다.

가변용량 다이오드

pn접합에 역방향 바이어스를 인가할 때 공핍층 폭의 변화에 대하여 살펴보자. 그림 9. 27과 같이 역방향 전압에 따라 밴드의 구부러지는 정도가 변하는데, 이 부분은 캐리어가 존재하지 않는 부분이므로 절연체와 같은 부분이 된다.

절연체를 사이에 두고 도체가 있는 구조, 즉 콘덴서가 된다. 전압에 따라 용량이 변하므로 매우 유용한 소자이다. 실제로 이 소자는 배리캡(Varicap 또는 Varactor diode)이라는 이름으로 TV나 FM의 전자회로 등에 광범위하게 사용되고 있다. 기계식 튜너와 비교하여 고장도 적고 단지 접촉에 의하여 선국할 수 있으므로 접촉 채널(touch channel)이라고도 한다.

전압을 인가할 때 C(공핍층 폭의 역수에 비례)의 변화는 접합면 부근의 불순물농도에 따라 변한다. 합금법으로 제작된 계단형 접합의 경우 $V^{-\frac{1}{2}}$, 확산으로 제작된 경사형 접합의 경우 $V^{-\frac{1}{3}}$에 비례한다(제작방법에 대해선 제13장에서 설명할 것이다). 여하튼 밴드 선도에서 알 수 있듯이 V를 증가시키면 C가 감소하게 된다.

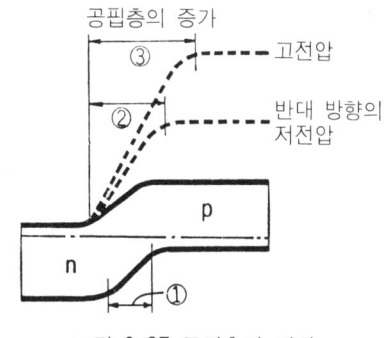
그림 9. 27 공핍층의 변화

주입작용

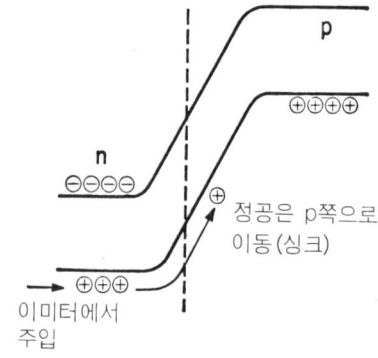

정공은 p쪽으로
이동(싱크)

이미터에서
주입

그림 9. 28 추출작용

주입효과와 추출작용

이외에 pn접합에서 발생하는 중요한 현상으로는 주입(injection)과 추출(collection)
이 있다. 이들 모두 트랜지스터의 동작에 필요하다. 주입은 어떤 반도체 내에 소수 캐
리어를 다량 첨가시키려고 할 때, pn접합을 만들어 순방향 바이어스를 인가하면 인가
전압에 따라 캐리어가 이동하는 현상이다.

트랜지스터는 이와 같은 **주입효과**를 이용하여 이미터 접합에서 베이스 내에 소수 캐
리어를 이동시킨다. 이와 같이 pnp 트랜지스터에서 정공을 이동시키는 것이 주입효과
이다. 그림 9. 17의 순방향 바이어스와 동일한 상황일 것이다.

또한 정공만을 다량 이동시키고자 할 때 n형 도너 농도에 비하여 p형의 억셉터 농도
를 높게 하면 전류의 대부분은 정공에 의하여 형성된다.

다음의 중요한 작용으로는 추출작용이 있다. 그림 9. 28과 같이 pn접합을 역 바이어
스하면 n형 측에 존재하는 정공(실제로는 좌측에서 주입작용에 의하여 이동하였다)은
급히 p형 측으로 이동하게 된다. 다시 말해서 p형은 n형에 존재하는 정공을 흡수하는
역할을 하고 있다. 이를 **추출효과**라 한다.

트랜지스터의 컬렉터는 이미터에서 베이스로 주입된 정공을 흡수하여야 하므로 항상
역방향 바이어스 상태를 유지한다. 컬렉터의 이와 같은 작용을 **싱크**(sink)라 하며, 문
자 그대로 물(정공)이 흘러 나가는 곳을 의미한다.

npn트랜지스터의 경우, 물론 n형이 전자의 싱크가 된다.

자기효과와 자기 다이오드, 정공 IC

여러분은 자석을 이용한 여러 가지 실험을 해 본 경험이 있을 것이다. 자석이 지닌
자기와 전기는 매우 깊은 관계가 있으므로, 만약 전자의 흐름에 자기가 영향을 미치면
전자의 궤도는 휘게 된다.

이와 같은 작용은 브라운관 내에 전자가 편향되어 화면을 구성하는 등 여러 가지에

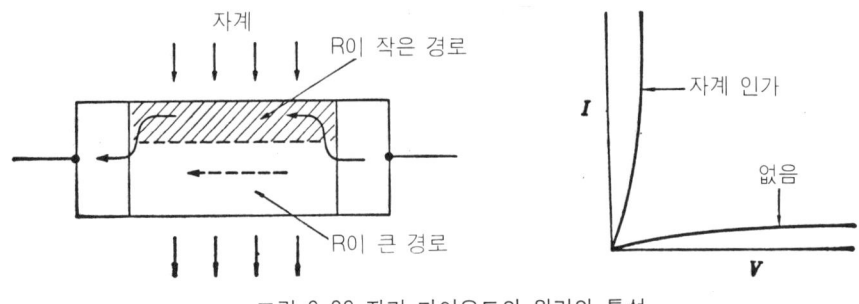

그림 9.29 자기 다이오드의 원리와 특성

응용되고 있으며 반도체 내에서도 자계는 동일하게 전자의 흐름에 영향을 미친다.

　이 **자기효과**를 잘 이용하는 소자가 소니의 SMD(자기 다이오드)이다. 이 원리는 그림 9.29와 같이 반도체 내에 두 개의 전자통로가 있다면 보통은 전자가 저항이 큰 길을 통하여 이동하지만 만약 자계가 놓여지면 전자는 급히 휘어져 R이 작은 영역으로 흐르게 되므로 다이오드의 저항이 급격히 작아지게 된다. 그러므로 전류도 급격히 증가하게 되는 것이다.

　이와 같은 다이오드는 자계에 매우 민감하기 때문에 모터 등 여러 가지 응용분야에 이용되고 있다. 자계와 전계를 이용한 장치로는 **홀소자**가 있다. 이는 그림 9.30과 같이 얇은 반도체 판에 전류를 흐르게 하고 이에 직각방향으로 자계를 걸어주면 그림의 C와 D단자간에 전압이 생기게 된다. 홀이란 발명자의 이름 Hall을 딴 것으로서, 정공의 홀(hole)과는 전혀 다르다. 게르마늄이나 InSb을 이용한 무접촉 스위치나 브러시리스 모터 등에 사용되고 있다. 또한 IC 중에 홀소자를 조합시키면 증폭작용에 의하여 출력전압을 크게 하고 IC와 쉽게 연결시킬 수 있기 때문에 컴퓨터의 키보드나 자동차의 콘택포인트 등에 사용될 수도 있다.

　반도체를 사용한 2단자 소자로서는 서미스터나 배리스터 등이 있다. 서미스터는 Mn, Co, Ni, Fe 등의 산화물을 사용하므로 역시 일종의 반도체이다.

　이는 반도체의 특징인 온도가 상승하면 저항이 감소하는 부성저항특성을 이용한 것이다. 잘 만들어진 소자는 50℃ 정도 변화에 대하여 저항은 3~5 자리수 정도 변화하여 전자회로의 온도 특성을 변화시키는 데 사용하고 있다. 또한 Ti~Ba계를 이용하면 온도가 상승할 때 저항이 커지므로 정특성 서미스터를 제작할 수 있다.

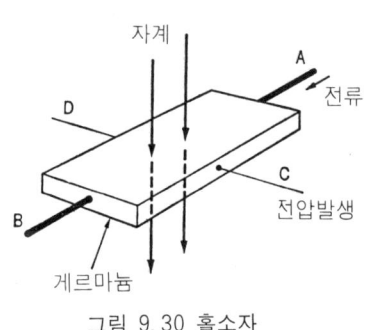

그림 9.30 홀소자

　실리콘 카바이드 등의 분말을 고형화하여도 반도체 특성을 지닌 pn접합의 역방향 특성과

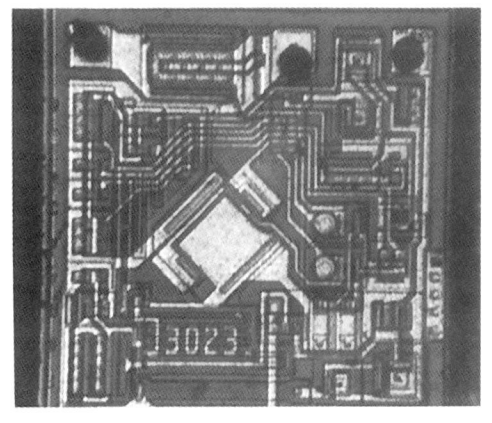

그림 9.31 홀소자를 이용한 IC 칩 짜넣기

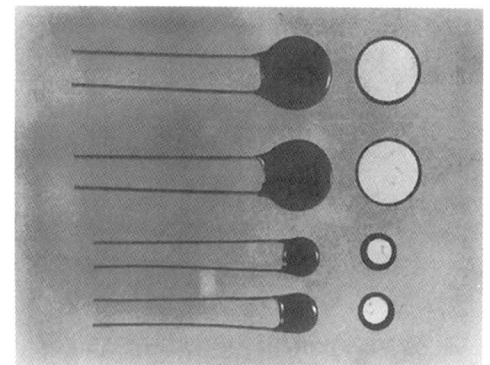

그림 9.32 실리콘 카바이드·배리스터

유사한 특성을 나타내며 완만한 항복현상을 보인다. 이를 이용한 소자는 낙뢰 등의 고전압 인가시 이를 접지시키는 벽뢰기에 사용하고 있다. 그림 9.32에 이와 같은 배리스터를 나타내었다.

최근 개발된 금속 산화물을 여러 가지 혼합하여 제작한 신형 배리스터는 특히 고전압에서 인성이 강하고 항복현상도 제너 다이오드와 유사하므로, 널리 사용되고 있다. ZNR이나 SNR이라는 상호명으로 널리 사용되고 있다.

제15장에서 설명하겠지만 최근 IC는 전압에 민감하기 때문에 이와 같은 특성을 지닌 보호용 소자가 특히 주목받고 있는 것이다.

압전효과와 감압 다이오드

세상에는 여러 가지 형태의 에너지가 있다. 우리들도 항상 취급하고 있는 전기 외에 자기, 화학, 원자력 등이 있고 압력이나 운동력 등과 같은 기계적인 에너지도 있다.

압력을 전기로 변환시키는 효과를 압전효과라 하는데, 이러한 소자는 누르거나 구부리면 저항이 변하게 되는 것을 알 수 있다.

최근 레코드 바늘의 움직임을 이러한 압전효과를 사용하여 신호로 변환시키는 반도체 pick-up 등에 이용하고 있다. 이는 감압 다이오드라고도 불리우며 반도체 내에 보통의 불순물뿐만 아니라, 구리와 같은 특별한 불순물을 첨가하여 pn접합을 제작하고 있다. 이와 같이 제작하면 압력에 대하여 특히 감도가 높아져 약간의 압력에도 저항이 1/1000 정도로 변하게 된다. 그러므로 스위치나 릴레이 등에 사용되고 있다(그림 9.33). 실리콘 막을 10μm 정도의 두께로 제작하면 기체의 압력에 대하여 판이 휘어 저항이 변하게 된다. 이와 같은 변화를 적당한 회로로 감지하면 압력 센서가 되는 것이다. 이외에 반도체 pn접합은 원자력(방사선)에도 민감한 성질을 지니고 있으므로 원자

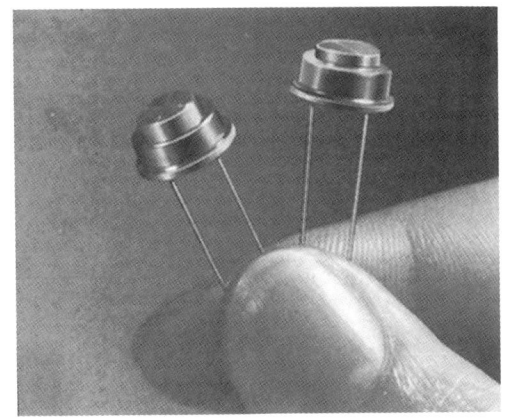

그림 9.33 감압 다이오드

그림 9.34 쇼트키 베리어 다이오드

력 전지나 검출기에도 사용되고 있다.

쇼트키 베리어 다이오드

pn접합에는 지금까지 설명한 바와 같이, 전자와 정공이 주입된다. 이 전자나 정공은 앞서 설명한 바와 같이 비교적 느리게 이동하는 성질이 있다.

터널 다이오드는 이와 같은 성질이 없기 때문에 매우 빠르게 동작하고 있으며 주입효과는 거의 나타나지 않는다. 이를 쇼트키 베리어 다이오드라고 한다. 이것은 실리콘의 표면을 특별히 깨끗이 하고 그 위에 금속을 진공증착시킨 것이다. 이렇게 하면 실리콘의 표면에 자연적으로 발생한 베리어에 의하여 정류작용을 할 수 있다.

동작속도는 매우 빠르며 역방향 전압은 45V, 순방향 전압은 0.5V정도이다. 이는 주로 스위칭 전원에 사용되고 있다(그림 9.34).

제9장 요 점

pn접합은 반도체 소자의 기본이다.
pn접합에서는 전압이 발생한다.
pn접합은 정류성, 광전효과, 자기효과를 지니고 있다.

제9장 연 습

문 1 pn접합을 제작할 때, 풀로 접합시킬 수는 없지만 양방향의 결정을 잘 연마하여 눌러 붙일 경우 접합으로 동작하는 것이 가능한가?

문 2 그림 9.11에서 페르미 레벨이 전도대 근방까지 상승하는 이유는 무엇인가?

제 **10** 장

트랜지스터의 구조

지금까지 반도체 내의 전자와 정공의 이동현상이나 pn접합의 여러 가지 특징을 살펴보았다. 이 모든 설명은 단지 트랜지스터를 이해하기 위한 것이다.

pn접합에 대하여 정리해 보면, p형과 n형의 반도체를 그대로 접속하여 양 끝에 전극을 끌어내면 접합부에는 장벽이 생기고 이 장벽의 높낮이가 인가된 전압에 따라 조정된다. 전자나 정공이 이 장벽의 경사를 올라가기도 하고 내려가기도 하면서, 여러 가지 현상을 보이는 것이다.

pn접합 두 개로 이루어진 트랜지스터

트랜지스터의 구조를 살펴보기 위하여, 그림 10.1과 같은 모형을 이용할 수 있다. 실제 트랜지스터 구조와는 다르지만, 전기적 특징을 설명하기에는 유용한 모형이다. 그림에서와 같이 pn접합이 두 개 연결되어 있고 중간 부분은 공통으로 되어 있다.

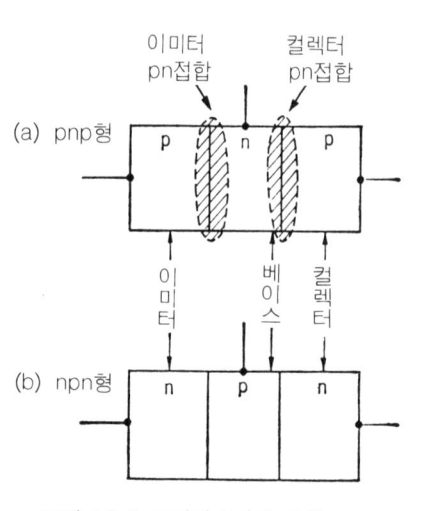

그림 10. 1 트랜지스터의 모형

트랜지스터는 기본적으로 (a) pnp와 (b) npn의 두 구조로 크게 나눌 수 있으며 pnp구조에서는 정공, npn구조에서는 전자를 이용한다.

지금부터는 pnp구조에 대해서만 설명하겠다. pnp구조의 중앙부인 n형은 베이스라 하며 트랜지스터 동작의 기틀이 되는 영역이다 (베이스라는 명칭은 최초로 발명된 포인트형이라는 특수한 트랜지스터 구조에서 붙여졌다). 베이스에서는 매우 중요한 동작이 일어나고 있으므로, 정공이 통과할 수 있도록 얇아야 한다.

　위와 같이, 정공은 베이스인 n형 내에
서 오랫 동안 생존할 수 없다. 이를 수명
시간으로 정의하였으며 이 시간 내에 통
과할 수 있는 두께가 되어야 한다. 일반적
으로 20~30μm의 얇은 막이며 고주파
트랜지스터에서는 5~10μm 정도이다.

컬렉터

이미터

이미터와 컬렉터의 작용

　또한 1μm 정도의 초박막을 이용하는
경우도 있다. 이 베이스 영역을 매우 우
수한 평면의 얇은 박막으로 제작하기란 그리 쉬운 공정이 아니다.

　양측의 두꺼운 부분은 좌측을 **이미터**(주입부분), 우측을 **컬렉터**(캐리어의 집합부분)
라 하는데, 이 두 부분은 약간 두꺼워도 괜찮으며 보통 2~3mm 정도로 제작한다.

　이미터와 컬렉터는 동일하므로 바꿔도 괜찮을까? 라는 질문을 할 수 있다. 그러나
특별한 경우를 제외하고는 이는 불가능하다. 왜냐하면 이미터와 컬렉터는 각각 고유의
임무를 수행하기 위하여 저항률을 다르게 정하기 때문이다.

　다음은 이 세 부분에 도선을 연결해야만 한다. 실리콘이나 게르마늄에 도선을 연결하
기란 그리 쉬운 공정이 아니다. 특수한 금속(게르마늄의 경우 주석, 니켈 등이며, 실
리콘의 경우 알루미늄, 금, 니켈 등)을 이용하여 접속해야만 한다.

　한 가지 문제는 베이스의 결선이다. 이미터와 컬렉터는 비교적 넓은 영역이므로 도선
을 연결하기 편리하나 베이스는 20μm 정도이므로 보통의 방법으로는 결선할 수 없다.
여러 가지 결선방법이 있으며 **그림 10.2**는 그 한 예이다.

　즉, (a)와 같이 결선할 수 있는 곳까지 베이스를 연장하여 결선하는 방법이 있으며
(b)와 같은 결선방법도 있다. 현재 트랜지스터는 20종류 정도의 기본형이 있으며 어떠
한 구조이든지 베이스를 결선하는 데는 어려움이 있으므로, 이에 대한 개발과정이 트
랜지스터의 발전이라고 할 수 있다.

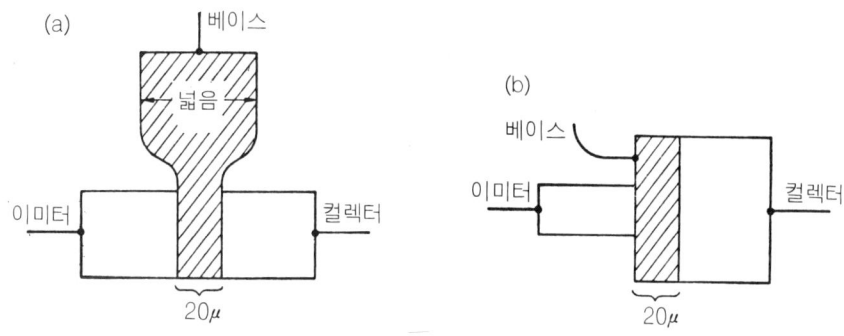

그림 10.2 베이스에 결선하는 방법

도선으로 연결하면 안 되는가

그림 10.1을 자세히 살펴보면, pn접합 두 개로 이루어진 것을 알 수 있다. 그렇다면 pn접합 두 개를 상호 금속으로 연결하여 **그림 10.3**과 같이 제작하면 어떨까? 짐작하겠지만 이러한 소자는 작동하지 않을 것이다. 이렇게 간단히 트랜지스터를 만들 수 있다면 누구나 제작할 수 있을 것이다.

그 이유는 무엇일까? 자세히 살펴보면, 그림 10.1은 **그림 10.4**와 같이 고칠 수 있다. 실제로 베이스 내에는 전자와 정공의 두 종류 캐리어가 움직이고 있으므로, 그림과 같이 두 개의 독립된 파이프가 있어야 하며, 이를 금속선으로 만들어 놓으면 각 도선에 해당하는 캐리어를 제각각 이동시킬 수는 없는 것이다.

이 파이프는 실제로 트랜지스터 내에 존재하는 것이 아니며 베이스는 단지 하나의 단결정판으로 형성되어 있는 것이다. 이 판 내에서 전자와 정공의 움직임을 살펴보면 그림 10.4와 같이 두 개의 파이프로 생각할 수 있다. 위 파이프는 정공, 아래 파이프는 전자만이 흐를 수 있도록 되어 있다. 실제 트랜지스터의 제작공정에 대해선 제13장에서 살펴볼 것이다.

트랜지스터의 발명

트랜지스터는 1948년경, Schokley 등 3인의 미국 물리학자에 의하여 발명되었다. 발명의 기틀은 반도체의 표면전압을 측정하고 열을 관찰하는 등 현재의 고체물리학이라는 학문의 소산이 되었다.

트랜지스터란 명칭은 신호를 전송하는(transfer) 저항(resistor)이라는 의미를 내포하고 있다. 과거 트랜지스터는 그 자체로 소형 라디오를 의미한 때도 있었다.

3인의 과학자는 그 후 노벨 물리학상을 수여 받았으며, 그들은 트랜지스터가 최첨단 전자공학의 주역이 되리라 상상했을 뿐 오늘날과 같이 트랜지스터가 발전하리라고는 상상하지 못했을 것이다. 트랜지스터 발명 당시에는 **포인트 컨덕트형**으로 두 개의 가느

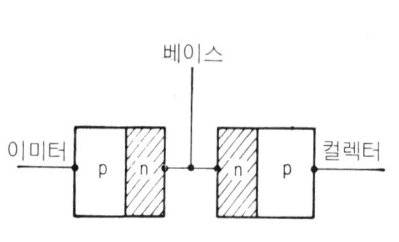

그림 10. 3 트랜지스터로 동작하지 않음

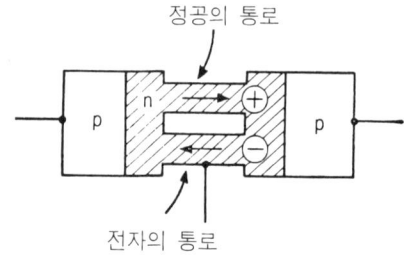

그림 10. 4 트랜지스터의 한 예

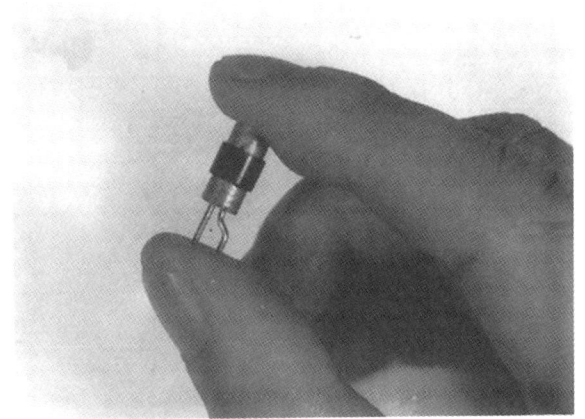

그림 10.5 최초의 포인트 컨덕트형 트랜지스터

다란 도선을 반도체 상에 연결하여 사용하였기 때문에, 기계적으로 약하고 자주 단락
되어 정말로 다루기 힘든 물건이었다. 따라서, 트랜지스터는 기계적으로 약하다는 인
상을 주었을 것이다(그림 10.5).

  그러나 그 이후 접합형이 개발되면서 기계적인 강도가 개선되었으며 더욱 훌륭한 물
건이 되었다. 그 당시 우리 나라는 해방 및 전쟁을 겪고 있었을 때이며, 그로부터 10
여 년 후, 해외여행자들이 가지고 온 트랜지스터를 마치 보물인양 바라보고 있을 수밖
에 없었다. 우리 나라는 이와 같은 시대를 지나 지금은 세계 선진국 수준의 기술력으로
경쟁하고 있으며 향후 세계 트랜지스터 및 반도체 시장을 주도하게 될 것이다.

이미터의 역할

  지금부터 각 전극의 역할을 살펴보자. 먼저 이미터를 고찰해 보면, 이미터와 베이스
의 pn접합부(이미터 접합이라 한다)만을 떼어놓으면 그림 10.6과 같다. 이는 1개의

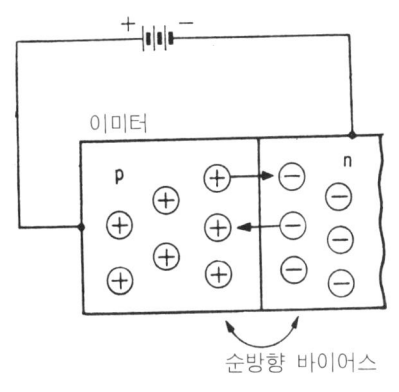

그림 10.6(a) 이미터 접합과의 바이어스 상태

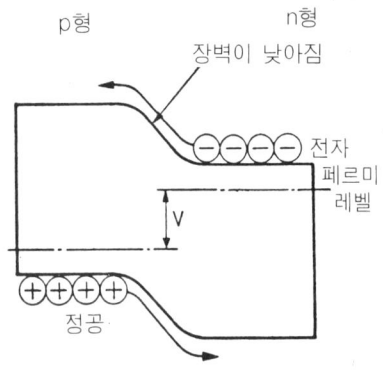

그림 10.6(b) 밴드 선도, 순방향 상태

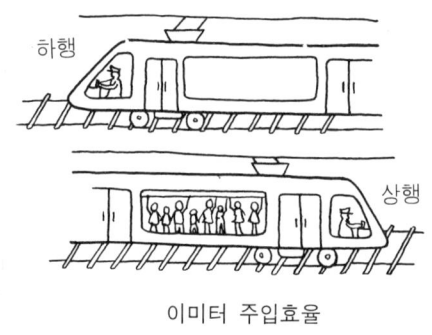

이미터 주입효율

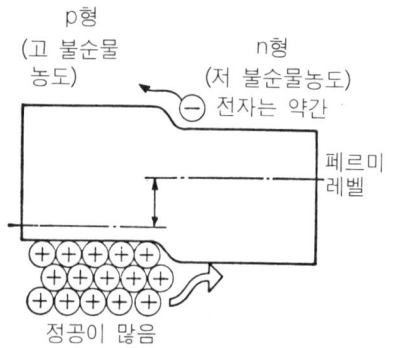

그림 10.7 실제 트랜지스터의 밴드 선도

pn접합을 형성한다.

여기서는 베이스 두께가 그리 얇지 않다고 가정해 보자. 이미터(p형)에 ⊕, 베이스 (n형)에 ⊖를 인가하면 어떤 현상이 일어나는가를 기억할 것이다. 이는 순방향 바이어스로서 저항이 작고 전류가 많이 흐르게 된다.

페르미 레벨을 포함한 밴드 선도를 그려보면 순방향 바이어스이므로 밴드의 경사도가 낮아져 거의 수평을 이루게 된다. 이 때 정공은 이미터에서 베이스로, 전자는 베이스에서 이미터로 흐르게 된다(그림 10.6(b)).

트랜지스터의 경우, 제대로 동작하기 위하여 이미터 저항을 낮게, 즉 불순물 농도를 높게 하며 베이스에 거의 불순물을 넣지 않는다.

이를 그림 10.7에 그려보면, 이미터에는 정공이 가득 차 있으나 베이스에는 전자가 거의 없는 상태가 된다. 약 100대 1 정도의 비율이 된다.

이를 비유하면 아침의 통근 지하철과도 같은 경우이다. 교외의 주택지에는 많은 사람들이 살고 있으나 도심지에는 그다지 많은 사람들이 살고 있지 않다. 그러므로 동일한 수의 지하철이 주행하고 있다면 도심지로 향하는 상행선은 만원이고 하행선은 텅 비어 있을 것이다.

이와 같이 만약 이미터 접합에 1A의 전류가 흐르고 있을 경우, 정공에 의한 전류는 0.99A(우측으로 이동한다), 전자에 의한 전류는 0.01A 정도(부호가 ⊖이므로 전자가 좌측으로 향하면 전류는 우측으로 흐른다)인 것이다.

이미터에서 베이스로 들어온 캐리어가 이미터 전류의 몇 %를 차지하는가를 **주입효율**(injection efficiency)이라 한다. 위의 예에서는 이 효율이 99%(또는 0.99)이다. 물론 1에 접근할수록 효율이 우수한 것이다.

실제 트랜지스터를 동작시킬 때는 트랜지스터가 잘 동작할 수 있도록 약간의 직류전류(바이어스 전류라 한다)를 이미터에서 베이스로 흘려 보낸다. 이 때 증폭하려는 신호

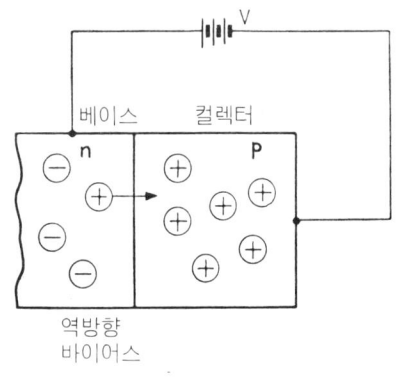

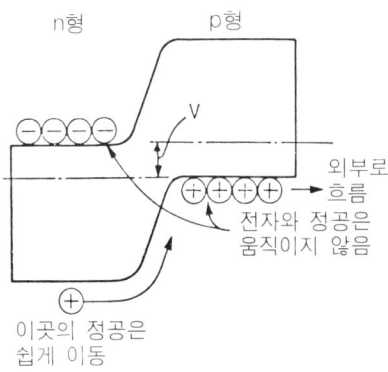

그림 10.8(a) 컬렉터 접합

그림 10.8(b) 컬렉터 접합의 밴드 선도

(음성전류 또는 음악의 전류 등)를 이에 실려 보내는 것이다. 그러면 직류가 신호에 따라 증감되므로 베이스에 주입되는 정공의 수도 신호에 따라 증감되는 것이다.

컬렉터의 역할

베이스로 주입된 정공은 어떠한 운동을 하는지 조사해 보자. 그림 10.8은 컬렉터 접합만을 표시한 것이며 (b)는 밴드 선도이다.

이 때 컬렉터(p)에는 1V, 베이스에는 10V를 인가하면 이 pn접합은 역 바이어스 상태이므로 저항이 높은 상태가 된다. 즉, 밴드 선도에서 전위장벽이 점점 높아지게 된다.

이 장벽에 의하여 캐리어가 정지되고, 항상 전류가 흐르지 않는 것은 아니다. 그림에서와 같이 만약 n형에서 정공이 이동한다면 장벽이 하향 경사이므로 순식간에 정공이 이동하여 p형의 컬렉터에 모이게 되는 것이다. 이때 n형 베이스 내의 전지는 장벽에 의하여 컬렉터로 이동할 수 없게 된다.

컬렉터에 모인 정공은 순서대로 외부 도선으로 빠져나와 결국 전류가 흐르게 되는 것이다. 이와 같이 컬렉터 접합은 캐리어를 흡수하는 역할을 한다.

이 때문에 명칭도 컬렉터인 것이다. 컬렉터의 저항률은 이미터 만큼 낮을 필요는 없으며 트랜지스터의 동작 특성에 따라 조절하고 있다.

베이스의 역할

이미터에서는 캐리어를 주입시키고 컬렉터에서는 캐리어를 흡수하는 역할을 한다. 베이스의 역할은 매우 중요하므로 다음 장에서 상세히 설명하겠다.

진공관의 동작을 살펴보면 캐소드에서 열적으로

컬렉터는 무엇이든 빨아들인다

발생된 전자는 그리드를 통하여 플레이트에 도달하게 된다.

트랜지스터와 진공관은 **그림 10.9**와 같이 매우 유사하나 전자의 흐름매체가 진공과 고체로 구별되기 때문에 소자는 매우 다른 특성을 갖게 된다.

트랜지스터는 발명된 지 50년 정도이지만 그 발전은 실로 경이로울 정도이다. 트랜지스터가 이와 같이 발전한 것은 수많은 기술 개발에 의한 것으로 완전히 새로운 학문이기 때문에, 전기, 금속, 기계, 물리, 화학 등 어떤 분야에도 속하지 않는다. 그러나 트랜지스터의 개발이 상기 학문영역과 별개는 아니므로 다른 분야의 발달도 트랜지스터의 발전에 중대한 영향을 미치게 되는 것이다.

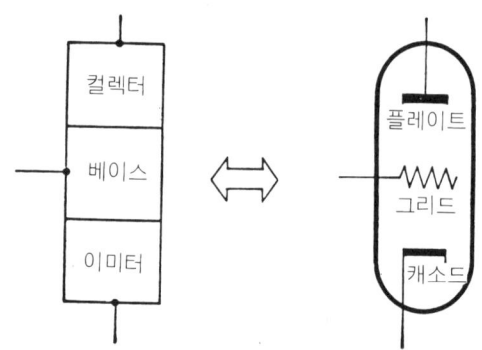

그림 10.9 진공관과 트랜지스터의 유사성

제10장 요점

pn접합을 두 개 사용하면 트랜지스터가 된다.
베이스의 두께는 마이크론 단위이다.
이미터와 컬렉터도 중요한 역할을 한다.

제10장 연습

문 1 포인트 컨덕트 트랜지스터는 어떻게 증폭작용을 하는가?
문 2 현재 미세한 구조의 트랜지스터에서는 어떻게 리드선을 연결하는가?

제 **11** 장

트랜지스터의 동작

지금까지 여러분들은 반도체에 관한 많은 지식을 습득하였다. 에너지 밴드, 전자와 정공, 페르미 레벨 등···. 이 장에서는 종합적으로 트랜지스터에 관하여 설명할 것이다.

이미터에서의 정공 주입

그림 11.1은 트랜지스터의 모형이다. 좌측으로부터 이미터(E), 베이스(B), 컬렉터 (C)라 한다. 여기서는 pnp트랜지스터에 관하여 설명할 것이다.

먼저 이미터만 자세히 살펴보자. 그림에서 베이스의 두께가 매우 두꺼운 듯이 나타내었으나 실제로는 1mm 정도면 충분하며, 이미터의 두께는 트랜지스터의 동작과 그다지 관계는 없지만 약 1mm 정도면 충분하다.

그림 11.2는 전압인가시 에너지 밴드 구조이다. 전자와 정공이 각각 어느 정도 첨가되었는지는 에너지 밴드 구조에서는 확실히 알 수 없지만 그림 11.3을 보면 이미터에는 정공이 $10^{20}/cm^3$, 베이스에는 전자가 $10^{17}/cm^3$ 정도, 즉 1000 : 1의 비율로 첨가되어 있는 것을 알 수 있다. 이러한 경우는 대수눈금으로 표시하면 편리하다. 1000 : 1 이라면 대수눈금으로 3칸의 차에 해당한다.

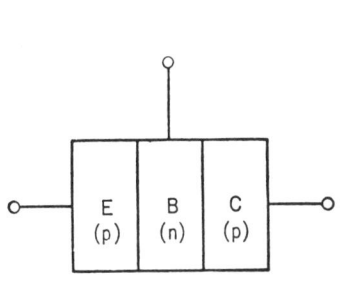

그림 11.1 트랜지스터의 모형

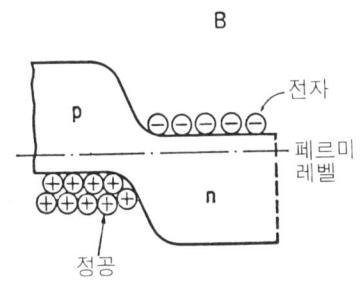

그림 11.2 이미터 접합의 에너지 밴드 선도, 전압은 0V

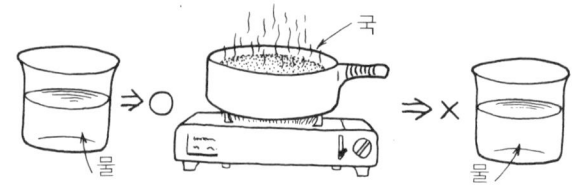

물로 국을 만들지만 국으로 물을 만들지는 못한다

10^{20} 또는 10^{17} 등을 이해하기 힘들다면 1000개 대 1개의 개념을 상상해 보자. 이 비율은 조정이 가능하다. 이는 트랜지스터를 제작할 때, 내부에 첨가시키는 불순물의 양이 거의 전자 또는 정공의 수와 동일하기 때문이다.

지금은 이미터가 10^{20}, 베이스가 10^{17}이므로 이미터가 더욱 고농도로 도핑되어 있다. 그러므로 트랜지스터를 제작할 때 이미터를 먼저 만들고 베이스를 만드는 것은 불가능하다. 항상 저농도 영역을 먼저 제작하고 다음에 고농도 영역을 만들어야 하므로 베이스를 먼저 만들고 이미터를 만들어야 한다.

그럼 이미터−베이스간, 즉 이미터 접합에 순방향 바이어스를 인가해 보자. 베이스에 0V, 이미터에 0.5V를 인가하면 **그림 11.4**와 같이 정공은 베이스로, 전자는 역방향으로 이동하게 된다. 에너지 밴드의 변화에 대해서도 고찰해 보기 바란다.

이미터 내에는 베이스 내 전자의 1000배에 해당하는 정공이 있으므로 이동하는 캐리어의 비율도 1000 : 1이 된다. 그러므로 이미터로 이동하는 전자의 수는 매우 적기 때문에 무시할 수 있고 단지 정공에 대해서만 생각해 보기로 한다.

처음부터 불순물의 농도차를 1000 : 1로 제작한 것도 이와 같은 이유 때문이다. 불순물의 농도차를 1000 : 1로 제작하면 이미터 내의 정공과 베이스 내의 전자 수가 1000 : 1 정도가 되므로 충분히 많은 양의 정공이 베이스 내로 이동할 수 있을 것이다. 실제

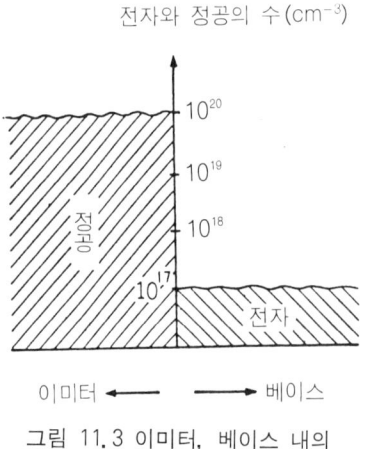

그림 11.3 이미터, 베이스 내의
캐리어 수의 분포

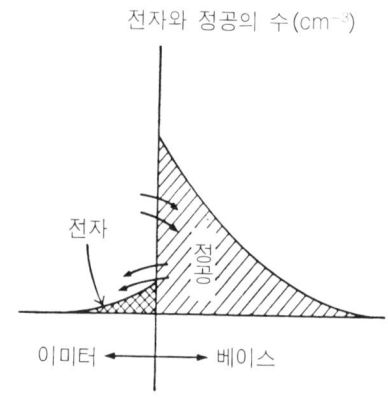

그림 11.4 정공과 전자는 상대
영역으로 흐른다

트랜지스터의 경우 이 비율(주입효과 : injection efficiency)을 1000 : 1 ∼ 10000 : 1 정도로 제작한다.

베이스 내에 주입된 정공의 움직임

베이스 내에 주입된 정공은 어떻게 움직이는가? 이는 매우 중요한 질문으로서 이에 따라서 트랜지스터의 특성이 결정되는 것이다. 여러분도 승객(정공)이 되어, 아침 출근버스에서 정류장에 내린 승객들의 움직임을 살펴보자. 목적지가 없이 내린 승객은 어떻게 될까? 정공도 목적지가 없으면 단지 밀려나갈 뿐이다.

목적지, 그것이 반도체 내에서도 존재하는 경우가 있다. 목적지를 제공하는 원인으로서, 전계는 하나의 특수한 예이다. 왜 지금에서야 목적지가 있느냐 없느냐라는 이상한 질문을 하느냐하면 정공이 베이스 내에 주입된다는 것은 반도체에 전류가 흐르는 것과 매우 다른 모양을 하고 있기 때문이다. 즉, 정공은 이 경우 소수 캐리어(minority carrier)가 되기 때문이다.

베이스는 n형 반도체이므로 일반적으로 전자가 매우 많아 전자는 다수 캐리어, 정공은 소수캐리어가 된다. 만약 여러분이 정공이라면, 즉 ⊕전하를 지니고 정류장에 내려 건너편 백화점을 향한다면 백화점은 ⊖전압에 해당하게 된다. 이는 자연의 법칙으로서 ⊕전하와 ⊖전하의 인력에 해당한다.

위의 설명에서 '목적지가 없음'이란 표현을 사용하였으나 이는 전하를 가지고 있지 않다는 의미와 동일하다. 그러면 왜 이러한 현상이 발생하는가? 이는 전자에 의한 **중화현상** 때문이다. 베이스라고 하는 정류장에는 많은 양의 전자가 존재한다. 즉, 베이스로 주입된 정공은 베이스 내 전자보다 적은 양이다. 주입된 정공의 수가 전자보다 적은 양일 경우 **소신호 상태**(small signal condition)라 한다.

크게 나누면 이론적으로 간단히 양분할 수 있다. 즉, 주입된 캐리어의 수가 증가하면 **대신호 상태**(large signal condition)가 되어 이론적으로 여러 가지 수정이 필요하게

인력관계

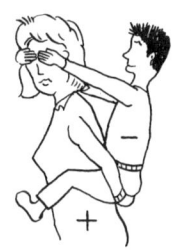

결합되지 않고 중화되어 움직이는 상태

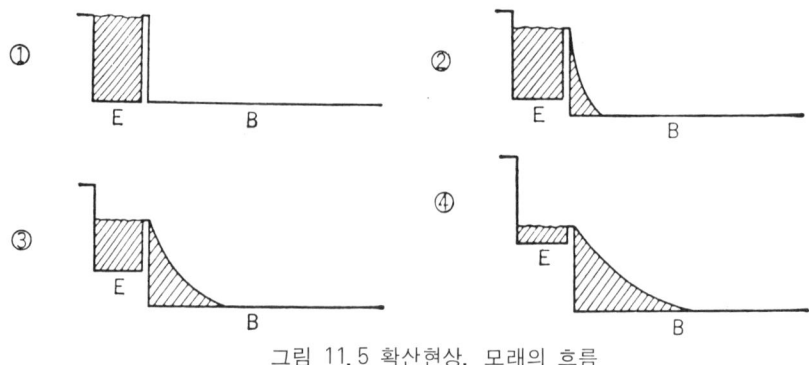

그림 11.5 확산현상, 모래의 흐름

된다. 실제로 전력 트랜지스터를 제외한 모든 트랜지스터는 소신호 동작을 한다고 생각해도 무방하다.

이러한 이유에서 ⊕전하를 지닌 여러분들이 정류장에 다다른 순간 우왕좌왕하는 전자에 둘러싸여져 그 중에 한 전자가 재빠르게 눈을 가리면서 업는 상황이다. 그러므로 여러분은 전기적으로 '장님'이 되어 버리는 것이다. 즉, 중화되어 버리는 것이다. 전하가 없는 정공은 하전입자가 아닌 단순한 **입자**로서 동작하게 된다. 여기서 입자라는 것은 더 이상 전하의 움직임은 없는 중성상태의 입자를 의미한다. 그러면 이와 같은 입자는 어떠한 운동을 하는가? 정류장에 내린 후, 전하를 잃어버린 여러분들의 주변에 점점 사람들이 많아진다면 목적지가 없어도 어디론가 걸어가게 될 것이다.

전체적으로 보면, 정류장 근처에는 사람이 가장 많고 정류장에서 멀어질수록 적어질 것이다. 이를 **확산**(diffusion)**현상**이라고 한다. 예를 들어서 확산현상에 의하여 **그림 11.5**와 같이 이미터에서 모래를 흘려보낸다고 가정하면, 모래 스스로 경사를 만들어 미끄러져 떨어져서 모래의 수가 좌측은 많고 우측은 적어지게 되는 것이다. 이와 같은 확산현상은 기본적인 물리현상으로서 여러 방면에서 관측될 것이다. 근본적으로 사막도 예전에는 산이었을 것이다.

확산속도

이와 같이 하여 정공은 앞으로 이동할 수 있다. 그러나 이 때 살펴보아야 할 사항이 몇 가지 있다. 확산속도가 바로 그 한 가지로서 반도체 내에서 전류가 흐를 때, 그 속도는 빛의 속도와 같다라고 설명하였다. 그러나 확산에 의하여 움직이고 있는 정공 하나 하나는 매우 느리다. 이 속도를 표시하는 기준이 확산정수(diffusion constant)이다. 게르마늄이나 실리

표 11.1 캐리어의 확산정수 (cm²/s)

	전자 (D_n)	정공 (D_p)
게르마늄	100	47
실리콘	58	19

콘 내에서 전자와 정공의 확산정수를 표 11. 1에 표시하였다. 속도는 이 확산정수에 입자 분포의 변화분을 곱하면 구할 수 있다. 만약 베이스 폭 내에 1000개의 정공이 1mm 이동 후 0개가 되는 변화분을 나타 내고 있다면 1cm에서는 10^4개 만큼의 변화를 나타낼 것이므로 $47cm^2/s \times 10^4/cm$ $=470 \times 10^3 cm/s=4\ 700m/s$ 즉, 초속 4700m 정도가 된다. 이는 빛의 속도($3 \times 10^8 m/s$)와 비교하여 매우 차이가 나는 것

매우 느린 확산정공

을 알 수 있다. 그러므로 고속으로 신호를 처리하는 고주파용 트랜지스터를 제작하기 는 매우 어려워지게 된다.

확산거리

　확산시 또 하나의 중요한 사항은 **확산거리**(diffusion length)이다. 앞에서 설명한 바와 같이 정공은 전자 주변에서 중화되어 버린다. 이와 같이 장님이 되어버린 정공은 항상 그 상태를 유지하는 것은 아니다. 본래 정공은 전자가 빠져나간 곳이므로 곧 이들 은 겹쳐져서 전하량은 0이 되어 버린다. 전자가 정공에 업혀 있다고 가정하였지만 이 는 전기적 인력에 의하여 근처에 있을 뿐이며, 서로 매우 작은 크기이기 때문에 부딪히 지는 않는다. 전자와 정공이 겹치는 현상(재결합 : recombination)은 보통 트랩 (trap)이라는 것을 통하여 이루어진다.

　트랩은 원래 동물을 사냥하기 위한 함정을 의미한다. 커다란 구멍으로 생각해도 좋 다. 만약 임의의 금속(금, 니켈, 철, 구리 등)을 소량 반도체에 첨가시키면 이 원자 부 근에는 정공을 끌어들이려는 힘이 작용하게 된다. 즉, 이와 같은 원자는 길가에 거미 줄을 치고 그곳에 정공이 걸리기를 기다리는 것과 같다.

　다음에는 전자가 트랩에 흡수되어 버린다. 내부에는 이미 정공이 포획되어 있으므로 전자가 흡수, 결합되어 결국 양 캐리어가 사라지게 된다.

　반도체의 결정상태가 나쁠 때도 역시 이와 같은 트랩이 증가하여 정공의 수명이 감소 하게 된다. 즉, 정공은 전자 주변에서 주어진 시간밖에 살 수 없으며 이 시간을 수명시 간(life time)이라 한다. 어느 정도 수명시간이 변화하는가는 결정의 상태에 따라 다 르며 양질의 결정에서 수명은 1ms(1/1000초) 정도이고 불량한 결정의 경우 1μs (1/1000000초) 정도에 이른다.

　정공이 베이스에 들어가자마자 사라져 버리는 것은 아니므로 정공의 이동거리를 조

사해 보자.

확산거리 (L_p) 는, $L_p = \sqrt{D_p \tau_p}$

와 같이 표현되며 여기서 τ_p는 수명시간, D_p는 확산정수이다. 예를 들어서 $\tau_p = 100\mu$
s, D_p는 표 11.1에서 47cm^2/s라면

$$L_p = \sqrt{47\text{cm}^2/\text{s} \times 10^{-4}\text{s}} = \sqrt{47} \times 10^{-2}\text{cm} \fallingdotseq 0.07\text{cm} = 0.7\text{mm}$$

이므로 정공은 베이스에서 0.7mm 정도 진행된 후 사라지는 것이다.

트랜지스터는 베이스 내의 정공을 이용해야만 하기 때문에 정공의 수가 너무 감소하
지 않도록 해야 한다. 그러므로 트랜지스터의 베이스 폭은 실제로 50μm 이하이고 고
주파용 트랜지스터의 경우는 $1 \sim 3\mu$m 정도로 얇게 제작한다.

정공의 구출

pnp트랜지스터의 이미터와 베이스를 살펴보자. 그림 11.6과 같이 이미터와 베이스
간에 전압을 인가하면 이미터에서 정공이 베이스 내로 흐르게 된다. 이 정공은 베이스,
즉 전자가 가득 찬 영역에서는 그다지 오래 존재할 수 없다. 그림과 같이 이미터 접합
에서 멀어질수록 점점 감소하게 된다. 정공이 존재하는 시간을 수명시간, 그 시간까지
진행한 거리를 확산거리라고 정의하였다. 실제로 이 정공들이 완전히 사라지면 트랜지
스터로 동작하지 않기 때문에 사라지는 정공을 어떻게 해서든지 존재하도록 해야만 한
다. 이 정공 구출용 망이 컬렉터인 것이다. 컬렉터는 p형이므로 정공이 가득 차 있고
외부(베이스)에서 넘어오는 정공이 있다면 이들은 전류형태로서 다른 출구로 도선을
통하여 흘러 나가는 것이다.

이와 같은 상황을 수영장으로 예를 들면, 반대편 수영장 끝까지 수영하는 초보자와
같다. 초보자(정공)는 매우 어렵게 수영장(베이스)을 헤엄쳐서(확산) 수영장 끝(컬렉
터)에 도달하면 안심할 것이다. 즉, 초보자에게 p형은 안전한 육지인 것이다.

"이렇게 힘들 줄 알았다면 헤엄치지 말 것을"이라는 생각도 하겠지만 수영장의 시작

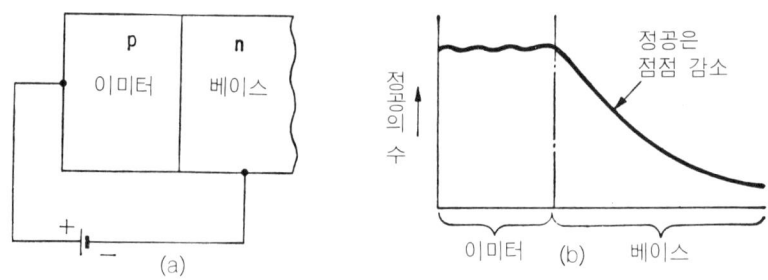

그림 11.6 베이스 내에 진입한 정공은 점차 사라진다

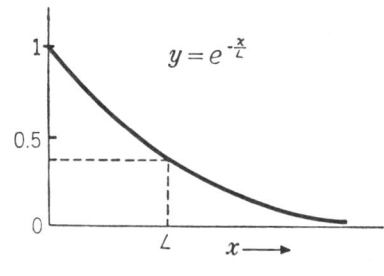

그림 11.7 지수함수 분포곡선

그림 11.8 운송효율은 가능한 한 크게

점에서는 등을 떠밀어 빠뜨리기 때문에 별 수 없는 것이다. 트랜지스터에서는 전압이 가해지기 때문에 자연히 떠밀려진 정공이 베이스로 이동하는 것이다.

만약 100명이 함께 수영하고 있다면 그 중에는 운이 나쁘거나 지쳐서 함께 끝까지 수영할 수 없는 사람들도 있을 것이다. 가능한 한 이러한 사람들 없이 전원 무사히 도착시키려면 어떻게 하면 좋을까? 대답은 간단하다. 수영장의 길이를 짧게 하면 된다. 즉, 수영장의 길이를 5m 정도로 하면 누구든지 쉽게 헤엄쳐서 반대편으로 갈 수 있을 것이다. 트랜지스터의 경우도 마찬가지로 컬렉터와 이미터 사이를 좁게 하면 가능하다. 정공의 확산거리는 50~100μm 정도로 이 책의 종이 두께 정도이다. 그러나 이 경우도 그림 11.7과 같이 정공이 약 40% 정도로 감소할 때의 길이인 것이다. 정확히 말해서 감소곡선을 지수함수로 가정하면(자연현상에서는 거의 이와 같은 지수함수의 관계가 많다) 37%까지 감소할 때의 거리이다. 그러므로 어떻게 하여도 100% 정공을 구출할 수는 없으며 95~99% 정도로 만족하여야만 한다.

실제 트랜지스터를 제작할 때 베이스 폭을 50μm 이하로 제작하는 것은 매우 어려운 공정이었다. 특히 초기에 30μm 이하는 불가능하였다. 그러나 점점 기술이 발전하여 베이스의 폭도 20μm, 10μm, 5μm가 가능하였으며 지금은 1μm 이하의 공정기술에 의한 초고주파용 트랜지스터도 제작이 가능하게 되었다.

1μm란 1/1000mm로서 우리들은 상상할 수 없을 정도로 얇은 막이다. 이를 제작할 수 있기까지 10여 년의 세월과 수십조 원의 연구비, 수만 명의 연구원이 필요했던 것이다. 여러분이 주로 사용하는 합금형 트랜지스터는 10~20μm 정도로 정공의 구출확률(전송효율이라 함)이 96~99% 정도이다(그림 11.8). 이 효율은 전류증폭률(h_{fe})에 영향을 미치며 특히 주파수 특성(f_T)에 중대한 영향을 미치게 되므로 초고주파용 트랜지스터의 경우는 매우 얇게 제작하여야 한다.

컬렉터는 싱크대

이상에서 설명한 바와 같이 컬렉터를 가능한 한 이미터에 가깝게, 즉 베이스의 폭을

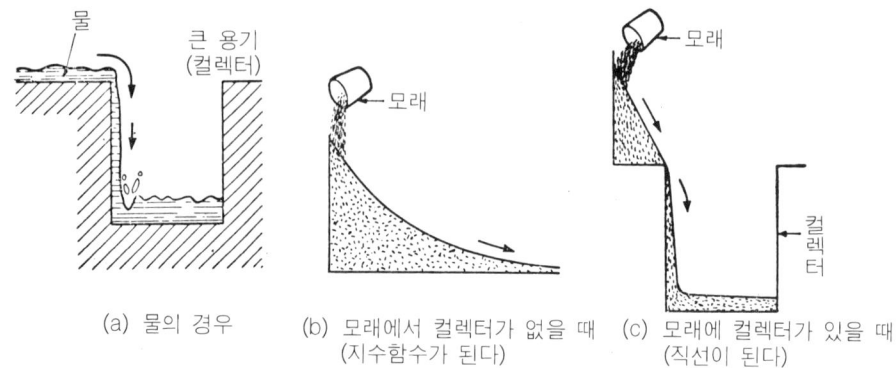

(a) 물의 경우   (b) 모래에서 컬렉터가 없을 때   (c) 모래에 컬렉터가 있을 때
(지수함수가 된다)   (직선이 된다)

그림 11.9 컬렉터에 의한 모래 흐름의 변화

짧게 하면 정공을 쉽게 구출할 수 있다는 것을 알았다. 그러면 컬렉터에서는 어떠한 현상이 발생할까? 에너지 밴드 선도를 이용하여 설명해 보자.

컬렉터는 싱크(sink), 즉 부엌에서 물이 흐르는 것과 같은 이치이다. 이 싱크는 물을 흡수하는 구멍이 있어 물을 무한대로 흘려 보낼 수 있는 것이다.

그림 11.9(a)와 같이 충분히 큰 용기가 있어 좌측에서 물을 흘려보낸다면(모래와 마찬가지

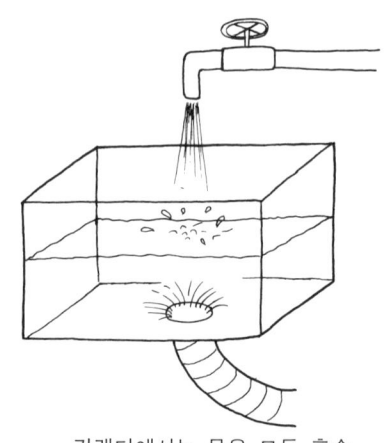

컬렉터에서는 물을 모두 흡수

임) 싱크의 구멍이 없을 때는 그림 11.9(b)와 같이 (그림 11.7과 동일) 될 것이다. 이 때 구멍을 뚫어 놓으면 그림 11.9(c)와 같이 모래의 수는 구멍(컬렉터)에서는 0이 될 것이다. 정공의 경우도 마찬가지로 컬렉터 접합에서는 정공의 농도가 0이 되는 것이다.

베이스 내에서의 전류 흐름

베이스 내에서는 보통 다수 캐리어의 흐름과는 다른 상태로 캐리어가 이동한다. 한마디로 말하면, 주입된 소수 캐리어가 전류를 구성하고 있기 때문에 주로 확산에 의하여 이동하게 된다. 확산이란 밀집되어 있는 것이 넓게 퍼지는 자연현상을 말한다. 이 때 확산에 의하여 흐르는 전류는

$$\text{확산전류} = \text{전하} \times \text{확산정수} \times \text{정공의 변화율} = -q \cdot D_p \times \text{변화율}$$

이 된다. 이 식에 의하면 정공의 변화율이 크면 클수록 전류는 증가하는 것을 알 수 있다. 그림 11.9(b)와 (c)를 비교하면 (c)의 전류가 더 클 것이다. 이 강도를 전류로 바

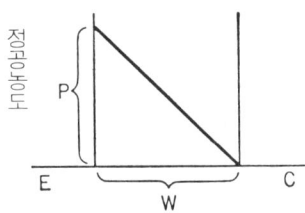 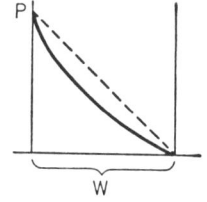

(a) 정공이 제거되지 않을 때   (b) 정공이 제거될 때

그림 11. 10 베이스 내의 정공농도 경사는 $-P/W$이다

꾸기 위하여 전하량 q와 확산정수 D_p를 곱하면 전류를 구할 수 있다.

트랜지스터의 관계식 중에는 이와 같이 기본적인 사고방식으로 설명하는 경우가 많으며 만약 그림 11. 10(a)와 같이 베이스의 폭을 W, 이미터 접합에서의 정공농도를 P라 하면 정공의 변화율은 $-P/W$이므로 전류는

$$I_p = q \cdot D_p P / W$$

가 된다. 그림에서 P/W는 직선으로 일정하게 되므로 정공 전류도 일정한 것이다. 정공이 베이스 내에서 중도에 재결합되어 사라지지 않는다면 직선이 되지만 어느 정도 사라진다면 (b)와 같은 곡선이 되어 P/W는 이 곡선의 미분항을 사용하여야만 한다.

트랜지스터의 경우 윗식의 q나 D_p는 여러 실험에서 모두 밝혀져 있다. 또한 W도 측정 가능하며 P는 이미터 전압과 관계가 있으므로 해당 식을 차례로 대입시키면 최종적으로 VI특성을 구할 수 있으며 이를 이용하여 증폭기 설계가 가능한 것이다.

실제로 이와 같은 계산을 해 보면 트랜지스터를 쉽게 이해할 수 있게 될 것이다. 그러나 이는 수학적인 면에 접근하게 되므로 여러분이 원한다면 다른 참고서적을 이용하기 바란다. 이와 같이 기본적인 측면에서 어떠한 현상을 고려해 보면 그 현상을 더욱 쉽게 이해할 수 있을 것이다(그림 11. 11).

그림 11. 11 기본부터 이해하도록

트랜지스터의 전류 흐름

베이스 내의 전류흐름을 개략적으로 설명하였고 다음은 트랜지스터 전체의 전류흐름에 대하여 설명할 것이다. pnp트랜지스터에 대하여 조사해 보자.

그림 11. 12를 살펴보면, 이미터에 100mA의 전류가 흐른다고 가정하자. 이미터의

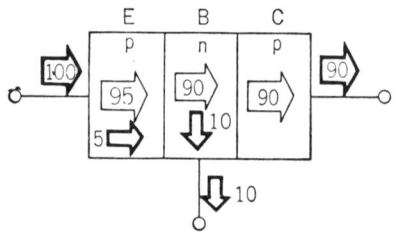

그림 11. 12 트랜지스터 내 전류의 흐름

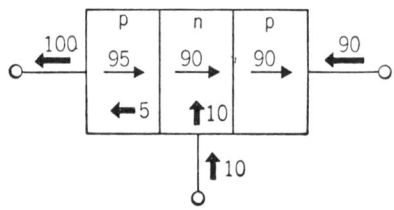

그림 11. 13 실제 전자와 정공의 움직임

접속선은 금속이므로 당연히 전자가 전류를 운반하고 있다. 그림 중에 굵은 화살표는 전자에 의한 전류를 표시하고 있으며 가는 화살표는 정공에 의한 전류를 표시하고 있다. 이미터(반도체 부분)가 도선과 연결된 접촉부분(즉, 반도체와 도체가 연결된 부분)에서는 금속의 전자만 흐르는 부분과 반도체(p형)의 정공만 흐르는 부분으로 구분할 수 없는, 즉 전자와 정공이 교차하는 영역이 존재할 것이다. 그러나 이미터 내를 흐르는 전류는 전부가 정공에 의한 전류가 아니고 1~5%는 전자에 의한 전류이며, 이는 주입효율에 의하여 좌우된다. 이 전자는 실제로는 베이스에서 넘어가는 전자들이다.

베이스 내에는 사라진 정공이 다수 존재하게 되는데, 이는 전자에 의하여 대치되었다고 생각할 수 있다. 이 전자에 의한 전류는 베이스에서 외부로 흐르게 되는데 이는 불과 10mA 정도에 불과하다. 남아있는 정공이 컬렉터에 주입되면 그대로 전자로 교체되어 외부단자로 흐르게 되며 이 양은 베이스에서 흘러 나간 양을 제외한 90mA가 된다.

다시 말해서 이미터에 흐르는 전류는 베이스와 컬렉터로 분산되는 것이다. 여기서 주의할 점은 전자는 ⊖전하를 지니고 있으므로 전류의 방향과 항상 반대라는 것이다. 그림 11. 12를 캐리어의 흐름으로 바꾸어 그리면 그림 11. 13과 같다. 이와 같은 캐리어의 흐름을 항상 기억해 두는 것이 편리할 것이다.

지금까지의 설명은 pnp트랜지스터에 관한 사항이었으나 npn트랜지스터에 대해서도 그림 11. 14와 같이 전류의 흐름을 그릴 수 있다. pnp의 경우와 방향만 반대일 뿐이며 완전히 동일하게 생각해도 될 것이다.

그림 11. 12를 다시 한번 살펴보자. 이미터에 흐르는 전류는 100mA라 가정하였으나 이의 단위를 %로 고치면 몇 A가 흘러도 마찬가지 비율로 전류는 분산되는 것이다. 즉, 이미터 전류의 10%는 베이스로, 나머지 90%는 컬렉터로 흐르는 것이다.

이와 같은 회로는 저항만으로도 구성이 가능하다라고 생각할지 모른다. 그렇다면 트랜지스터는 필요 없을 것이다. 어딘가 이상하지 않은가?

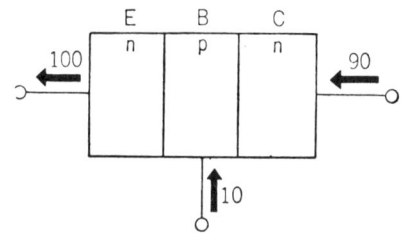

그림 11. 14 npn 트랜지스터의 전류

그림 11.12의 전류관계는 상호 관계로서, 어느 단자라도 먼저 해당 전류를 흘려보내면 그림과 같은 상호 관계를 유도할 수 있는 것이다. 예를 들어서 베이스에 10mA를 흘려보내면 이미터에 100mA, 컬렉터에 90mA가 흐를 수 있는 것이다. 이것이 저항만의 회로와 다른 점이다.

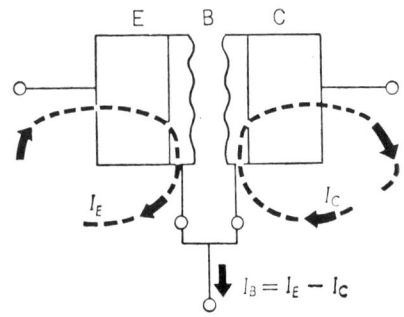

그림 11.15 트랜지스터를 두개로 분리하여 고찰

이와 같은 현상의 근본적인 원인은 베이스 내에 흐르는 전류는 소수캐리어에 의하여 영향을 받기 때문이다. 베이스 내에서 정공이 사라진 만큼 외부로부터 전류(베이스 전류)를 흘려보내면 이미터로부터의 전류도 결정되는 것이다.

이러한 설명은 트랜지스터의 동작을 이해하는 데 매우 중요하기 때문에 여러 가지 방법으로 설명한다면 이해할 수 있을 것이다.

그림 11.15와 같이 트랜지스터를 두 개의 회로로 분할해 보자. 베이스는 공통이므로 양방향 전류가 흐르고 있다. 이미터-베이스간에 이미터 전류 I_E가 흐르고 있다. 이 I_E는 그대로 베이스로 흐르고 있는데 이는 정공이 주입되는 것으로서 이 정공을 중화시키는 전자가 베이스에서 공급되기 때문이다.

그러므로 이때 정공은 전하를 지닌 캐리어라기보다는 단순한 빈 공간으로서 전하를 지니지 않은 입자로 생각하는 것이 편리하다.

이 빈 공간인 정공이 컬렉터에 도달하면 컬렉터 전류가 되는 것이다. 그러므로 컬렉터-베이스 간의 회로에 I_C라는 전류가 흐르게 된다. 그림을 살펴보면 베이스 단자에서 I_E와 I_C는 서로 방향이 반대이다. 그러므로 베이스 전류는 $I_E - I_C$로 감소하는 것이다.

앞서 설명한 바와 같이 베이스 전류와 컬렉터 전류를 비교하면 베이스 전류 10%에 대하여 컬렉터 전류는 90% 정도이다. 그러므로 베이스에 흐르는 전류의 9배 정도에 해당하는 컬렉터 전류가 흐르게 되므로 전류의 증폭작용이 발생하는 것이다.

증폭에 대해선 다음 장에서 설명하겠지만 트랜지스터는 이와 같은 전류증폭 이외에도 입·출력저항의 차이에 의한 전압증폭도 행할 수 있다. 일반적으로 사용하고 있는 이미터 접지회로에서는 전압 및 전류를 증폭시킬 수 있다.

이상의 설명은 pnp와 npn에 관계 없이 이미터 접합은 순방향으로, 컬렉터 접합은 역방향으로 바이어스하였을 때 발생하는 현상이다.

전계효과 트랜지스터(FET)

지금까지 설명한 트랜지스터는 전자와 정공에 의하여 전류가 흐르는 상황을 표현하였다. 예를 들면 npn트랜지스터는 정공으로 가득 찬 베이스에 전자가 주입됨으로써

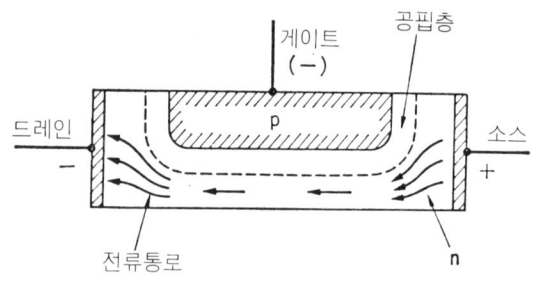

그림 11. 16 전계효과 트랜지스터

증폭작용을 일으키는 것이다. 이와 같은 트랜지스터를 바이폴러(양극성) 트랜지스터라 한다.

이외에 동작 특성이 전혀 다른 유니폴러 트랜지스터가 있다. MOSFET나, JFET 등이 유니폴러 트랜지스터의 일종이다.

동작 원리는 그림 11. 16과 같이 n형 실리콘 위에 p형(게이트) 영역을 만들어 p형에 ⊖전압을 인가하면 그림과 같이 공핍층이 형성된다. 이 공핍층은 저항이 크기 때문에 전류는 아래의 좁은 통로를 통하여 흐르게 된다. 게이트의 전압을 변화시키면 공핍층의 두께가 변하며, 결국 통로의 저항이 변하기 때문에 역시 증폭작용을 일으킬 수 있게 되는 것이다. 이 FET의 게이트는 용어 자체의 의미대로 '문'의 역할을 하며 전류통로를 좁히거나 넓히는 작용을 하므로 바이폴러 트랜지스터와 비교할 때 진공관과 더욱 유사하다. FET는 바이폴러 트랜지스터보다 제작공정이 어렵지만, 그 사용 가치가 높으며, 입력저항이 높고 잡음이 적기 때문에 프리엠프 등에 사용하고 있다. 전력용 FET 는 진공관과 유사한 음질을 내므로 메인 엠프에 사용되고 있다.

사이리스터

지금까지는 다이오드나 트랜지스터에 대하여 설명하였다. 다이오드와 트랜지스터의 차이점은 다이오드는 p형과 n형의 2층 구조이며 트랜지스터는 npn과 같은 3층 구조라는 점이다. 만약 pnpn과 같이 4층 구조의 소자를 제작한다면 어떠한 동작을 할 수 있을까? 이와 같은 소자를 사이리스터라 하며 매우 흥미로운 동작 특성을 지니고 있다. 그림 11. 17과 같이 각 단자에 애노드(anode), 캐소드(cathode), 게이트(gate)라는 명칭을 사용한다.

애노드와 캐소드 간의 VI 특성을 살펴보면, 그림과 같이 애노드에 ⊕전압을 인가할 때 순간적으로 고전압까지 다다른 후 낮은 전압으로 감소하게 된다. 이로부터 터널 다이오드와 같은 부성저항특성을 지닌다는 것을 알 수 있다(터널 다이오드는 전류형, 사이리스터는 전압형이다). 이때 만약 게이트에 매우 적은 전류를 흘려보내면, 이 부성

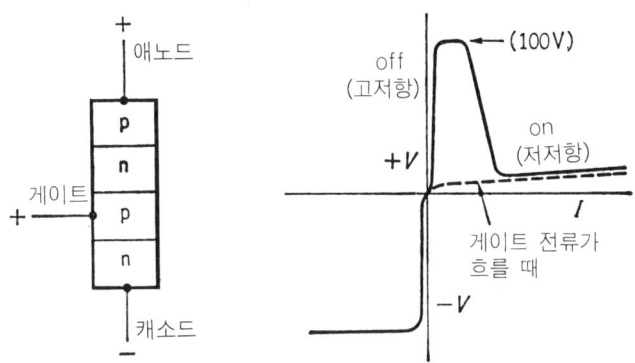

그림 11. 17 사이리스터의 구조와 특성

저항특성은 점선과 같이 되어 사라지게 된다. 그러므로 애노드와 캐소드간에 저항이 낮아져 큰 전류(예를 들면 10A 정도)가 흐르게 된다.

이와 같은 동작은 두 단자간의 저항이 높아졌다가 낮아지는 등 일종의 스위치로서도 동작할 수 있는 것이다. 이 스위치는 게이트 전류에 의하여 동작하는 것이다. 트랜지스터의 증폭률은 50~200 정도이지만 사이리스터의 증폭률은 이보다 매우 커져 소자 전체가 캐리어로 가득 차는 것이다.

사이리스터의 종류에는 게이트가 없는 형태(pnpn스위치), 역방향과 순방향 특성이 동일한 형태(트라이액), 게이트가 두 개 있는 형태 등 여러 가지가 있으며 전원제어용이나 브라운관의 편향용 등에 사용하고 있다.

제11장 요 점

이미터는 주입효율이 중요하다.
베이스에 주입된 정공의 구출이 필요하다.
베이스 단자에는 미량의 전류가 흐른다.

제11장 연 습

문 1 대신호 상태란 무엇인가?

문 2 게르마늄의 p형 내에 주입된 전자의 수명이 1ms라면 이 전자의 확산거리는 어느 정도인가?

문 3 실리콘 트랜지스터의 베이스에 주입된 정공이 $10^{15}/cm^3$ 이고 베이스의 폭이 10μm일 때, 확산전류는 어느 정도인가?

제 **12** 장
트랜지스터의 증폭작용

증폭이란

트랜지스터의 증폭작용에 대하여 설명하기 전에 일반적인 증폭에 대하여 살펴보자. 만약, 여러분에게 "트랜지스터나 진공관이 왜 중요한가?"라고 질문하면 "증폭작용을 하기 때문에"라고 답할 것이다. 이것이 가장 올바른 대답이다.

라디오나 TV의 전자회로 내에 진공관이나 트랜지스터는 매우 중요한 역할을 하고 있다. 저항, 커패시터나 코일 등과는 근본적으로 다르다. 회로소자 중에서 '우등생'이라 할 수 있다. 단가도 저항의 10~50배 정도 비싸다. 여러분도 전자회로를 구성할 때 트랜지스터의 가격이 비싸기 때문에 트랜지스터를 사용할 수 없는 경우도 있을 것이다.

트랜지스터가 이렇게 중요한 위치를 차지하게 된 이유는 증폭작용을 하기 때문이다. 전문용어로는 이와 같이 증폭작용이 가능한 소자를 **능동소자**(active element)라 하고 그 이외의 소자를 **수동소자**(passive element)라 한다.

'증폭'이라는 단어는 여러분도 일상생활에서 무의식적으로 사용하고 있다. 그러면 여기서 하나의 질문을 할 수 있다. 그림 12.1(a)와 같이 약한 전파는 증폭되어 스피커를 울리게 된다. 그러면 그림 12.1(b)와 같이 전구를 킬 정도의 약한 전력을 증폭하여 스토브를 켤 수 있는가?

불가능한 것은 아니지만 그와 같은 증폭기에 사용하는 전력이 수 kW 정도이므로 이

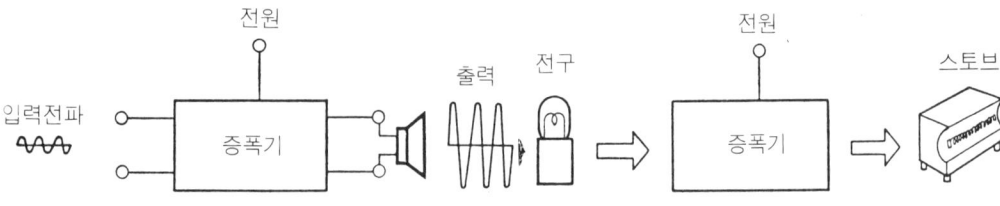

그림 12.1 신호의 증폭과 전력의 증폭

전력을 그대로 스토브에 공급하여 사용하는 편이 유리할 것이다.

　즉, **증폭기는 전원으로부터 전력을 공급받아 신호를 증폭함으로써 전기에너지의 형태를 변형시키는 장치**라 할 수 있다. 우리들이 식사를 하고 일을 하는 과정과 동일한 것이다. 즉, 식품 에너지가 다른 에너지(일하거나 운동하는 등)로 변형되는 것이다.

　물리학의 중요한 법칙 중에 '에너지 보존법칙'이 있다. 이 법칙은 인간에게도 증폭회로에서도 항상 성립하는 법칙이다. 그러므로 트랜지스터나 진공관과 같은 능동소자는 신비한 능력을 지니고 있는 것이 아니라 단지 에너지의 형태를 변형시킬 뿐이며 이득의 좋고 나쁨은 단지 변환효율의 차이에 의한 것이다.

　그러면 어떻게 에너지를 변환할 수 있는가에 관해 지금부터 설명하겠다.

변압기는 증폭되는가

　증폭이라면 반드시 전력증폭이어야만 한다. 알다시피 전력은,

　　　　전력＝전압×전류　　　　$P_{(W)} = E_{(V)} \times I_{(A)}$

　이므로,

　　　　전력증폭도(G_P)＝전압증폭도(G_V)×전류증폭도(G_I)

와 같이 된다. 이 식에서 전력증폭도는 1 이상이 되어야 한다. 만약 G_V가 10이라도 G_I가 0.1이면 G_P는 1이 되어 버리는 것이다. 그러나 G_I가 1로서 전류가 증폭되지 않았을 때도 G_V가 10이면 G_P가 10이 되는 것이다. 그러므로 G_V와 G_I가 어떠한 조합을 하여도 G_P가 1 이상이면 증폭기로서 동작하는 것이다.

　G_V나 G_I가 1보다 커도 G_P가 1보다 자은 예는 변압기이다. 이 변압기의 권수비가 1 : 10인 경우, 입력에 교류전압(예를 들면 1V)을 인가하면 출력으로 10V를 얻을 수 있을 것이다. 그렇다면 이는 전압증폭을 하고 있는 것이다.

　그러나 변압기를 증폭기로 사용하지 않는 이유는 G_P가 1 이상이 되지 않기 때문이다. 출력전류는 입력전류의 1/10이 되어 버리므로 $G_V \times G_I = 10 \times 0.1 = 1$로서 결국 1이 되어 버린다. 만약 변압기를 역으로 10 : 1의 권수비로 하면, 위와 정확히 역작용이 발생할 것이다(그림 12.3).

　우리들이 필요로 하는 증폭기는 에너지를 증가시키는 것이다. 특별한 경우에는 에너지가 동일하여도 전압이나 전류를 변환시키는 것을 요구할지도 모른다. 그러나 이 경우 에너지 손실을 가져오기 때문에 임피던스 정합

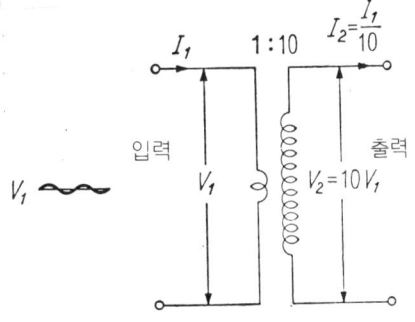

그림 12.2 변압기에서도 전압은 증폭됨

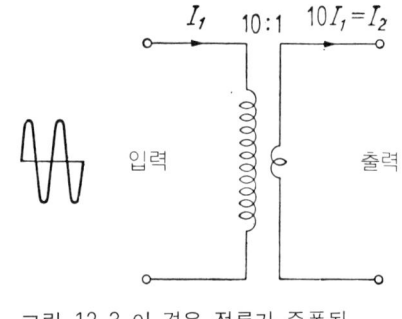

I_1　10:1　$10I_1=I_2$

입력　　　출력

그림 12.3 이 경우 전류가 증폭됨

을 고려해 주어야만 한다. 변압기의 경우, 외부에서 에너지가 영향을 미치지 않기 때문에 전력증폭이 불가능한 것은 당연하다.

이에 비하여 트랜지스터는 적당한 바이어스 전원을 사용하고 있으므로 이에 해당하는 전력증폭도 가능하다는 것을 알 수 있다. 다음은 트랜지스터의 경우, 전압증폭과 전류증폭의 관계에 대하여 설명하겠다.

트랜지스터에서 전류 및 전압증폭

트랜지스터의 경우, 전체 단자의 조합 중에 표와 같은 단지 3가지 조합만이 증폭작용을 일으킨다. 먼저 이미터 접지는 전압 및 전류증폭이 가능하며 베이스 접지는 전압증폭만이 가능하나 컬렉터 접지는 전류증폭만이 가능하다.

그러나 어떠한 경우도 전력증폭률은 1 이상이 된다. 이에 대하여 자세히 설명하겠지만, 표로 간단히 정리하였다.

접 지	입 력	출 력	G_V	G_I	G_P
이미터	베이스	컬렉터	○	○	○
베이스	이미터	컬렉터	○	×	○
컬렉터	베이스	이미터	×	○	○

트랜지스터는 V, I 모두 증폭 가능

이미터 접지의 경우

그림 12.4는 트랜지스터의 단자에 흐르는 전류의 흐름관계이다. 내부현상에 대해선 잠시 잊어버리고 외부 도선에서의 전류흐름에 초점을 맞추어 보자.

그림은 pnp트랜지스터의 기호를 사용하고 있다.

그림에 나타내지 않았지만 이와 같은 전류가 흐르기 위해선 이미터－베이스 간에는 순방향 바이어스, 즉 pnp트랜지스터이므로 이미터 전압을 베이스보다 ⊕로 걸어 주어야만 한다. 마찬가지로 컬렉터－베이스 간에는 역방향 바이어스를 걸어주어야 하므로 컬렉터는 베이스에 대하여 ⊖전압이 필요한 것이다. 그러나 그림에서는 알기 쉽게 전류의 크기만을 표시하였다.

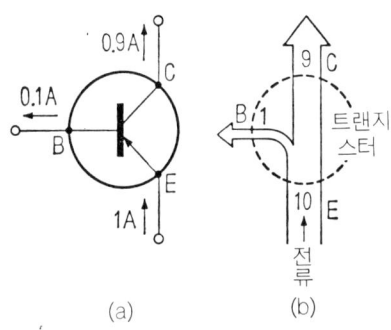

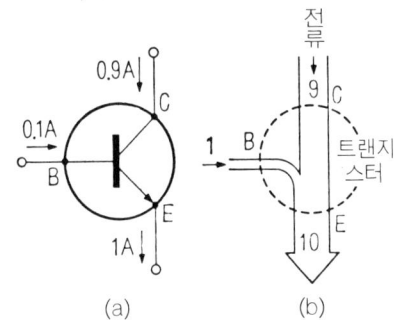

그림 12.4 pnp 트랜지스터의 단자전류   그림 12.5 npn 트랜지스터의 단자전류

npn형이라면 **그림 12.5**와 같을 것이다. 바이어스 상태는 pnp와 정확히 반대라는 것을 기억하라.

그림 중에 표시한 전류값은 하나의 예로써 실제 트랜지스터에서는 베이스 전류가 작으면 작을수록 우수한 트랜지스터이며 일반적으로 $10\mu A$에서 수mA 정도이다. 그림 12.4에서 이미터에 1A의 전류가 유입된다면 (b)와 같이 전류가 분리되어 베이스에 0.1A, 컬렉터에 0.9A가 흐르게 된다.

이 트랜지스터를 이미터 접지회로에 연결시키면 **그림 12.6**과 같이 된다. V_1과 V_2는 전에 설명한 바와 같이 바이어스 조건을 만족하는 전지이다.

만약 $V_1=0V$라면 $I_B=0$이 되고 컬렉터에도 전류가 거의 흐르지 않게 된다. 물론 이미터에도 전류는 흐르지 않는다.

다음에 V_1을 약간 증가시키면, 즉 베이스 회로(입력회로)에 0.1A 정도를 입력시키면 그림 12.4와 같은 전류배분이 발생하여 컬렉터에는 0.9A, 이미디에는 1A의 전류가 흐르는 것이다. 즉, 베이스에 흐르는 전류에 의하여 컬렉터 회로(출력회로)의 출력전류가 증가하게 된다. 이는 저항만의 회로에서는 불가능한 현상이며 트랜지스터의 중요한 특징으로서 입력전류에 비하여 출력전류는 약 9배로 증가하므로 전류증폭률도 9

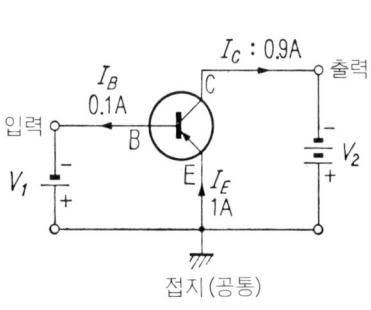

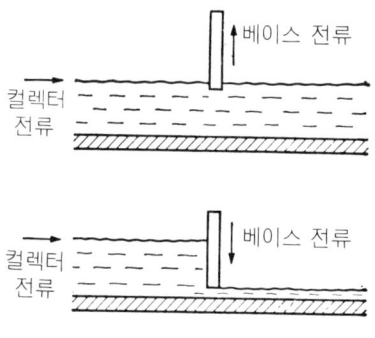

그림 12.6 이미터 접지의 결선   그림 12.7 판으로 강의 흐름을 조절

배로 증가한다.

그림 12.7을 이용하여 다른 측면에서 생각해 보자. 강물이 좌에서 우로 흐르고 있으며 중간에 조절판을 끼워 물의 흐름을 조절한다면, 조절판을 제어하는 데 필요한 에너지는 그다지 크지 않으나 강물의 큰 에너지 흐름을 조절할 수 있는 것이다. 그림 12.8과 같이 조절판이 없는 수도꼭지도 동일한 원리를 이용하고 있다. 단지 밸브를 여닫는 에너지로 물의 흐름을 조절할 수 있는 것이다.

이와 같이 조절판이나 밸브를 조절하는 것은 베이스 전류에 해당한다. 즉 약간의 힘으로 큰 에너지를 조절하는 동작을 **밸브 동작** 또는 **게이트 동작**이라고 한다(그림 12.9).

이미터 접지에서의 트랜지스터 동작은 밸브 동작이라 할 수 있다. 전류증폭률은 일반적으로 10~200 정도로서 베이스 전류는 100배 이상의 컬렉터 전류를 조절할 수 있는 것이다. 이미터 접지의 경우, 전압을 증폭할 수도 있다. 이는 베이스 접지와 동일한 사항이므로 다음 절에서 설명하겠다.

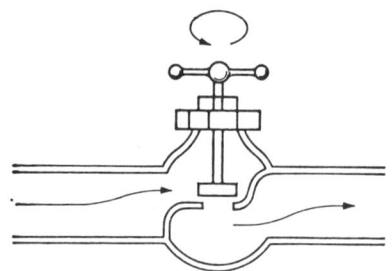

그림 12.8 밸브로 수돗물을 조절한다

트랜지스터는 밸브 동작과 동일

그림 12.9 댐의 수문으로 거대한 물의 양을 조절, 이것은 트랜지스터의 베이스와 동일

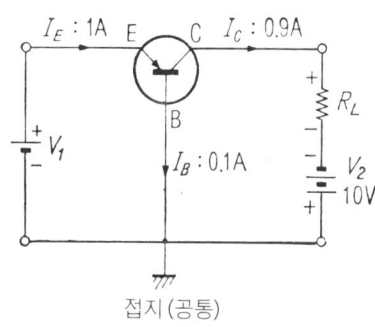

그림 12.10 베이스 접지 결선도

출력저항은 전압증폭의 열쇠

베이스 접지의 경우

베이스 접지는 그림 12.10과 같다. 컬렉터 회로에 저항 R_L을 연결하고 V_1과 V_2는 이미터 접지에서와 동일한 목적으로 사용된다. 이때 이미터에서 유입된 1A의 전류는 베이스(접지)와 컬렉터(출력)로 나눠진다. 여기까지는 앞의 내용과 동일하지만 입·출력비는 0.9/1로서 0.9가 되는 것이다. 즉, 이 경우 전류는 증폭되지 않고 오히려 감소하고 있는 것을 알 수 있다. 그러나 전력증폭이 이루어지므로 결국 전압증폭이 발생하게 된다. 입·출력 전압을 생각해 보자. 먼저 $V_1=0V$, $I_E=0$으로 하면, 컬렉터 전압은 어떻게 될까? 만약 V_2에 10V의 전지를 연결하였다면 컬렉터 전압은 10V, 즉 V_2와 같게 된다.

여기서 컬렉터와 베이스 간은 역방향 바이어스라는 상황을 상기해 보자. pn접합은 역방향 바이어스시 저항이 매우 높아 1MΩ에 이른다. 그러므로 저항 R_L이 100kΩ 이하라면 컬렉터 저항에 비하여 비교적 낮기 때문에 V_2 전압의 대부분이 컬렉터 접합에 걸린다고 생각해도 좋다. V_2는 ⊖전압이므로 −10V가 된다. 다음에 V_1을 1V 정도로 증가시키면 이미터 접지는 순방향 바이어스 상태이므로 저항이 낮아 이미터에 1A 정도 흐르게 할 수 있다. 그래서 그림 12.4와 같은 기본적인 상태가 되어 베이스 회로에 0.1A, 컬렉터 회로에 0.9A가 흐를 수 있는 것이다. 이때 컬렉터 전압은 어떻게 변하는가? 0.9A는 R_L을 통하여 흐르기 때문에 이곳에서 전압강하가 발생한다. 만약 $R_L=$ 10Ω이라면 전압강하는 0.9A×10Ω=9V가 되어 V_2에서 이 전압 강하분을 빼면 컬렉터에는 −1V가 걸리게 된다. 즉, 입력 1V 변화에 대하여 출력은 9V차 변화하므로 전압증폭도는 9가 되는 것이다.

출력회로에 삽입한 R_L은 이와 같이 전압증폭을 취하기 위하여 필요하다.

내부저항의 중요성

앞에서 설명한 바와 같이 중요한 사항은 컬렉터−베이스 간의 내부저항이 커야 한다

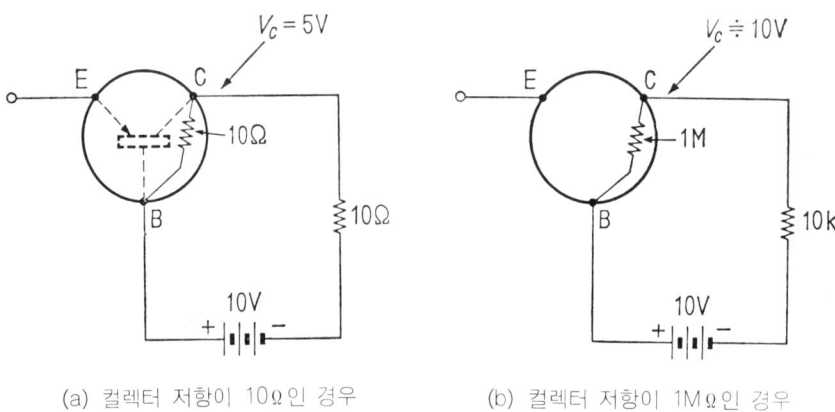

(a) 컬렉터 저항이 10Ω인 경우   (b) 컬렉터 저항이 1MΩ인 경우

그림 12.11 컬렉터 내부저항 효과($I_E = 0$)

는 사실이다. 그림 12.11(a)와 같이 컬렉터 내부저항을 10Ω이라 하자. 이때 외부저항을 1Ω으로 하면 입력전류가 없을 때도 컬렉터 전압은 9V가 되지만 외부저항이 10Ω이 되면 전압은 양분되어 컬렉터 전압은 5V가 될 것이다.

여기서 (b)와 같이 컬렉터의 내부저항이 1MΩ이라면 부하저항이 10Ω, 100Ω, 100kΩ이라도 거의 영향을 미치지 못한다. 만약 10kΩ의 부하저항이 연결되어 있다면, 이미터 전류가 없을 때 컬렉터 전압은 10V이며, 이미터 전류가 1mA만 증가하여도 컬렉터 전압은 1V로 감소하게 된다. 이때 부하저항에 걸린 전압은 9V로 증가한다. 1mA를 흐르게 하기 위하여 이미터 전압은 0.1V로도 충분하므로 전압증폭은 약 90배에 이르게 되는 것이다.

즉, 컬렉터의 내부저항이 크다면 부하저항이 어느 정도 커도 전압을 높게 증폭시킬 수 있을 것이다. 다시 말해서, 입력저항이 낮고 출력저항이 높은 것이 증폭에 중요한 원인이 되는 것이다. 그러므로 트랜지스터란 저항을 변환하는 장치(넓은 의미에서 임피던스 변환장치)라고 생각해도 좋다. 실제로 이미터 접지에서도 전류증폭을 할 수 있는 것이다.

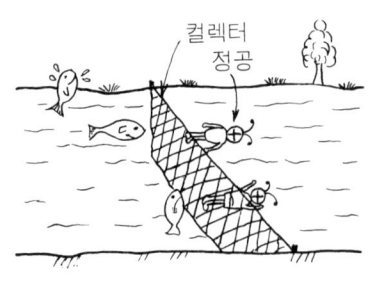

컬렉터는 정공만을 통과시킨다

여기서 다시 한 번 기본적인 사항을 상기해 보면, 이미터에서 입력된 전류가 높은 저항을 가진 컬렉터 pn접합을 손쉽게 빠져나가는 것이 증폭의 근본 원인이 되는 것이다. 즉, 정공이 이미터로부터 주입되어 그대로 역 바이어스 상태인 컬렉터로 흐르는 것이 증폭 메커니즘의 기본인 것이다.

컬렉터 접지의 경우

컬렉터 접지는 이미터 폴로어(emitter follower)라고도 하며 그림 12.12와 같이 이미터와 접지간에 저항을 삽입하여 그 저항에서 출력을 얻는 회로이다. 전압은 증폭되지 않고 단지 전류만 증폭시킬 때 사용하며 특히 출력저항을 낮게 할 수 있으므로 특별한 용도에 사용하고 있다.

여러분들이 사용하고 있는 일반적인 증폭회로에 전력증폭이 가능한 이미터 접지를 사용하고 있다.

위상의 변화

지금까지는 일반적인 증폭작용에 대하여 설명하였다. 여기에서는 위상에 대하여 설명한다. 위상이란, 신호의 진행방향을 표시하는 양으로서, 신호 방향의 입력파가 0에서 ⊕전압으로 증가할 때 출력파의 변화에 대하여 설명한다.

만약 출력도 0에서 ⊕전압 방향으로 증가한다면 두 파는 동위상이라 하고, 출력이 0에서 ⊖로 변화하면 역위상이라 한다. 트랜지스터는 접지의 형태에 따라 동위상이 되기도 하고, 역위상이 되기도 한다. 여기서 주의할 사항은 트랜지스터에는 항상 직류 바이어스를 인가한다는 것이다. 예를 들면 pnp이미터 접지에서 출력파는 0에서 $-10V$ 사이에 있으며 ⊕전압으로 변하지는 않는다. 이때에는 교류신호만을 생각하므로 $-5V$ 점이 신호파에서는 $0V$에 해당한다. 실제로 콘덴서를 이용하면 $-5V$를 0으로 하는 교류파형을 출력할 수 있다.

그럼 하나하나 조사해 보자. 먼저 이미터 접지인 그림 12.6의 입력전압이 ⊖일 때 컬렉터에 전류가 흘러 컬렉터 전압은 ⊖에서 0으로 변하므로 전압은 ⊕방향의 신호가 된다. 즉 역위상이 된다. 베이스 접지에서는 반대로 이미터 전압이 ⊕일 때 동일한 현

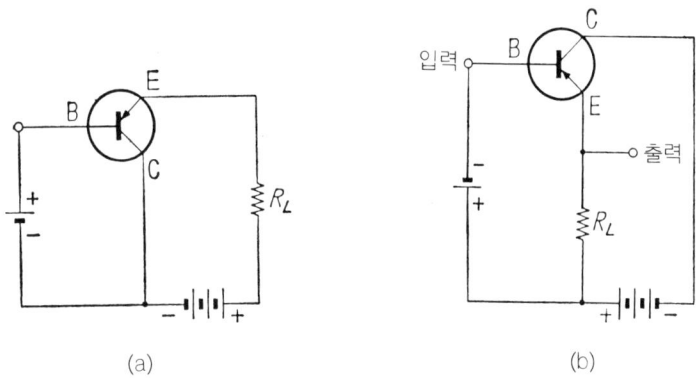

(a)   (b)

그림 12.12 컬렉터 접지의 결선도

	위 상	입 력	출 력
E접지	역		
B접지	동		
C접지	동		

그림 12. 13 위상의 변화

상이 발생하여 입·출력이 동일한 방향의 신호가 되므로 동위상이 된다.

　컬렉터 접지에서는 ⊖입력전압에서 전류가 흐르고 출력전압은 좀더 ⊖로 접근하므로 동위상이 된다. 이상의 세 가지를 정리하면 **그림 12. 13**과 같다. 이 위상관계는 앞으로 복잡한 회로를 다룰 때 취급해야 할 중요한 사항이므로 반드시 기억해 두기 바란다.

제12장 요 점

　전력을 증폭하지 않으면 의미가 없다.

　이미터 접지는 밸브 동작과 같다.

　베이스 접지는 내부저항의 차에 의하여 증폭된다.

제12장 연 습

문 1 변압기를 증폭작용에는 사용하지 않지만 회로에서 사용하는 이유는 무엇인가?

문 2 다음 설명에 해당하는 접지형태를 설명하라.

　① 전압증폭은 1이고 출력저항은 작다.

　② 전류증폭이 1 이하이고 저항비에 의하여 증폭된다.

　③ 전류증폭, 전압증폭 모두 1 이상이다.

제 **13** 장

트랜지스터의 제작방법

지금까지는 트랜지스터의 동작특성에 대하여 설명하였다. 이 장에서는 트랜지스터의 제작방법에 대하여 설명할 것이다.

트랜지스터는 약 50년 전에 처음 발명되었으나 그 당시는 이론적인 체계만 앞서 있었으므로, 우수한 트랜지스터의 제작은 그리 쉬운 일이 아니었다.

성장형 트랜지스터(Grown transistor)

초기에는 게르마늄이나 실리콘 단결정을 이용하여, n형이나 p형 불순물을 차례로 첨가하여 그림 13.1과 같은 성장형 트랜지스터를 제작하였다. 이것은 지금까지 설명한 트랜지스터의 형태와 매우 유사한 모양이다.

그러나 트랜지스터의 베이스 폭은 $10 \sim 20 \mu m$ 정도로 얇게 제작하여야만 한다. 이렇게 얇은 막의 제작은 그리 쉬운 공정이 아니며 제작했다 하더라도 그림과 같이 선을 연결하는 공정은 매우 난해한 일이다.

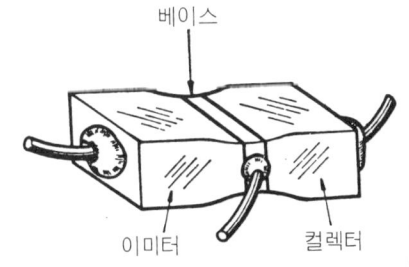

그림 13.1 성장형 트랜지스터

이 성장형 트랜지스터는 초기에는 많이 제작되었으나 지금은 거의 사용하고 있지 않다.

합금형 트랜지스터(Alloy transistor)

트랜지스터가 발명되고 얼마 안 되어 합금형이라는 제작방법이 개발되었다. 이 방법은 비교적 실패율도 작고 제작비용도 적기 때문에 현재 대량생산에 이용하고 있다.

여러분이 사용하고 있는 트랜지스터는 거의 합금접합형(alloy junction)이다. 이 방법으로 제작한 트랜지스터는 게르마늄을 사용할 때는 잘 동작하지만 실리콘을 사용할 때는 동작특성이 좋지 않아 대부분 게르마늄을 이용하고 있다.

제작방법을 설명하면, 먼저 **그림 13.2**(a) 와 같이 n형 게르마늄 단결정을 얇게 절단하고 평면가공을 통해 평평하게 한 다음, 화학약품 (불화수소 등 강산)으로 표면을 약간 식각하여 깨끗한 면을 만들고 그림 13.2(b) 와 같이 절단한다.

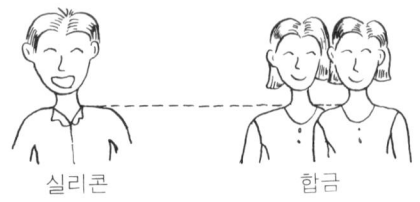

실리콘   합금

합금형은 게르마늄 전문

이것을 다이스라고 하며 두께는 약 $100\mu m$ (1/10mm)에서 $500\mu m$ 정도이고, 크기는 1mm×1mm에서 5mm×5mm 정도이다. 소비전력과 사용 주파수에 따라 크기가 변한다.

다이스 상하면에 인듐(In), 즉 p형 불순물의 작은 입자(지름 $100\mu m$~1mm 정도)를 올려놓고 합금로라고 하는 전기로에서 가열한다(그림 13.2(c)). 공기중에서 가열하면 게르마늄이나 인듐이 산화되므로 비활성 가스(질소, 아르곤, 수소 등)의 분위기에서 가열한다.

인듐 입자는 상하가 정확히 일치하여야 하며 그대로 가열하면 아래의 인듐이 떨어지므로 적당한 기구가 필요하게 된다. 보통 카본에 구멍을 뚫어, 인듐, 게르마늄 다이스의 순서로 집어넣은 후 뚜껑을 덮고 인듐 입자를 넣으면 된다(그림 13.2(d)). 게르마늄과 인듐은 서로 어느 정도의 압력에 의해 눌려지게 된다. 인듐은 150℃ 정도에서 그림 13.2(e) 와 같이 녹아 게르마늄 표면에 부착된다. 이 상태에서 온도를 더 올려 500℃ 정도에 다다르면 게르마늄이 녹아 있는 액체상태의 인듐에 조금씩 들어가게 되어 그림 13.2(f) 와 같은 상태가 된다.

게르마늄은 940℃ 이상에서 녹기 시작하지만, 녹아 있는 인듐이 혼합되어 있을 때는

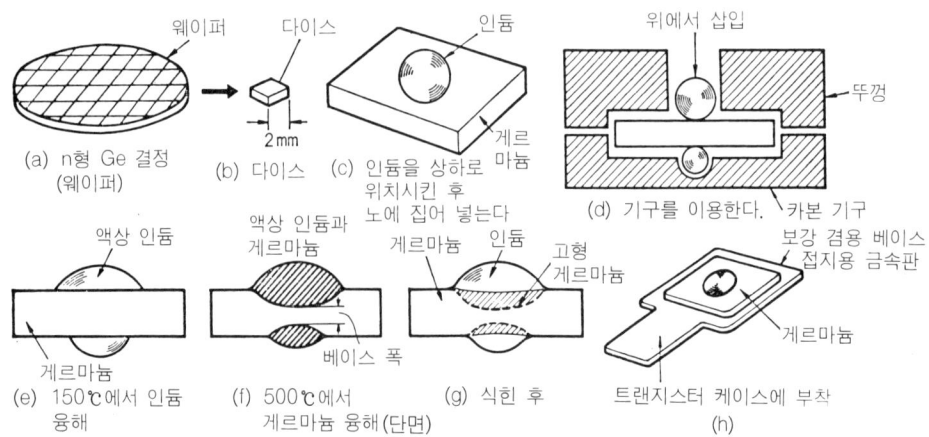

그림 13.2 합금형 트랜지스터의 제작방법

저온에서도 녹기 시작한다. 이와 같은 현상은 2종류 이상의 금속이 혼합되어 있을 때 자주 발생한다. 인듐 내에 게르마늄이 포화되면 그 이상 들어가지 않게 된다. 이때 상하의 인듐이 겹쳐도 안 되지만 너무 멀리 떨어져 있어도 안 된다.

용해하여 고형화한 합금형

이와 같이 떨어져 있는 간격이 트랜지스터에서 중요한 베이스 폭이 되기 때문이다. 이 베이스 폭은 다이스의 두께, 인듐의 양, 가열온도 등에 의하여 변하므로 이들을 조절하여 최적의 상태를 만들어야 한다.

다음은 500℃에서 천천히 냉각시킨다. 그러면 게르마늄은 인듐 내에 더 이상 녹을 수 없고 녹아 있는 부분의 아래쪽부터 점점 응고된다. 완전히 냉각되면 그림 13.2(g)와 같이, 인듐과 게르마늄으로 구분되는 것이다.

이렇게 응고된 게르마늄(재결정층이라 한다)은 원래 단결정인 게르마늄과는 성질이 다르다. 인듐이 미량이라도 게르마늄에 녹아 들어가면, 재결정화한 p형 게르마늄으로 변하게 된다. 이 경우 쉽게 알 수 있듯이 pnp구조가 되는 것이다.

인듐 입자의 농도를 컬렉터는 크게, 이미터는 작게 하면 **전류증폭률을** 증가시킬 수 있다. 또한 인듐에는 직접 리드선을 연결할 수 있으므로 매우 편리하다.

베이스에 도선을 연결시키는 방법은 그림 13.2(h)와 같이 니켈 등의 금속판과 게르마늄을 주석이나 땜납으로 연결할 수 있고 이렇게 접속하면 트랜지스터의 기계적 강도를 증가시킬 수도 있다.

이와 같이 하여 제작된 합금형 트랜지스터를 용접하여 케이스에 부착시키고 리드선을 인듐에 부착하여 단자와 연결시켜 뚜껑을 닫으면 트랜지스터가 완성된다. 뚜껑을 닫기 전의 상태를 **그림 13.3**에 나타내었다. 이는 pnp트랜지스터를 나타낸 것이다.

또한 p형 웨이퍼를 사용하고 인듐 대신 아연과 안티몬의 합금을 사용하면 npn트랜

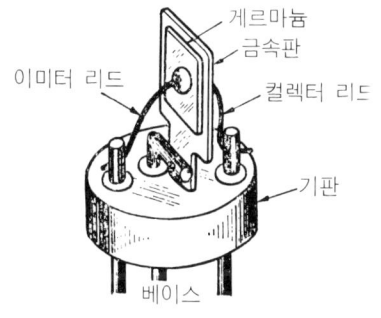

그림 13.3 합금형 트랜지스터

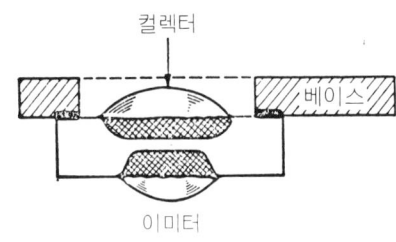

그림 13.4 실제 트랜지스터의 단면

지스터를 제작할 수도 있다. 이때 아연은 억셉터도 도너도 아닌 단지 합금을 용이하게 하기 위하여 사용하는 것이다.

합금형 트랜지스터는 이와 같이 비교적 간단히 제작할 수 있기 때문에 고주파용 이외의 용도로 광범위하게 사용되고 있으며 전력용 트랜지스터로서 사용될 수도 있다.

트랜지스터의 단면을 그림 13.2(g)와 같이 나타내었으나, 좀 더 이상적인 구조를 그림 13.4에 나타내었다. 이는 게르마늄 결정의 성질에 의하여 형성될 수 있다.

여러분은 운모를 절단해 본 적이 있는가? 운모는 개개의 판으로 형성되어 매우 얇게 절단된다. 게르마늄도 이와 같은 성질이 있어 얇은 층에 조금씩 인듐이 녹아들어 가기 때문에 그림 13.4와 같은 형태를 보이는 것이다.

고주파용 트랜지스터를 제작할 때는 베이스 폭을 가능한 한 좁게, 인듐의 양을 가능한 한 적게 하여야 하므로, 마지막에는 인듐 입자가 녹아 들어가지 않게 되어버린다. 그러므로 그림 13.2와 같은 합금형 트랜지스터는 대개 10MHz 정도까지 사용한다. 또한 전력용 트랜지스터는 인듐의 양이 많아야 하므로 2MHz 정도로 동작주파수를 제한한다.

드리프트 트랜지스터(Drift transistor)

pnp트랜지스터의 경우, 정공이 n형(베이스)으로 주입된 후, 컬렉터까지는 '확산'에 의하여 이동한다. 그림 13.5(a)와 같이 스스로 무너져 이동하는 것과 같은 현상이다.

이 확산에 의한 이동은 캐리어가 힘없이 이동하므로, 고주파까지 증폭하기 어렵기 때문에 여러 가지 개선방법을 찾아야만 한다. 따라서 새롭게 만들어진 것이 드리프트 트랜지스터이다. 트랜지스터의 베이스 내에 만약 어떠한 형태로든 전압을 인가해 보면, 그림 13.5(b)와 같이 된다. 즉, 베이스에 주입된 정공은 전압에 의한 기울기 때문에 더욱 쉽게 컬렉터로 이동할 수 있는 것이다.

확산에 의한 이동보다 훨씬 빠르게 이동하므로 고주파 특성을 얻을 수 있으며 이를 드리프트 현상(전계에 의한 이동)이라 한다.

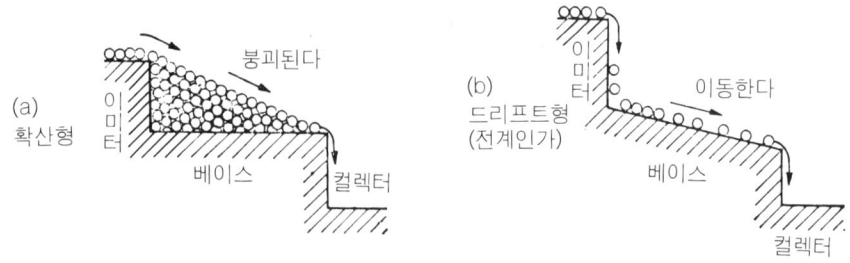

그림 13.5 확산 트랜지스터와 드리프트 트랜지스터의 차이점

실제 베이스 내에 전압을 가하는 것은 불가능하므로 불순물 농도를 변화시켜 전압을 가하는 것과 동일한 효과를 낼 수 있는 것이다. 즉, 에너지 밴드에서 정공이 움직이는 가전자대의 기울기가 아래로 경사지게 하는 것이다.

이와 같이 불순물 농도의 기울기를 만들 때는 불순물 확산법을 이용하며 이미터 측에는 높게, 컬렉터 측에는 낮게 도핑하면 된다. 그러면 외관상으로는 합금형일지라도 고주파 특성이 우수한 드리프트 트랜지스터를 만들 수 있으며 100MHz 정도의 주파수에서도 사용이 가능하게 된다.

메사 트랜지스터(Mesa transistor)

초고주파영역에서 사용하고자 개발된 구조가 메사 트랜지스터이다. 이 트랜지스터는 불순물 확산기술의 발명에 힘입어 개발, 완성되었다. 이는 불순물 원자를 고온에서 표면으로부터 $1 \sim 5\mu m$ 정도 삽입시키는 기술이다. 이는 불순물 원자의 이동에 의한 것으로서, 베이스 내에서 캐리어의 확산이동과는 다른 것이다. 원자 역시 많은 양이 쌓이면 확산되므로 이때는 게르마늄의 융점 정도까지 온도를 높여야 한다.

제작방법은 그림 13.6과 같다. 먼저, p형 웨이퍼를 기계적, 화학적으로 처리한 후, 약 800℃ 정도로 열을 가하고 n형 불순물의 증기(Sb, As 등)에 노출시킨다. 그러면

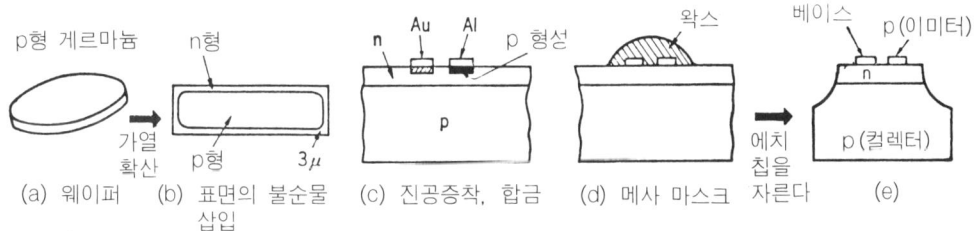

그림 13.6 메사 트랜지스터의 제작방법

그림 13.7 표면에서 확산한 게르마늄

메사 트랜지스터는 서부에서

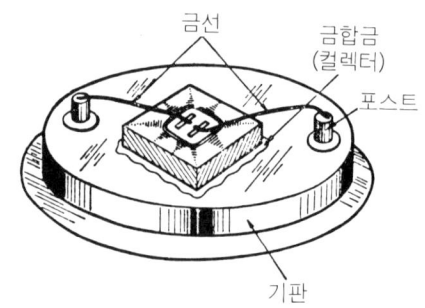

그림 13.8 메사 트랜지스터

(b)와 같이 표면에서 약 3μm 정도까지 불순물이 삽입되어 n형으로 바뀐다. 이때 표면에 얇은 pn접합이 형성되는 것이다. 이의 단면을 **그림 13.7**에 도시하였다. 다음은 표면에 알루미늄과 금을 진공 중에서 부착시킨 후 온도를 약간 증가시키면 합금되어 그림 13.6(c)와 같이 된다. 이때 앞에서 만든 pn접합은 변하지 않아야 한다. 알루미늄의 아랫부분은 합금형 접합과 같이 p형으로 변하지만, 금은 표면에 n형과 저항성 접촉을 한다. 다음은 이 전극 주변에 13.6(d)와 같이 왁스를 부착시키고 게르마늄을 부식시키는 액체에서 에칭한다. 마지막으로 왁스를 제거시키면 그림 13.6(e)와 같이 된다.

이와 같은 공정에 의하여 제작된 산과 같은 모양을 메사라고 한다. 이는 서부극에서 자주 볼 수 있는 형태의 평평한 산을 가리키는 단어이다.

이 트랜지스터 아랫부분은 컬렉터가 되며, 이를 기판에 고정시켜 위에서 두 전극에 리드선을 열 압착으로 부착시킨다. 메사 트랜지스터는 베이스 폭이 1μm 정도이므로 1000MHz의 주파수까지 증폭하며 TV튜너 등에도 사용된다. 그림 13.8은 완성된 메사 트랜지스터이다.

플레이너 트랜지스터(Planar transistor)

이상에서 설명한 트랜지스터는 게르마늄을 이용하여 제작한 것이다. 그러나 반도체로서의 성질은 실리콘이 훨씬 우수하므로, 실리콘을 이용한 트랜지스터를 제작하는 것이 유용하다. 실리콘은 열팽창 계수 등에 의하여 합금과 융합하기 어려워 여러 가지 곤란한 경우가 많이 발생한다.

그러나 실리콘을 위한 우수한 제작방법이 완성되었으며 이것이 플레이너 트랜지스터로서 고장이 적고 온도에도 강한 특성을 지니고 있다.

플레이너 트랜지스터는 선택적 확산법이란 중요한 기술을 사용한다. 즉 원하는 부분만을 확산시키는 공정이다.

먼저 **그림 13.9**(a)와 같이, 깨끗한 실리콘 웨이퍼(n형)를 산소에서 고온으로 가열

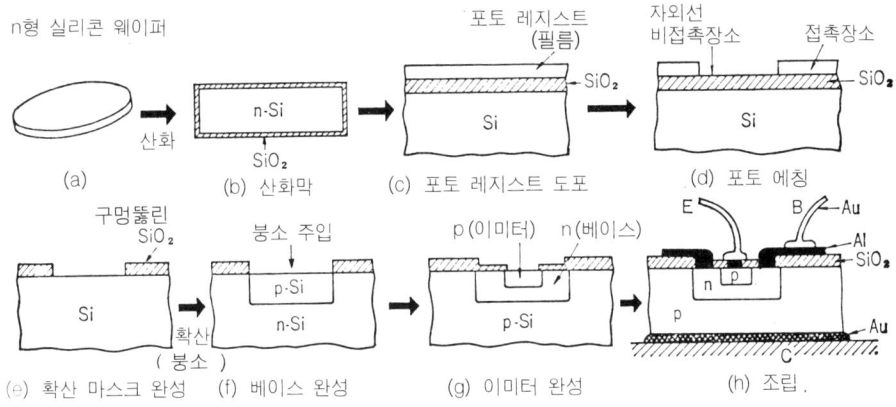

그림 13.9 플레이너 트랜지스터의 제작방법

하면 웨이퍼 표면에 산화막(SiO_2)이 형성된다(b). SiO_2는 수정이나 석영과 같은 투명하고 조밀한 물질이다. 게르마늄에서는 산화가 발생하기 어렵지만 실리콘에서는 이렇게 쉽게 산화막을 형성할 수 있는 것이다.

다음은 이 산화막의 일부분을 제거하는 **사진식각법**(photoetching)을 사용한다. 그림 13.9(c)와 같이 표면에 사진 필름과 같은 포토 레지스트(감광제)를 얇게 바르고, 그 위에 마스크를 놓고 자외선을 쪼인다. 다음은 웨이퍼를 현상액에 담가 현상한 후, 원하는 부분을 제거한다(그림 13.9(d)).

다음은 노출된 SiO_2를 식각하고 레지스트 막을 제거하면 그림 13.9(e)와 같이 SiO_2에 원하는 구멍을 뚫을 수 있다. 이 웨이퍼에 불순물을 확산시키면 그림 13.9(f)와 같이 원하는 부분에 pn접합을 만들 수 있다.

위와 같은 공정을 다시 한 번 행하면, (g)와 같이 n형의 이미터를 만들 수 있다. 리드선을 연결하기 위하여 사진식각에 의해 구멍을 뚫고, 알루미늄을 증착하여 불필요한

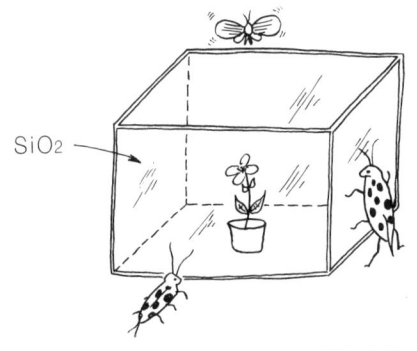

SiO_2에 의하여 불순물 침투억제

사진기술이 트랜지스터를 변화시킨다

그림 13. 10 플레이너 트랜지스터

부분을 제거한 후, 리드선을 열압착(본딩)하여 연결한다(그림 13.8(h)).

　그림 13.10과 같이 표면이 평평하다고 해서 이름이 붙여진 플레이너 트랜지스터는, pn접합이 표면에 도출된 상태가 아니라 SiO₂에 덮여 있다는 사실이 중요하다. 이 때문에 외부로부터의 증기 등에 대하여 내구성이 강하여 반영구적으로 사용할 수 있다.

　또한 사진식각법을 몇 회 사용하기 때문에 크기가 매우 작고 정확한 트랜지스터를 만들 수 있는 것이다. 그러므로 주파수도 메사 구조의 트랜지스터에서 사용할 수 있는 주파수까지 사용 가능하며 고전력을 얻을 수도 있는 것이다. 특히 실리콘은 게르마늄보다 온도에 강하고 다루기 편리하다.

　이와 같이 플레이너 트랜지스터는 결점이 적어 광범위하게 사용되고 있으며 또한 IC 제작에도 플레이너 트랜지스터 기술을 이용하고 있다.

제13장 요 점

합금형 트랜지스터를 주로 사용하고 있다
플레이너 트랜지스터는 우수한 특징을 지니고 있다.
사진식각은 중요한 기술이다.

제13장 연 습
문 1 합금형 트랜지스터를 실리콘으로 만들 수 있는가?
문 2 드리프트 트랜지스터는 왜 고주파까지 증폭시킬 수 있는가?

제 **14** 장

IC에 대하여

최근 여러분들은 집적회로(IC)라는 단어를 신문이나 TV에서 자주 접하고 있을 것이다. 집적회로를 사용한 전자계산기나 라디오가 보편화되고 있으며 "A사는 새로운 IC를 개발하여 주가가 올라갔다" 등등의 뉴스도 들었을 것이다.

집적회로는 굉장히 놀라운 발명이었다. 집적회로는 마치 알라딘의 마법램프와 같이 주문하면 어떤 회로든지 제작할 수 있는 경지에 이르게 되었다. 그 경이로움은 일반 잡지에서도 "집적회로는 만능이다"라고 좌담회를 할 정도이다. 그러면 집적회로는 과연 어떠한 물건인가? 이 장에서는 여러분과 함께 집적회로를 해부하여 그 비밀을 밝혀 볼 것이다.

IC의 탄생

집적회로는 영어로 Integrated Circuit이며, 머리글자를 따서 보통 IC라고 불린다. 지금부터는 IC라고 부르겠다. 여러분은 '상식'이라는 것을 어떻게 생각하는가? 사

상식을 파괴하는 곳에 문명이 있다

람으로서 할 일이 아닌 일을 하는 사람을 비상식적인 사람이라고 한다. 그러나 여기서 상식적이란 단어의 기준은 무엇인가?

실제로 문명이란 상식을 깨고 진보하였다. 예전에는 자동차도 전차도 비행기도 없었다. 여러분의 할아버지나 할머니가 어렸을 때는, TV를 설명해도 믿지 않았을 것이다. 지금은 우주왕복선이 개발되고 있지만, 10여 년 전만 해도 아무도 믿지 않았다.

아마, 여러분들은 "고질라나 울트라 맨을 어느 정도는 실현 가능하다"라고 믿고 있을지도 모른다. 또한 할아버지의 옛날이야기에 등장하는 희귀한 이야기를 믿고 있는가? 아니면 "이런 이야기는 과학적으로 믿을 수 없다"라고 자신 있게 말할 수 있는가?

실제로 우리들이 알고 있는 과학적 지식은 매우 불충분하며 이해할 수 없는 현상도 매우 많을 것이다. 그러므로 우리들은 상식에 구애받지 않고, 유연하게 대처해야만 신기술을 수용할 수 있는 것이다.

IC의 설명에서 다소 벗어났지만 IC의 근본은 이와 동일한 것이다. 예를 들면 회로에는 전선을 연결하여 전류를 흐르게 하지만 별도의 전기 없이 빛, 열, 음파를 사용할 수도 있는 것이다.

이것이 IC의 가능성이자 근본원리이며 아직 IC가 그렇게 발전하지는 못하였지만, 역시 전류를 사용하는 종래의 전자회로(트랜지스터, 저항, 콘덴서 등을 전선으로 연결한 모양)와 유사한 것이다. 그러나 빛이나 음파를 사용한 IC도 개발하고 있다.

IC는 한 마디로 말해서, 지금까지의 전자회로를 미세하게 만든 모형이라고 생각할 수 있으며, 현미경으로 보면 트랜지스터, 저항 등을 구분할 수 있을 것이다. 지금부터 자세히 IC에 대하여 설명할 것이다.

집적회로의 크기

우리들 주변에 있는 물건들의 크기는 대체 무엇에 의하여 결정되는 것일까? 자동차는 사람이 탈 수 있을 정도의 크기가 필요하고 연필은 손에 잡을 수 있을 정도이어야만 한다. 이와 같이 사람이 사용하는 물건은 사람이 사용하기 알맞게 만들어져야 한다. 그러나 주변에는 작을수록 유리한 물건들이 간혹 눈에 띤다. 예를 들면 카메라나 여성용 시계 등은 점점 작아지고 있다.

지금부터 설명하는 전자회로, 즉 라디오나 TV 내부의 배선회로는 작을수록 편리할 것이다. 이것은 사람이 직접 만지거나 동작시키는 부분이 아니기 때문이다. 그러나 라디오나 TV가 콩알같이 작다면 사용하기 불편할 것이다.

좀더 시야를 넓혀 보면, 매우 커다란 전자회로가 주변에

이제 영어공부는 필요없다

많이 존재하고 있으며, 대표적으로 최근까지도 대형 컴퓨터는 큰 방 하나를 점유하고
있을 정도이다.

이외에도 전화국, 방송국, 공장 등 커다란 기계를 사용하는 곳이 많다. 또한 인공위
성이나 비행기, 로켓 등도 전자장치가 복잡하게 연결되어 있는 것이다.

만약 대형 컴퓨터를 주머니 속에 들어갈 정도로 작게 만들 수 있다면 포켓용 언어번
역기 등 유용한 장치들을 개발할 수 있을 것이다.

이와 같은 번역장치는 어느 정도 개발되어 간단한 단어는 동시번역이 가능한 상태이
지만, 아직 출력 등의 해결할 문제점이 많이 남아 있다.

여러분의 뇌는 약 백억 개의 세포로 연결되어 있어 과거의 일들도 기억할 수 있는 것
이다. 이 작용은 세포 하나하나가 전자회로와 같은 상태가 되어 컴퓨터와 매우 유사한
행동을 하고 있기 때문이다. 그러므로 머리와 같은 크기에 백억 개의 회로를 만들 수
있다면 인간과 동일한 능력을 가진 로봇도 만들 수 있을 것이다.

간단히 계산해 보면, 인간의 뇌를 $10cm \times 10cm \times 10cm$의 상자크기라고 한다면 진
공관은 약 20개 정도 밖에 들어가지 못한다. 트랜지스터라면 1000개 정도 들어갈 수
있다. 그러나 IC라면 부품수로 약 20000개 정도 들어갈 수 있다.

최근 개발되고 있는 극소형 IC라면 백만 개 정도까지 들어갈 수 있을 것이다. 이대
로 개발이 진행된다면 백억 개 이상 집어넣는 것도 시간문제일 것이다. 그러므로 IC는
인간두뇌를 실현시킬 수 있는 희망인 것이다.

IC를 볼 때, 처음 느끼는 것은 그 미세함이다. 이렇게 미세해 지기까지 오랜 기간의
연구가 필요했던 것이다. 그림 14. 1에 IC의 크기를 도시하였다. 위에 놓여있는 검은
사각형(실리콘)이 IC이다. 이와 같이 작게 만들면 여러 가지 장점이 나타난다. 즉, 고장
이 줄어들며 값이 저렴해지는 것이다. 작다는 것은 오히려 제3의 장점이 되는 것이다.

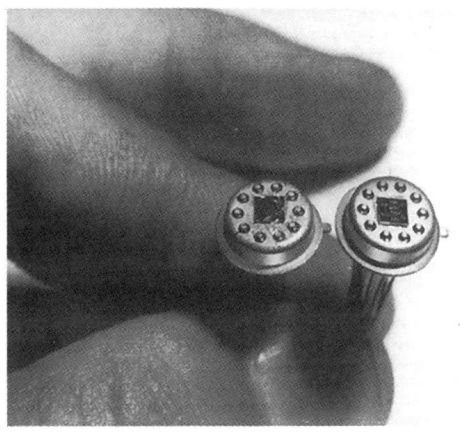

그림 14. 1 IC는 매우 작다

집적회로는 염가

여러분들이 물건을 살 때, 유사한 제품이라면 싼 제품을 구입할 것이다. 가격이 싸다는 것은 어떤 조건에서든 경쟁력을 갖는다는 의미이다. 지금까지 TV에 사용한 부품을 IC로 만들어서 TV의 가격을 내린다면 구매경쟁력이 증가할 것이다. IC로 만들었기 때문에 구매되는 것이 아니라 단지 가격이 싸기 때문에 구매되는 것이다.

IC 내에는 트랜지스터나 저항, 콘덴서 등이 들어 있다. IC와 동일한 회로를 별도 부품을 사용하여 제작한다면 어느 것이 더 가격이 저렴할까?

IC 개발 초기에는 IC화한 회로가 비쌌지만 기술이 개발되면서 가격이 내려 개별 부품으로 제작하는 것보다 훨씬 싸게 만들 수 있게 되었다. 그러나 개별 부품회로를 모두 IC화 하기에는 아직 기술력이 부족한 상태이므로, 현재는 이들을 혼합하여 사용하고 있다. IC를 소형화할수록 가격은 더욱 내려가는 것이다.

그러면 왜 작게 하면 가격이 내려가는 것일까? IC는 한 장의 실리콘 웨이퍼 위에 가득 만들 수 있다. 만약 지름이 3″ 정도라면 약 500개 정도를 만들 수 있다.

현재 실리콘 웨이퍼를 처음부터 끝까지 가공하는 데 약 500만원이 소요된다면 개당 가격은 약 1만원 정도일 것이다. 그러나 기술이 진보하여 1000개의 IC를 제작할 수 있고 실리콘 웨이퍼의 가공비는 동일하다면 개당 가격은 5000원으로 줄어드는 것이다. 즉 IC의 면적이 반으로 줄면 단가도 반으로 줄어드는 것이다.

여기서 매우 중요한 사실이 하나 있다. 실리콘 웨이퍼는 완전한 품질로 제작할 수 없으므로 웨이퍼의 곳곳(1장당 100군데 정도)에 결함이 존재하며 IC의 크기가 증가할 때 불량 IC 제작률도 증가하는 것이다.

그러나 작으면 작을수록 이 확률은 비교적 줄어들게 된다(그림 14.2). 500개를 제작할 수 있을 때 약 50%만 양호한 IC를 만들 수 있다면 1000개를 제작할 때는 약 75% 정도 양호한 IC를 제작할 수 있으므로 단가는 20000원에서 6670원으로 감소할 수 있는 것이다. 그러므로 IC 기술자는 가능한 한 모든 기술을 동원하여 작게 만들려고 노력하는 것이다.

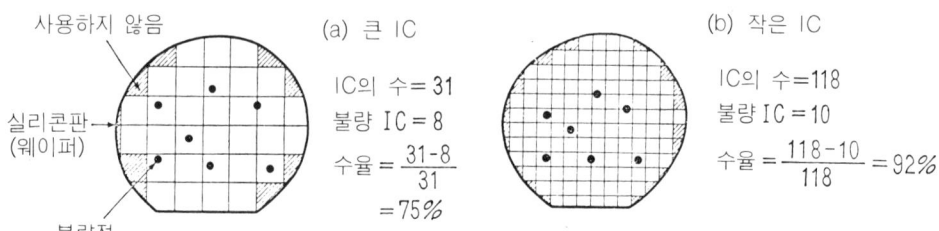

그림 14.2 IC는 작을수록 수율이 높다

고장 없는 집적회로

모든 장치에서 고장은 항상 일어나기 마련이다. 인간도 고장이 많은 기계로서 병원은 항상 초만원이다.

인간의 수명은 약 70년 정도이나 전자장치의 수명은 과연 어느 정도일까? TV를 20년 이상 고장 없이 사용한 가정은 그리 흔치 않을 것이다. 보통 5년 정도이고 운이 나쁘면 1년 내에 고장나 버릴 것이다. 비교적 수명이 짧은 것이다.

그러나 이와 같은 장치가 전에 설명한 인공지능과 같이 백억 개의 부품으로 이루어진 장치라고 생각해 보자. 여러 가지 계산방법이 있겠지만 간단히 생각해 보아도 2~3초에 한 번 정도 고장이 발생할 것이며 매일매일 수리하지 않으면 안 될 것이다.

실제 예로서 수십 년 전에 사용되었던 진공관 전자계산기는 동작하고 있는 시간과 고장 수리시간이 거의 동일하였다. 고장의 원인은 여러 가지가 있겠지만, 전자부품은 여러 가지 금속으로 이루어져 있으며 접속을 위하여 땜납을 사용하고 있다.

이와 같이 연결된 부분은 아무래도 어긋나거나 부식되기 쉬운 상태가 된다. 접합용 금속의 내부에 문제가 있는 경우는 드물 것이다.

이와 같은 점에서 IC는 매우 우수한 것이다. IC는 트랜지스터, 저항, 콘덴서 등을 모두 실리콘으로 만들고 그들을 실리콘 또는 알루미늄으로 연결하여 제작하므로 땜납은 사용할 필요가 없다. 그러므로 IC 1개가 50개 정도의 부품으로 이루어져 있을 때에도 결국 트랜지스터 1개에 해당하는 고장률을 나타내는 것이다.

그렇다면 보통 부품의 50배 정도 고장률이 감소하므로 100개, 200개 부품을 이용한 경우는 고장률이 100배, 200배로 감소하는 것이다. 컴퓨터나 인공위성 등에는 특히 고장이 없어야 하므로 이와 같은 장치에는 IC를 사용하여야만 한다.

여러분도 잘 알다시피 휴대용 계산기 및 개인용 컴퓨터의 가격은 수년 전에 비하여

싸고, 튼튼하고
작은 IC는 3관왕

그림 14.3 탁상 전자계산기

반값으로 내렸고 성능은 매우 향상되었다(그림 14.3). 이는 IC의 대성공이라고 할 수 있다.

이상에서 설명한 바와 같이 IC는 값싸고 소형이며 고장이 없다는 세 가지 특징이 있는 것이다. 각각 목적에 따라 필요한 성질이 다르지만 이와 같이 3박자를 갖춘 IC의 성공은 이미 예견되었던 것이다. 그럼 IC의 내부구조에 대하여 설명하겠다.

IC의 내부

그림 14.4는 TV 내부에 사용되고 있는 IC의 예이다. 이와 같은 IC를 살펴보면 트랜지스터와 모양이 비슷하지만, 다리가 8~14개 또는 그 이상인 부품을 발견하게 될 것이다.

그림 14.4를 보면, 습기가 들어가지 않도록 금속 케이스에 집어넣어 제작하였지만 최근 IC는 더욱 안전한 플라스틱을 사용하여 그림 14.7과 같이 제작한다. 리드선의 수는 수 개에서 수십 개에 이르며 이와 같은 케이스를 듀얼 인라인 패키지(Dual-Inline-Package : DIP) 또는 간단히 '디프'라고도 한다. 금속 케이스나 DIP 내부에도 역시 실리콘이 들어가 있으므로 여기서는 금속 케이스에 대해서만 설명하겠다.

뚜껑을 열어 보면, 내부에는 그림 14.5와 같이 조그마한 실리콘 조각이 들어 있다. 이것을 칩(chip)이라 하며 크기는 1.5mm×1.5mm, 두께는 0.3mm 정도이다.

외부에 비하여 내부는 매우 작은 것이다. 외부의 크기는 사람이 겨우 다룰 수 있을 정도이지만, 내부의 IC는 외부 크기의 수십 분의 1 정도만 차지한다.

이 칩을 자세히 살펴보면, 단자에서 미세한 도선이 칩에 연결되어 있는 것을 눈으로 확인할 수 있을 것이다. 그 이상은 눈으로 확인할 수 없으며 약 100배 정도 확대할 수 있는 현미경을 이용하면 자세히 관찰할 수 있을 것이다.

비행기나 높은 탑 위에서 지상을 바라다보면, 도로나 조그만 집이 매우 잘 정렬되어

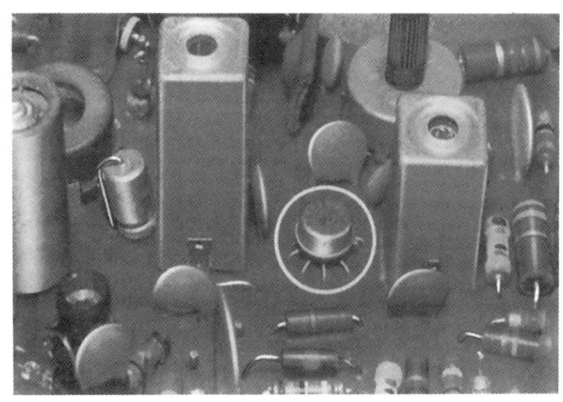

그림 14.4 TV에 사용되고 있는 IC의 예

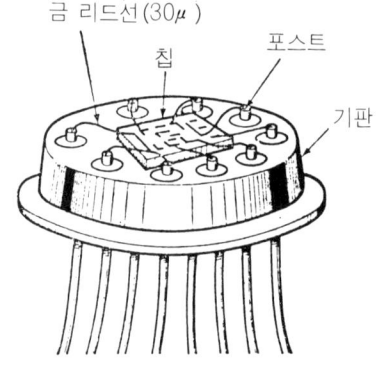

금 리드선(30μ)

칩

포스트

기판

그림 14.5 IC의 뚜껑을 열었을 때의 모양

그림 14.6 여러 가지 종류의 IC들

있는 것을 볼 수 있을 것이다. 칩의 표면도 이와 유사한 모양을 하고 있다.

그림 14.7은 실리콘 칩이다. 8개의 선이 외부의 리드로부터 접속되어 칩에 연결되어 있으며 이 선은 알루미늄으로 제작한다. 칩의 표면은 매우 평평하지만 자세히 살펴보면 미세한 모양이 있고 백색, 적색, 청색 등이 나타나는 것을 알 수 있다. 이 색은 무지개 색과 유사하다. 표면을 가로 세로로 가로지르는 백색 '길'은 알루미늄 배선으로, 폭이 약 $20\mu m$ 정도로 이 책 종이의 약 1/3 정도이다. 두께는 $0.3\mu m$ 정도이므로 3000층 정도가 약 1mm 정도의 두께가 되는 것이다. 이와 같이 얇은 알루미늄은 진공 중에서 증착에 의하여 제작할 수 있을 것이다. 배선의 바로 아래, 즉 실리콘 칩의 표면에는 트랜지스터, 저항, 콘덴서 등이 연결되어 있다.

'연결되어 있다'라는 표현이 약간 이상할 정도로 서로 같은 소자인 것처럼 붙어 있는 것이다. 트랜지스터나 저항도 따로 만들어 서로 연결시킨 것이 아니라 실리콘 결정(일종의 유리질) 내에 특별한 불순물 원자를 이용하여 동시에 제작한다.

배선과 칩 사이에는 이산화규소(SiO_2)라는 얇은$(0.2\mu m)$ 절연물이 삽입되어 있다. 실은 이 물질도 별도로 부착시킨 것이 아니라 실리콘 표면을 산화시켜 형성한 것이다.

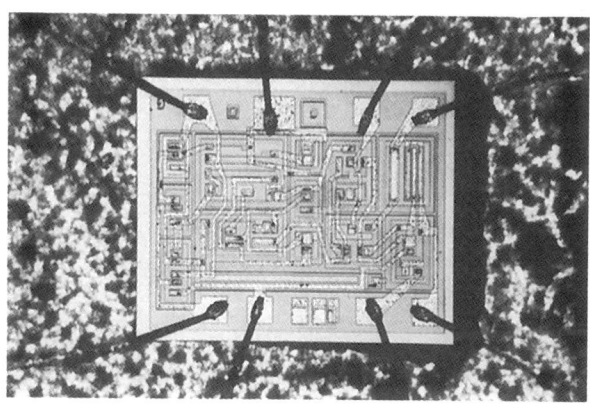

그림 14.7 전형적인 IC칩의 표면

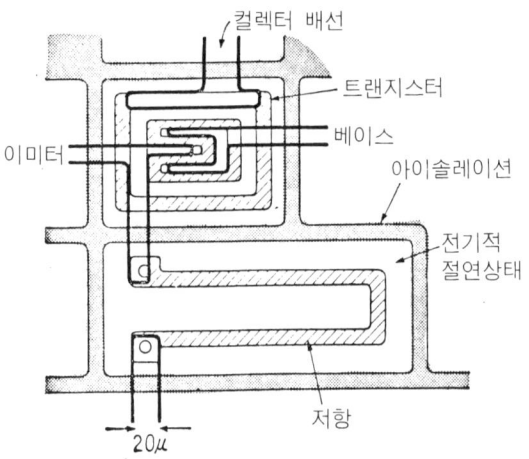

그림 14.8 IC칩 표면의 일부

　IC의 가장 중요한 특징은 여러 가지 소자를 하나의 결정 내에 제작할 수 있다는 것이지만 여러분들은 이와 같은 소자들이 상호 단락돼버릴까 염려할지도 모른다.

　실제로는 실리콘 내에 임의의 금속을 첨가한 영역과 그렇지 않은 영역 사이에 전압을 인가하면 그 경계가 고저항이 되므로 첨가한 영역만 절연되어 떠 있는 상태가 된다.

　바다 위에 조그마한 섬들이 많이 떠 있는 것과 같이 PCB에 개별소자를 이용하여 회로를 구성할 때와 동일한 것이다. 이를 아이솔레이션(isolation)이라고 한다.

　그림 14.8은 IC의 일부를 이해하기 쉽도록 그려 놓은 것으로서, 트랜지스터나 저항 등이 아이솔레이션 우물 내에 격리되어 있다는 것을 알 수 있다. 트랜지스터를 실리콘으로 만들 수 있다는 것은 여러분도 잘 알고 있을 것이나, 저항이나 마찬가지로 콘덴서도 실리콘을 길게 연결하거나 pn접합부 등을 이용하여 제작할 수 있다는 것을 그림에

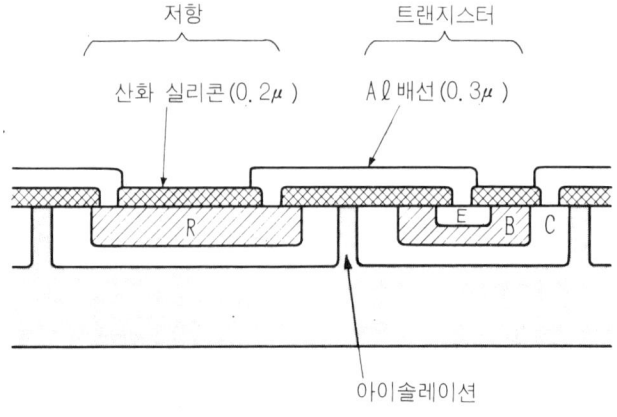

그림 14.9 IC의 단면

그림 14.10 복잡한 MOS IC 메모리 소자

서 알 수 있다(그림 14.8).

　실리콘은 유리보다 약하기 때문에 이 칩의 두께는 0.3mm 정도가 되어야 한다. 완전한 아이솔레이션 또는 트랜지스터의 제작에는 30μm 정도의 두께면 충분할 것이다.

　그러면 IC를 그림 14.9와 같이 단면으로 절단해 보자. 색이 다른 부분은 다른 종류의 금속원자로 도핑되어 있음을 표시한다. 다른 원자가 실리콘 원자의 1/10000~1/100000 정도 밖에 첨가되지 않아도 실리콘의 전기적 성질은 크게 변화한다.

　최근 IC는 더욱 복잡·미세화되고 있다. 이와 같은 회로를 **대형 집적회로**(Large Scale Integration : LSI)라 한다. **그림 14.10**의 예에서도 알 수 있듯이 매우 많은 양의 부품(약 3000개)으로 구성되어 있는 것을 알 수 있다. 최근에는 10만 개에서 100만 개에 이르는 트랜지스터를 집적화한 VLSI나 ULSI도 제작 가능하게 되었다.

IC 제작기술

　IC를 자세히 관찰해 보면, 미세한 선들을 매우 정교하게 제작한 것을 알 수 있다. 이와 같은 정교함은 어떻게 제작되는 것일까? 여기서는 간단히 설명할 것이다.

　칩상의 미세한 모양을 패턴이라 부르는데, 이는 사진기술을 응용하여 제작한다. 이를 사진식각(포토 에칭)이라 한다. 실리콘 표면의 SiO_2를 선택적으로 제거하여 그 제거부분에 금속원자(불순물원자)를 첨가한다.

　먼저 SiO_2 위에 사진 필름과 같은 성질을 갖고 있는 액체를 이용하여 막을 입힌다. 그 위에 **그림 14.11**과 같은 장치를 이용하여 마스크를 올려놓는다(**마스크 얼라인먼트**). 이를 현상하면 표면에 필름과 같은 모양의 무늬가 새겨지고 SiO_2의 원하는 부분

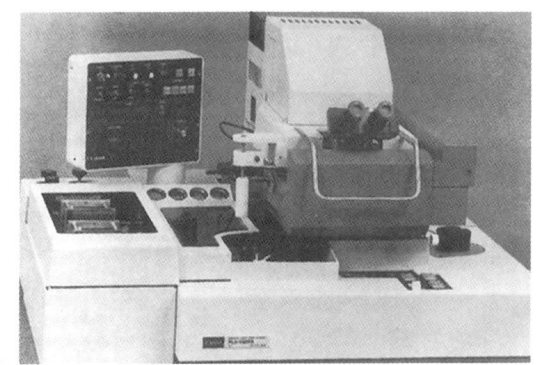

그림 14. 11 칩에 패턴을 새기는 장비

먼지가 있으면 IC는 불가능

을 제거하면 구멍을 뚫을 수 있을 것이다. 여기서 가장 중요한 것은 이 작업 중에 먼지가 생기는 것이다. 이 먼지는 패턴보다 크기 때문에 회로가 제대로 동작할 리 없을 것이다. 그러므로 먼지가 없도록 해야 하는데, 여기에는 매우 많은 비용이 소요된다.

다음은 금속을 첨가시키는 공정, 즉 불순물이라고 하는 금속을 구멍에 집어넣어야 한다. 이에는 B, P, As, In 등이 사용되며 $1200 \pm 0.5℃$ 정도의 정밀한 전기로가 필요하다.

여기서도 역시 먼지가 있으면 안 된다. 그림 14. 12는 확산로이다. 위에서 설명한 사진식각과 불순물 확산을 수회 반복하면 다른 물질을 다른 깊이($1 \sim 10 \mu m$)로 제작할 수 있을 것이다. 마지막으로 알루미늄을 표면에 얇게 입혀 사진식각하면 배선작업을 할 수 있다.

여기까지는 실리콘 웨이퍼상에서 그림 14. 13과 같이 약 500개의 IC를 만들었으며

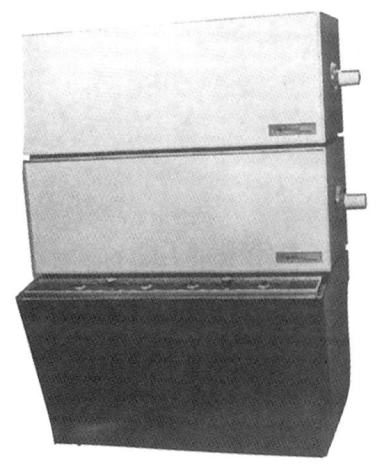

그림 14. 12 확산로와 온도 조절계

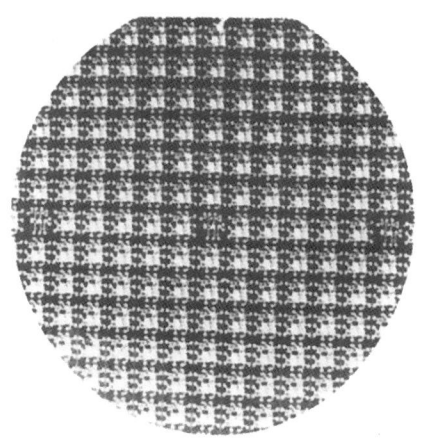

그림 14. 13 실리콘 웨이퍼 위의 칩들

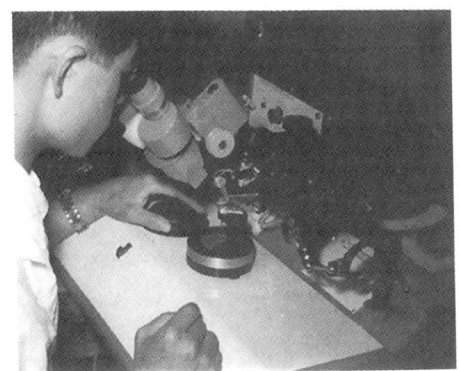

그림 14. 14 도선 본딩

그림 14. 15 웨이퍼 검사용 패널

다음은 이를 잘라 **그림 14. 14**와 같은 장비에서 30μm 정도의 미세선을 사용하여 리드선을 부착시킨다. **그림 14. 15**는 최종제품을 검사하는 장비이다.

　IC를 제작하기 위해선 다량의 정밀기계가 필요하며 이 기계의 단가는 수십억원에 이른다. 정밀기계의 제작은 기술적으로 매우 복잡하므로 1~2년에 완성되는 것이 아니다.

IC의 미래

　IC는 컴퓨터 등에 사용하고 있는 스위치용 메모리, 아날로그용 증폭기 등에 사용되면서 여러분 주변에서 자주 접하게 될 것이다. 예전에는 부품을 조합하여 회로를 만들었지만 IC의 등장 이후 모든 회로의 IC화에 노력하고 있다. 그러므로 수십 년 전과 비교하여, 여러분이 공부해야 하는 분야도 변화한 것이다. IC는 미래 우주시대 인간의 꿈을 실현시킬 수단으로서 충분하며 이를 위하여 지금도 부단히 노력하고 있는 것이다. 또한 제작기술이 꾸준히 발전하고 있어 예전에는 수작업으로 패턴을 만들었지만 지금은 컴퓨터를 이용한 전자빔 등의 응용으로 패턴을 만들고 있다. 전자동화되어 있는 사진식각 기술의 발전은 지금 인간이 구현할 수 있는 IC의 1/100 또는 1/1000 정도로 미세한 구조도 실현시킬 수 있을 것이다. 이와 같이 하여 고성능 IC가 보다 쉽게, 보다 싸게 만들어지는 것이며 모든 것은 컴퓨터를 이용한 자동화작업(예를 들면 CAD 등)으로 이루어지는 것이다. IC의 발달로 인하여 컴퓨터가 가정에 보급되었으며, TV, VTR, 세탁기, 카메라, 자동차에 이르기까지 광범위하게 사용되고 있

그림 14. 16 마이크로미터 컴퓨터

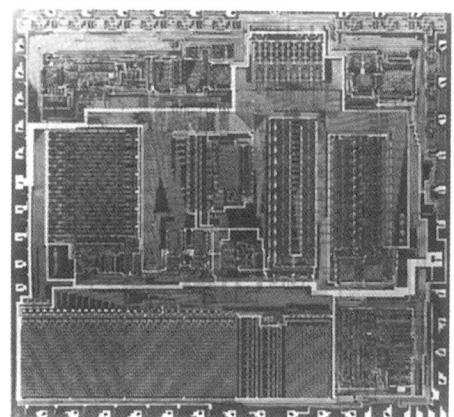

그림 14. 17 마이크로 프로세서 칩

다. 마이크로 컴퓨터(그림 14. 16)의 개발 및 보급은 IC의 발전을 가속화시켰다. 그림 14. 17은 마이크로 컴퓨터의 핵심인 마이크로 프로세서이다. 마이크로 프로세서에는 10만 개 이상의 트랜지스터가 들어가 있으며 이는 아마추어용 음악편집기, TV 게임기 등에 사용되기도 한다. 또한 재봉틀, 카메라, 전자레인지, 자동차, 복사기, 자동판매기, 에어컨 등 그 사용범위는 무한하다고 생각한다.

제14장 요 점

IC는 상식으로 판단해선 안 된다.
IC는 저렴하고 고장이 없다.
반도체 IC는 결정 내에 회로가 연결되어 있다.

제14장 연 습

문 1 IC칩 내의 배선은 눈으로 확인할 수 있는가?
문 2 IC가 작으면 작을수록 싸지는 이유는 무엇인가?
문 3 IC는 왜 고장이 적은가?
문 4 아이솔레이션이란 무엇인가?

제 **15** 장

반도체 소자의 취급방법

여러분은 트랜지스터나 다이오드를 이용하여 회로를 구성할 때 부주의하여 망가뜨린 경험이 있을 것이다. 힘들게 저축하여 구입한 값비싼 가전제품이 이상 동작을 하거나 망가져 버리면, 트랜지스터나 IC로 구성되어 있어서 어디가 고장인지 확인할 수 없을 것이다. 진공관이라면 먼저 적색으로 변하는 부분이 고장일 확률이 있다고 판단하겠지만 트랜지스터는 확인할 수 없을 것이다. 또한 트랜지스터 라디오를 여름철 야구장에 가지고 갔을 때, 이상이 생긴다면 난처할 것이다.

반도체 소자는 다른 전자부품, 즉 진공관이나 저항, 콘덴서, 코일 등과 약간 다른 특징을 지니고 있다. 이 장에서는 반도체 소자 취급시 주의사항이나 유의할 점에 대하여 설명한다.

반도체는 수재

트랜지스터는 진공관에 비하여 여러 가지 장점이 있다. 미소한 전력으로 동작하는 것도 중요한 특징이라 할 수 있다. 이는 반도체가 뛰어난 성질을 지니고 있기 때문이다.

인간사회에서도 두뇌는 우수하지만 몸이 약하여 운동을 못하는 사람이 있다. 또한 반대로 몸은 강하나 두뇌가 나쁜 경우도 있다. 당당한 체격에 머리도 우수한 사람은 그리 흔치 않을 것이다. 트랜지스터도 마찬가지로 감도가 좋아 민감하게 동작하는 소자일수록 외부로부터의 영향에 약한 것이다. 즉, 반도체는 두뇌가 우수하나 신체가 약한 사람과 같은 것이다. 이와 같은 성질을 잘 인식하고 사용하여야만 한다.

트랜지스터나 다이오드 등 반도체 소자의 취약점은

① 열에 약하다.

② 전기에 약하다.

③ 습기에 약하다.

④ 빛에 약하다.

이다. 마치 모든 면에서 취약한 것 같지만 이것에 대해선 다음에 설명할 것이다.

열과 반도체

트랜지스터나 다이오드가 가장 약한 것은 열, 즉 온도이다. 여러분도 잘 알다시피 반도체의 온도가 상승하면 원자에 속박된 전자가 이탈하여 전류 운반에 참여하기 때문에 저항률이 감소한다. 이와 같이 여러 가지 연쇄반응이 발생하는 것이다.

온도가 상승하면 트랜지스터나 다이오드는 역방향 전류가 증가한다. 또한 출력저항이 감소하고 전류증폭률도 감소한다. 불필요한 기생전류가 흐르게 되는 것이다.

결국 지금까지 잘 동작하는 트랜지스터도 온도가 상승하면 단순히 돌과 같이 변하는 것이다. 이와 같이 트랜지스터가 제대로 동작하지 않는 임계온도는 트랜지스터를 구성하고 있는 물질에 따라 다르다. 게르마늄은 70℃ 정도, 실리콘은 150℃ 정도이다. 그러므로 게르마늄 트랜지스터를 햇볕에 오래 놓으면 동작하지 않게 될 것이다.

이 온도에서 전압을 걸면 추가로 전류가 흘러 다시 온도가 상승하며, 이 온도 상승분만큼 전류가 증가하는 현상이 되풀이되어 결국 트랜지스터는 망가져 버리게 된다. 그러므로 트랜지스터가 동작중에 열이 발생하면 전원을 제거하고 급히 식히는 것이 좋다 (그림 15. 1).

트랜지스터를 납땜할 때에도 열이 가해진다. 그러나 이 때는 단시간 동안 가해지는 열이고 전압이 인가되지 않으므로 비교적 영향을 미치지 못하지만, 납땜인두를 트랜지스터 근처에 놓아두는 것은 삼가해야 한다.

실리콘은 150℃, 게르마늄은 70℃ 정도라고 설명하였지만 이 온도는 냉각에 의하여 바로 제 기능을 찾을 수 있는 온도이다. 트랜지스터 내에는 반도체뿐만 아니라 여러 가지 금속도 사용하고 있다. 게르마늄은 인듐을 첨가함에 따라, 융점이 150℃ 정도, 실리콘은 370℃ 정도인 합금이 된다. 그러므로 이 온도까지 가열하면 당연히 녹아버려 트랜지스터가 망가지는 것이다.

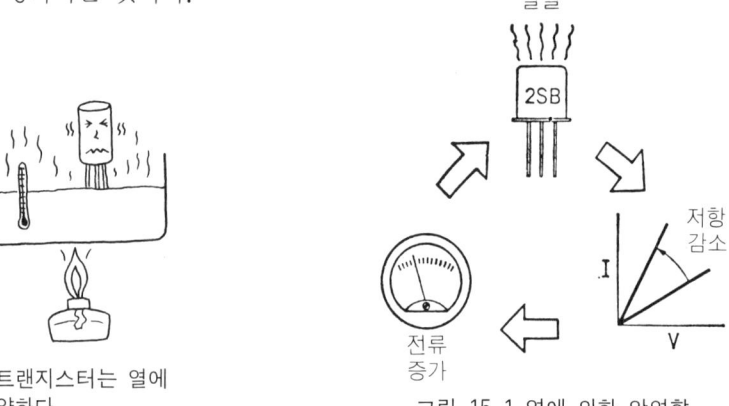

트랜지스터는 열에
약하다

그림 15. 1 열에 의한 악영향

이와 같은 점을 고려하여, 트랜지스터를 사용하지 않을 때도 실리콘은 250℃, 게르마늄은 120℃ 이상을 초과하지 않도록 보관하여야 한다.

낮은 온도에서도 특성이 변할 것이다. −50℃ 이하의 온도에서도 트랜지스터가 제대로 동작하지 못하는 경우가 있다.

실리콘과 게르마늄의 사용 온도가 각각 다른 것은 제6장에서 설명한 바와 같이 원자로부터 전자가 이탈하는 성질이 다르기 때문이다. 즉, 에너지 갭이 다르기 때문이다 (실리콘은 1.2eV, 게르마늄은 0.7eV이다). 트랜지스터에 고전압을 가하면 역시 발열하게 된다. 우리들이 격렬히 운동하면 땀이 나는 것과 같은 현상이다.

그러므로 외부온도뿐만 아니라 내부 온도도 냉각시켜야만 한다. 이를 위하여 전력용 트랜지스터에는 냉각용 방열판이나 방열기를 부착해야 한다. 고전력 사용시에는 수냉식 방열장치를 사용하는 경우도 있다.

전기와 반도체

전기로 동작하는 트랜지스터가 전기에 약하다는 것이 이상할지 모르지만 다음과 같은 설명으로 이해할 수 있을 것이다. 트랜지스터, 다이오드는 반드시 pn접합을 이용하고 있으며 pn접합은 정류성특성을 가지고 있다. 전류가 흐르지 않는 경우가 역방향이고 보통은 그 전압 이상을 인가하여 어느 정도 전류가 흐르도록 한다.

역방향 전압을 점점 증가시키면 임의의 전압에서 급격히 전류가 흐르기 시작한다. 이 전압을 항복전압이라 한다.

항복전압은 pn접합을 구성하고 있는 반도체의 저항률에 따라 결정된다. 저항률이 낮으면, 즉 불순물의 농도가 증가하면 낮은 전압에서도 항복현상이 발생한다. 드리프트 트랜지스터나 실리콘 트랜지스터의 이미터에는 5~8V 정도가 인가된다(최근 이 전압 이하에서 동작하는 트랜지스터도 상용화되고 있다).

이에 비하여 컬렉터는 50~100V 정도의 전압에서도 견딜 수 있다. 정류기로 사용하는 다이오드 중에는 1000V까지 사용 가능한 종류도 있다. 여기서 주의할 점은 트랜지스터를 이미터 접지로 사용할 때 컬렉터의 항복전압이 특히 낮아진다는 사실이다.

트랜지스터 규격표에는 BVCEO로 표시하고 있으며 전류증폭률이 클수록 항복전압이 낮아져 심할 경우, 10V 이하가 되어 버린다. 그러므로 9~12V 전지를 사용하는 것도 위험할 경우가 있다. 이러한 경우는 특히 양호한 트랜지스터일수록 영향이 크게 미친다.

항복전압에 다다르면 급격히 전류가 증가하나, 절연파

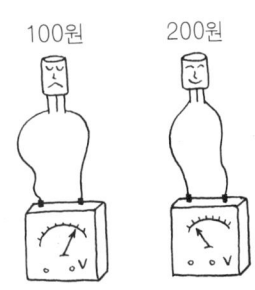

양호한 트랜지스터는
항복전압이 낮다

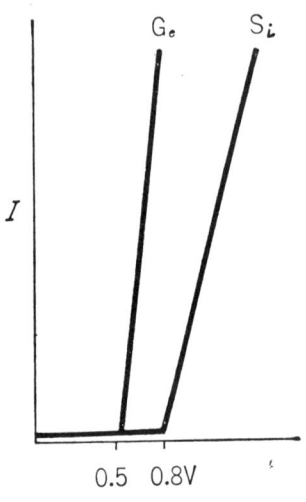

그림 15.2 트랜지스터나 다이
오드의 순방향 특성

괴와 같이 소자가 망가지는 것은 아니고 전압이 내려가면 원상복귀되는 것이다. 제너 다이오드는 오히려 이 항복영역에서 사용되도록 제작한 소자이다.

그러나 이와 같은 다이오드의 경우도 완전히 안전한 것은 아니다. 고전압에서 고전류가 흐른다면 높은 전력이 소모되고 있는 것이다.

예를 들면 50V에서 10mA 정도 흐른다면 소모전력은 500mW가 되어 소형 트랜지스터는 견딜 수 없게 되는 것이다.

전력소비에 의하여 발열되고, 온도가 올라가면 위와 같은 악순환이 발생하여 결국 소자가 타버리게 된다.

다음은 순방향 바이어스시에 관해 설명해 보자. 이 때는 저항이 매우 작다. 그러나 저항은 직선적인 성질이 아니라, 어느 정도의 전압까지는 전류가 흐르지 않다가 그 이상에서는 전류가 급격히 상승하여 저항이 감소하게 된다. 이 전압을 문턱전압이라 하며 게르마늄은 0.5V, 실리콘은 0.8V정도이다 (그림 15.2).

순방향에서는 이와 같이 저항이 낮기 때문에 무심코 과전류가 흘러버리는 것이다. 예를 들어 1.5V의 건전지를 순방향으로 연결하여 게르마늄 트랜지스터를 동작시킨다면, 전지의 내부저항에 의하여 결정된 1~2A 정도의 고전류가 흘러, 1W 정도의 전력소비에 의하여 역시 발열된다. 고주파용 트랜지스터는 전극을 접속하기 위하여 미세한 금선을 사용하고 있으므로 발열에 의하여 선이 끊어져버리는 경우도 발생한다.

이러한 전지를 사용하지 않으면 문제를 해결한 것으로 생각할 수 있으나 그렇지는 않다. 테스터를 이용하여 순방향의 흐름을 측정할 때, 테스터의 전지에서 전류가 흐르게 된다. 측정범위를 1Ω 정도로 조정해서 측정할 경우, 값싼 테스터(감도가 나쁜 테스터)일지라도 100mA 정도는 흐르고 있을 것이다.

이 정도의 전류라도 경우에 따라 끊어져 버리는 경우가 있으므로 가능하면 테스터에서 측정할 때는 고저항 범위에서 측정하는 것이 안전하다.

최근 절연 게이트 전계효과형 트랜지스터, 즉 MOS(Metal Oxide Silicon) 트랜지스터를 주로 사용하고 있다.

이것은 종래의 트랜지스터에 비하여 입력 임피던스가 높아 사용하기 편리하나, 입력부가 절연체로 되어 있으므로 내압을 초과하여 전류가 한 번이라도 흐르면 영구히 망가져 버리게 된다. 즉, 이와 같은 트랜지스터의 경우는 완전히 전압만의 문제인 것이다.

그러므로 MOS 트랜지스터를 다룰 때는 사람의 신체나 의복에 나타나는 정전기가 매우 고압이므로, 접촉하지 않도록 조심해야 한다. 보통의 트랜지스터에서는 이와 같은 상황은 일어나지 않는다.

습기와 반도체

트랜지스터는 또한 수분이나 습기 또는 먼지, 오염 등에 매우 약하다. 그림 15.3과 같이 pn접합을 역방향 바이어스하면, 매우 좁은 영역에 높은 전압이 걸리게 된다. 이를 '전계강도가 크다'라고 하며, 이와 같은 부분에 전자나 정공, 이온 등이 존재할 경우 매우 큰 영향을 받게 된다.

물은 내부에 항상 여러 가지 이온을 함유하고 있으며, 그 이온들은 전류를 운반하고 있으므로 일종의 전도체라 할 수 있다. 만약 물이 pn접합의 표면부에 접촉된다면 pn접합이 단락되어 버릴 것이다.

또한 금속 분자 등 이온화된 물질이 표면에 존재하면 이 전하가 트랜지스터의 내부에 있는 전자를 잡아당겨 표면 근처의 저항이 감소하게 된다. 그러므로 pn접합은 그림 15.3(d)와 같이 액체가 흐르는 모양이 된다. 이것을 채널이라 하는데, 특성을 저하시키고 안정도를 떨어뜨리는 원인이 된다.

이와 같은 현상을 방지하기 위하여 트랜지스터나 다이오드의 표면을 왁스로 덮고 납땜한 후, 유리용기에 넣어 외부로부터의 습기를 차단한다. 이러한 구조는 트랜지스터의 단가를 올릴 수 있으므로 수지로 고정한 몰드형 등이 널리 상용화되고 있다.

또한 유리는 금속과 잘 접합되지 않으므로, 금속의 접합부에는 항상 틈새가 생기게 된다. 그러므로 트랜지스터는 가능한 한 습기에 노출되지 않는 상태에서 사용하여야만 한다. 즉, 해수욕장이나 목욕탕에서 트랜지스터 라디오를 사용하는 것은 많은 주의가 필요하다. 또한 온도의 급격한 변화에 조심하여야 한다. 반도체 제조공장은 이와 같은 점을 고려하여 부지선정 및 설비를 해야 할 것이다.

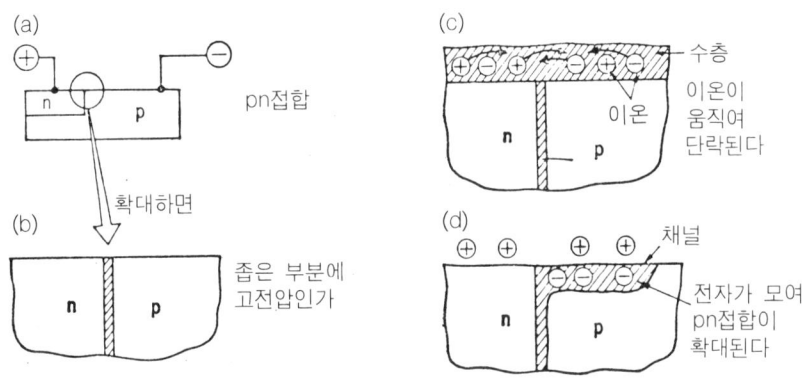

그림 15.3 수분의 악영향

빛과 반도체

반도체는 빛에 강하게 반응한다. 트랜지스터의 보호막을 벗겨내면, 그대로 포토 트랜지스터가 될 정도이다. 이는 빛이 시닌 에너지에 의하여 전자나 정공이 만들어 질 수 있기 때문이다.

여러분과 그다지 관계가 없을지도 모르지만 방사선이나 전자선, X선을 조사하여도 동일한 효과를 나타내고 있다.

트랜지스터는 빛에 민감하다

트랜지스터나 다이오드는 빛이 들어오지 않도록 검은 수지를 사용하므로 보통은 빛의 영향을 심하게 받지 않는다. 그러나 실험실에서 포장되지 않은 반도체를 취급할 때는 빛이나 습기가 매우 중요하게 된다. 트랜지스터의 리드선이 통과하는 부분은 보통 유리를 사용하므로 강한 빛이 내부에 들어가서 영향을 미칠 수도 있다. 또한 유리로 봉한 다이오드도 마찬가지이다. 이와 같은 영향을 역이용한 포토 트랜지스터(photo transistor)나 포토 다이오드도 있다.

반도체의 우수성

반도체는 지금까지 설명한 바와 같이, 여러 종류의 악영향을 미치는 요소가 많다.

그러나 그와 같은 취약점은 성능이 우수하기 때문에 나타나는 필연적인 현상이다. 만약, 외부조건에 영향을 받지 않는 반도체 소자를 제작한다면 성능이 매우 떨어지게 될 것이다. 그러므로 반도체의 장·단점을 잘 인지하여 적당한 소자를 제작해야 한다.

반도체에는 트랜지스터나 다이오드이외에도 여러 가지 소자가 있으며 여러분이 사용하고 있는 반도체 소자로는 튜너 다이오드, 터널 다이오드, 포토 다이오드, SCR, 태양전지, 배리스터, 서미스터 등이 있다.

최근에는 레이저 다이오드, 건발진기(Gunn Oscillator), 발광 다이오드, 반도체 인덕턴스 등 다양한 소자들이 개발되어 사용되고 있다. 또한 최근 가장 중요한 IC도 물론 반도체 소자이다. 이는 반도체 소자의 한계를 뛰어넘은 새로운 전자회로이다. IC의 개발상황을 보면 머지않아 전자공학의 우주시대가 오리라는 것을 확신한다.

우주시대의 개막

제15장 요 점

반도체는 성능이 우수하나 약하다.

온도와 고전압은 반도체의 적이다.

빛과 수분은 조심해야 한다.

제15장 연 습

문 1 실리콘 트랜지스터로 만든 라디오를 150℃로 가열한 후 실온까지 식히면 제대로 동작하겠는가? 게르마늄 트랜지스터는 어떠한가?

문 2 트랜지스터를 콘크리트 위에 떨어뜨렸을 때 파괴되겠는가?

문 3 반도체 다이오드 1개로 1000V의 정류가 가능한가?

문 4 트랜지스터를 넣은 수지용기가 검은 색인 이유는 무엇인가?

제 **16** 장

트랜지스터의 전류-전압 특성

기본부터 시작하자

전자공학이라 할지라도 그 분야는 매우 광범위하다. 예를 들어 TV 내부를 관찰해 보면, 수많은 트랜지스터나 코일 등이 연결되어 있고 섀시 아래에도 상당히 복잡하게 결선되어 있는 것을 알 수 있다.

그림 16.1에 나타냈듯이 전자공학을 크게 나누면, 제일 기초적인 금속이나 절연체를 사용하는 재료분야와 이와 같은 재료를 사용하여 트랜지스터나 진공관, 저항 등을 만드는 부품분야가 있으며, 다음으로 이 부품을 조합하여 배선하는 회로분야가 있다. 최종적으로 회로를 조합하여 원하는 장치를 만들게 되는 것이다.

트랜지스터에 대하여 지금까지 설명한 내용을 숙지하였다면 재료나 부품분야는 여러분 모두 잘 이해할 수 있으리라 생각한다. 그러므로 지금부터는 트랜지스터 회로의 기본적인 지식에 대하여 설명할 것이다.

여러분 중에는 회로를 열심히 공부하여 훌륭한 증폭기를 제작할 수 있는 사람도 있을지 모르지만, 회로 내의 저항은 왜 필요한지, 왜 그와 같은 값이 필요한지를 이해하기는 매우 어려울 것이다. 이와 같은 사항을 잘 이해하는 사람은 드물 것이다.

만약, 누군가가 '○○증폭기의 설계법'이란 책에서, R_1값을 구하기 위하여 여러 가지 긴 식을 사용하여 설명한다면 여러분은 매우 싫증이 날 것이다. 오히려 교과서에 나와 있는 그대로 회로를 만드는 것이 더 간단할 것이다.

그러므로 여기서는 어떠한 설계법에 대해서도 설명하지 않고, 단지 여러분들이 트랜지스

그림 16.1 전자공학의 구성요소

터의 특성을 몸으로 받아들일 때까지 천천히 설명할 것이다. 운전과 같이 머리로 기억
하는 것보다 오히려 몸으로 기억하는 것이 오래 유지될 수 있는 것이다.

사물의 이치를 원리로부터 이해하는 사람이 매우 현명한 사람인데, 새로운 회로나 새
로운 발명을 한 사람들 중에는, 이와 같이 원리를 이해한 사람이 많다.

다이오드의 성질

먼저 다이오드의 특성에 대하여 설
명해 보자. 다이오드는 그림 16.2와
같이 매우 작은 소자이다. 다이(di)는
'둘'이라는 의미이며, 오드(−ode)는
전극의 electrode에서 따온 것이다.
전류를 흐르게 하기 위해선 최소 2개
의 전극이 필요하므로, 즉 다이오드는
가장 간단한 소자인 것이다.

이 다이오드가 트랜지스터의 '원조'

2줄이 있으면 다이오드

이다. 트랜지스터의 일부분이 다이오드와 매우 유사하게 동작하므로 먼저 다이오드를
관찰해 보자. 다이오드의 구조와 원리에 대해서는 이미 설명하였으므로, 여기서는 외
부에서 관찰한 특성에 대하여 설명할 것이다.

다이오드의 기호는 그림 16.3(a)와 같다. 화살표와 선으로 이루어져 있으며 이를 검
은 색이나 흰색으로 표시하고 있다.

다이오드에서 가장 중요한 특징은 정류성이다. 이것을 설명하기 전에 먼저 테스터를
이용하여 다이오드의 저항을 측정해 보자. 테스터의 단자를 그림 16.3(b)와 같이 연결
할 때와 (c)와 같이 연결할 때 나타나는 저항이 다르다. 우수한 다이오드일수록 그 차
이는 더욱 커진다. 기호에서 보면, 화살표에 ⊕전압을 인가하고 선에 ⊖전압을 인가할

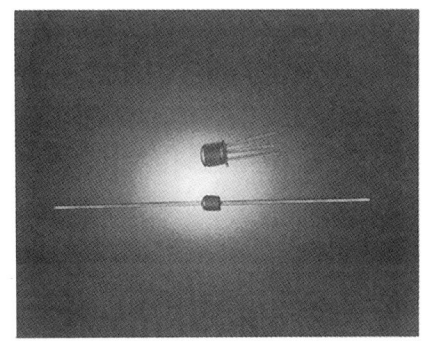

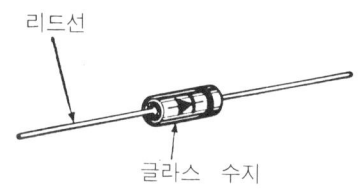

리드선

글라스 수지

그림 16.2 다이오드의 실물(좌)과 스케치(우)

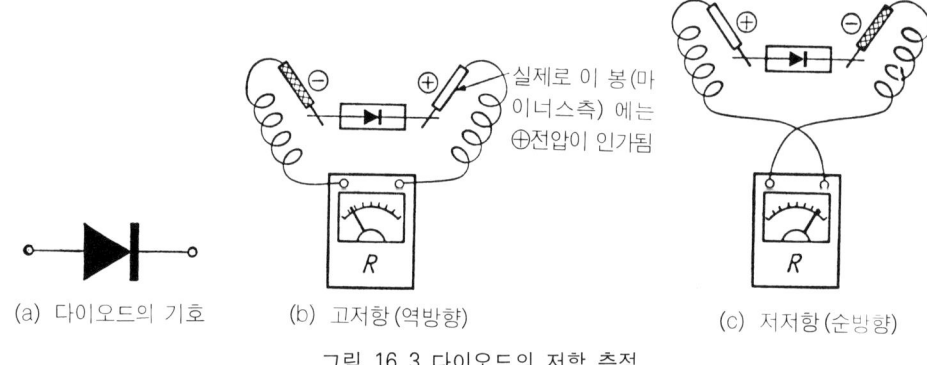

(a) 다이오드의 기호   (b) 고저항 (역방향)   (c) 저저항 (순방향)

실제로 이 봉(마이너스측)에는 ⊕전압이 인가됨

그림 16.3 다이오드의 저항 측정

때 저항이 낮으며, 역방향일 때 저항이 매우 높은 것을 알 수 있다.

그러므로 다이오드의 기호는 "화살표 방향으로 전류가 잘 흐르고 있다"라는 것을 의미한다. 이와 같이 전압의 인가 방향에 대하여 저항이 변화하는 현상을 **정류성**이라 하고 다른 용어로는 '비직선적 특성'이라고도 한다. 이에 비하여 저항 등은 **직선적 특성**을 갖는다.

다이오드의 특성

다이오드는 전압의 인가 방향에 대하여 저항이 변하는 것을 관찰하였다. 여기서는 정량적으로 어느 정도 변화하는가를 설명하겠다. 이때 필요한 것은 전압-전류특성곡선($V-I$ 특성곡선)이다. 여기서는 하나의 VI 특성을 구해보자. 이 방법은 트랜지스터의 경우도 그대로 사용될 것이다.

VI 특성이란 전압과 전류의 관계이므로, 측정기가 두 개 필요하지만, 여기서는 테스터 두 개를 사용하기로 하자.

그림 16.4와 같이 테스터를 연결하고 그 중 하나를 직류전압용(10V 정도의 측정범위)으로 고정하고 화살표에 ⊕단자를 연결한다. 다른 테스터를 100mA 정도 범위의 직류전류계로 고정하여 전지에 직렬로 연결한다. 전지는 처음에 1.5V를 연결한다. 이 때, 전압이 1.3V, 전류가 20mA라면 그래프 용지의 가로축에 1.3V, 세로축에 20mA의 점을 표시한다.

다음은 두 개의 전지로 3V를 연결하고 전지에 저항을 직렬로 연결하면, 여러 가지 전

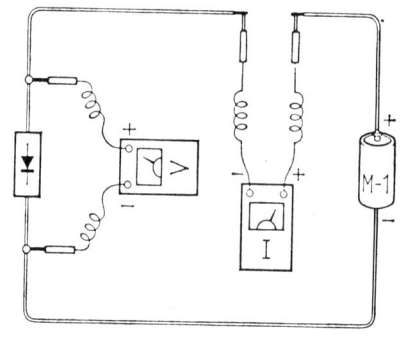

그림 16.4 다이오드의 VI 특성 측정

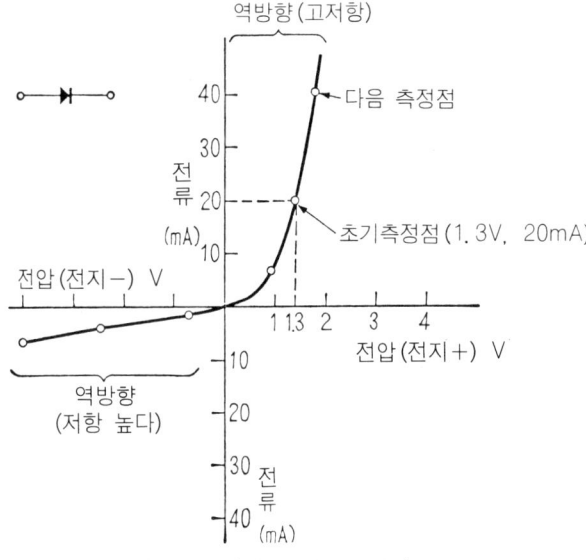

그림 16.5 다이오드의 *VI* 특성

류－전압관계를 구할 수 있으며 측정된 점을 동일한 그래프에 점으로 표시한다. 그러면 그림 16.5와 같이 1상한의 곡선를 그릴 수 있다. 이 그래프의 중심은 전압이 0이고 다이오드의 화살표 방향에 ⊕를 인가하므로 1상한의 특성만 알 수 있을 것이다.

다음으로 전지의 방향을 역으로 하고, 테스터의 단자를 서로 바꾸면 역방향 특성을 구할 수 있다. 그래프의 중심은 전압, 전류가 모두 0이므로, 0보다 우측이 ⊕전압, 좌측이 ⊖전압이고, 아래쪽이 ⊖전류, 위쪽이 ⊕전류이다.

이와 같이 구한 다이오드의 *VI* 특성은 그림 16.5와 같다. 특성곡선의 우측 부분은 저항이 낮아 순방향이라 하고, 좌측은 저항이 높아 역방향이라 한다.

저항이란

"저항이란 무엇인가?" 라는 질문에 직접 답하기는 매우 어렵다. 여기서 하나의 관계식, 즉 옴의 법칙을 설명해 보자.

$$R\,(\text{옴}) = \frac{V\,(\text{볼트})}{I\,(\text{암페어})}$$

이것을 약간 수정하면

$$I = \frac{1}{R} \cdot V$$

와 같이 된다. 이와 같은 식에 대한 그림을 다시 한번 그려 보면 이것은 1차 방정식이

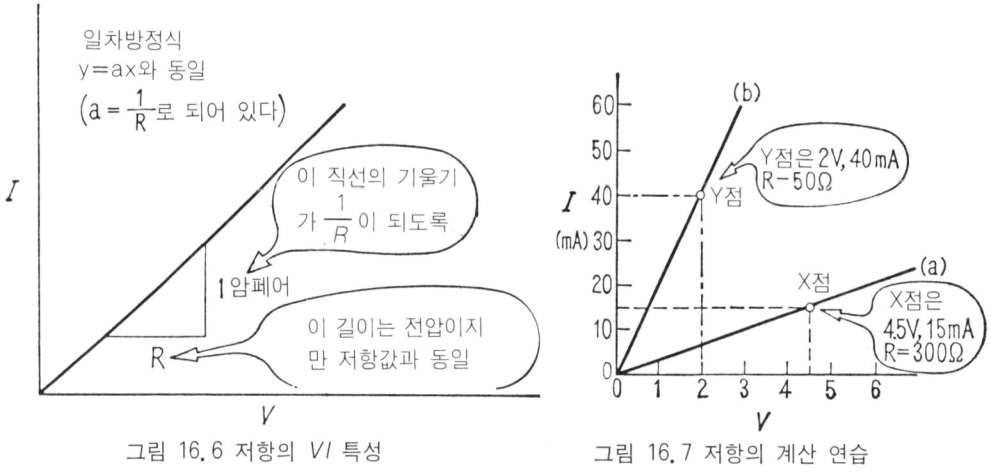

그림 16.6 저항의 VI 특성   그림 16.7 저항의 계산 연습

다. 1차 방정식은 직선이 되므로, 그림 16.6과 같으며, 이 직선의 기울기가 $1/R$이 되는 것이다. 그러므로 그래프상에 직선으로 나타나는 전류-전압 관계에서는 바로 저항을 구할 수 있는 것이다. 그림 16.7(a)와 같은 직선의 저항은 X점이 4.5V와 15mA이므로 $4.5/0.015 = 300\,\Omega$이 된다. 마찬가지로 (b)와 같은 직선의 저항은 Y점이 2V, 40mA점을 지나므로 $2/0.04 = 50\,\Omega$이 된다. 이와 같이 그래프상에서 직선이 서 있는 상태이면 저항이 낮고, 누워 있는 상태이면 저항이 높은 것을 알 수 있다.

다이오드의 저항

다이오드의 저항을 위와 같은 방법으로 구해 보자. 그림 16.5를 보면, VI 특성이 직선은 아니다. 그림 16.8과 같이 그 곡선에 가장 근접한 직선을 그려보자. 이렇게 하여 구한 순방향 저항은 55Ω, 역방향 저항은 450Ω 정도이다. 이와 같이, 구한 값은 오차

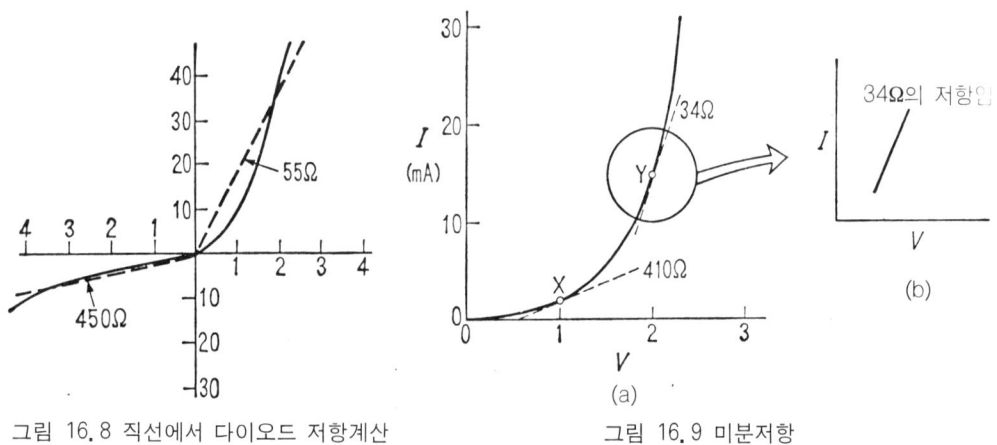

그림 16.8 직선에서 다이오드 저항계산   그림 16.9 미분저항

가 그리 크지 않다.

그러나 다이오드와 같이 비직선 특성을 보일 때
는 그래프의 접선을 사용한다. 접선은 수학적으로
미분에 의하여 구하므로 **미분저항**이라 불린다. 그
림 16. 9에서 미분저항을 구해 보자. 그림의 X점
에서 접선을 그어보면 접선의 기울기가 1V일 때
저항이 410Ω이라는 것을 알 수 있다. 마찬가지로
Y점, 즉 2V에서는 34Ω의 저항을 나타내므로 저
항이 크게 변화하는 것을 알 수 있다.

미분저항 관찰

결국, 다이오드와 같이 비직선 특성을 보일 때 미분저항은 그림과 같이 전류가 증가
할수록 저항이 낮아지게 된다.

그러면 미분저항이라는 것은 어떻게 고찰하여야만 하는가? 여러분이 실제로 트랜지
스터 회로를 구성하여 음악이나 방송신호를 입력시켜 보면, 보통 이 신호는 그림 16. 5
의 특성에 비하여 매우 작기 때문에 동작점(예를 들면 Y점) 근처의 특성만 필요하게
된다. 이 부분을 확대하면 그림 16. 9(b)와 같으므로 결국 미분저항만을 고려한 것과
같을 것이다.

트랜지스터의 *VI* 특성

지금까지는 다이오드의 *VI* 특성을 설명하였다. 지금부터는 트랜지스터의 *VI* 특성을
설명하고자 한다. 트랜지스터에는 여러 종류가 있으므로 2SB라는 문자가 붙어 있는
트랜지스터를 선택해 보지. 2SB○○○의 트랜지스터는 가장 많이 사용하고 있는 pnp
형 저주파 트랜지스터로서 게르마늄으로 제작한 것이다.

트랜지스터는 3개의 단자를 가지고 있으며 **그림 16. 10**과 같이 이미터, 베이스, 컬렉
터가 분포되어 있다. 컬렉터에 적색점이 표시된 것도 있다.

트랜지스터의 내부 구조나 동작은 앞에서 설명하였으므로, 여기서는 생략하겠다. 그
러면 테스터를 이용하여 트랜지스터의 저항을 측정해
보자. 단자가 3개이므로 2개씩 측정하여야 한다. 즉,

① E와 B 사이 ② C와 B 사이 ③ E와 C 사이
와 같이 세 경우를 측정할 수 있다(그림 16. 11).

먼저 E와 B 사이에 테스터의 ⊕⊖단자를 다이오드
에서와 같이 연결하여 저항을 측정한다. 트랜지스터의
기호를 만들기 위하여 그림 16. 11(b)와 같이 다이오
드를 E−B 사이에 연결한다.

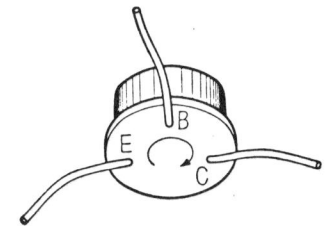

아래에서 본 모형

그림 16. 10 트랜지스터의 리드

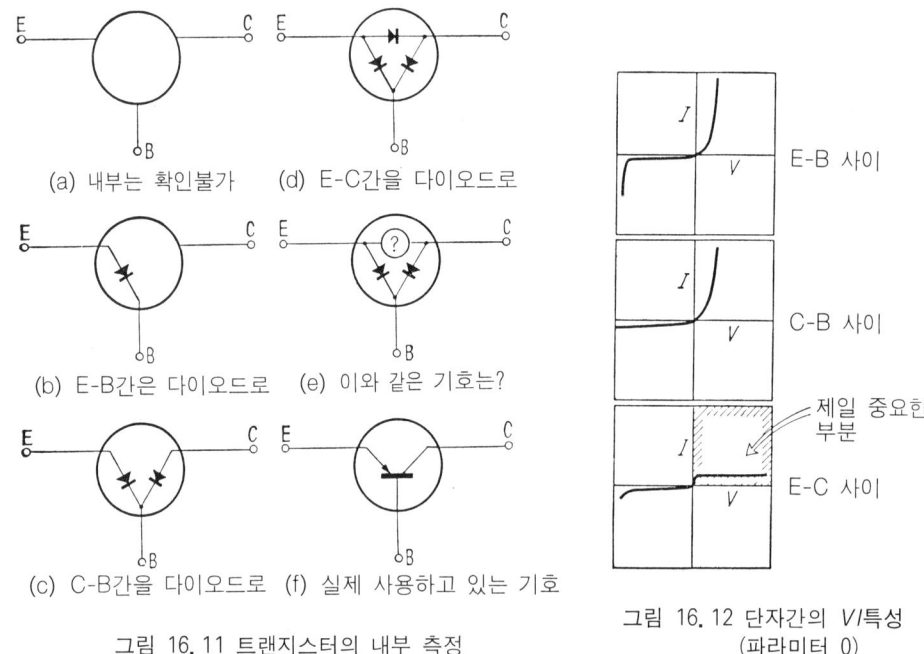

(a) 내부는 확인불가   (d) E-C간을 다이오드로

(b) E-B간은 다이오드로   (e) 이와 같은 기호는?

(c) C-B간을 다이오드로   (f) 실제 사용하고 있는 기호

그림 16.11 트랜지스터의 내부 측정

그림 16.12 단자간의 VI특성
(파라미터 0)

다음은 C와 B 사이의 저항을 측정해 보면, 여기서도 마찬가지로 다이오드의 경우와 동일한 특성을 구할 수 있다. 그러므로 기호에 그림 16.11(c)와 같이 다이오드를 삽입시킬 수 있다. 다이오드 기호의 세로 막대쪽이 베이스에 연결되어 있는 것을 알 수 있다.

마지막으로 E와 C 사이를 측정해 보자. 이 경우도 다이오드와 같이 어느 정도 정류성 특성을 보이지만 양방향 모두 비교적 저항이 높은 편이다. 그러면 기호는 (d)와 같이 될까? 실은 약간 다르다. 이 경우는 완전한 다이오드가 아니므로 (e)와 같이 표시하는 것이 옳을 것이다.

트랜지스터 기호는 약속에 의하여 그림 16.11(f)와 같이 되었다. 어쨌든 테스터를 이용, 저항을 측정하여 구성한 기호와 유사한 것이다.

다이오드에서와 마찬가지로 트랜지스터의 VI 특성을 구해 보자. 다이오드는 2개의 단자만 있으므로 VI 특성을 구하기 쉬웠지만, 트랜지스터는 3개의 단자를 가지고 있으므로 VI 특성을 구하기 위하여 앞의 설명과 같이, 세 가지 경우가 필요할 것이다.

이에 대하여 전부 그려놓은 것이 **그림 16.12**이다. E-B와 C-B는 다이오드와 대체로 동일하며, E-C간의 그래프는 약간 다르지만, 양방향 모두 고저항이 된다.

그러나 단자가 3개일 경우, 이것이 전부는 아니다. 예를 들면, E-B간의 특성은 C단자를 개방해 놓고 측정한 것이다. 만약 C단자에 전지를 연결하거나 전류를 흐르게 한다면 그림 16.11에서 알 수 있듯이 E-B간의 저항이 다소 변하지는 않을까?

실제로 그렇다. 그러므로 그림 16.12는 특별히 C에 흐르는 전류를 0으로 하여 구한 것이다. 이와 같은 상황은 우리 사회에서도 마찬가지이다.

예를 들면 남녀 두 사람이 결혼을 약속해도 제3자인 친구가 반대하거나 부모가 찬성하는 등 여러 가지 조건이 영향을 미치는 것이다.

전기에서 이 제3자를 '파라미터(parameter)'라고 한다. 그러므로 파라미터를 변화시키면 주된 특성도 여러 가지로 변하는 것이다. 위의 예에서는 컬렉터 전류가 파라미터이다.

파라미터는 컬렉터 전압 또는 전류일 수도 있다. 그림 16.12에서는 2개의 단자간 전류, 전압관계를 하나의 그래프로 표시하였지만, 그 조합을 바꾸거나 파라미터를 변화시키면 매우 많은 그래프가 생성될 수 있는 것이다. 우리들이 필요로 하는 것은 다음과 같은 조건에서 구한 전류－전압관계이다.

① E－C간의 전압과 컬렉터에 흐르는 전류의 관계
② 파라미터는 베이스 전류
③ C의 전압이 ⊖일 때

이를 컬렉터 출력 특성이라 한다(그림16.12).

컬렉터 출력 특성

여기서는 가장 많이 사용되고 있는 이미터 접지의 경우 컬렉터 출력 특성을 구해 보자. 실은 트랜지스터 회로에는 이외에도 몇 가지 접속방법이 있고 npn 트랜지스터도 있지만, 여기에서는 pnp 트랜지스터를 이용한 이미터 접지회로만 철저히 고찰해 볼 것이다.

이미터 접지회로는, 이미터를 접지시키고 입력과 출력의 공통선으로 사용하기 때문에 공통 이미터라 하기도 한다. 기호는 그림 16.13과 같이 약간 회전시켜 이미터를 아래로 하여 사용한다. 그러면 베이스는 입력, 컬렉터는 출력이 된다. 이와 같은 사용법이 가장 보편적인 것이다.

출력 특성을 측정하기 위하여 그림 16.13과 같이 컬렉터와 이미터 사이에 전압계(측정범위 20V)를 연결하고, 컬렉터측에 ⊖단자를 연결하여 전압을 측정하면 V_{CE}, 즉 E－C간 전압을 구할 수 있다.

다음은 컬렉터에 전류계(측정범위 10mA)를 연결하고 컬렉터측에 ⊕단자를 연결한다. 전류계이므로 직렬로 연결해야만 한다. 이렇

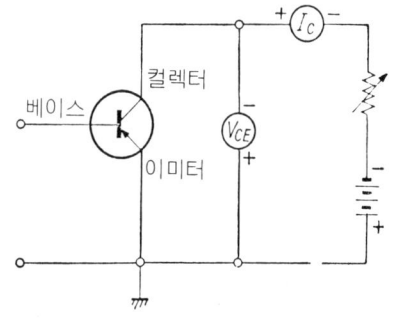

그림 16.13 이미터 접지

게 측정된 전류는 I_C이다. 이 전류계와 직렬로 가변저항기 (100kΩ)와 전지(45V)를 그림 16.13과 같이 연결하고, 베이스에는 아무것도 연결하지 않는다.

여기서 가변저항기를 조금씩 변화시키면 V_{CE}와 I_C가 조금씩 변화한다. 이것을 다이오드의 경우와 마찬가지로 그래프로 그린다(그림 16.14). V_{CE}는 ⊖전압, I_C도 컬렉터에서 외부로 흐르므로 ⊖이다(보통 유입되는 방향을 ⊕로 한다). 전부 ⊖이기 때문에 그래프 그리기가 어려우므로 그림 16.

V_{CE}와 I_C의 관계가 가장 좋다

14(a)와 같이 회전하여 그래프를 1상한으로 이동한다. 눈금은 ⊖로 고친다.

그래프는 그림 16.14(b)와 같은 실선이 된다. 즉, 전압을 인가하여도 전류는 약간만 흐르므로 저항은 매우 높은 상태가 된다. 이때, 베이스는 개방되어 있으므로 전류는 0, 즉 $I_B=0$이다. 그러므로 파라미터는 $I_B=0$이 되므로 그래프의 적당한 곳에 이를 표시한다.

$I_B=0$일 때 I_C의 값(그림 16.14(b)에서 약 0.2mA 정도)을 특히 I_{CEO}라 한다. c는 컬렉터 전류, E는 이미터 접지, o는 베이스가 개방된 상태를 표시한다. I_{CEO} 값은 보통 카탈로그에 표시되어 있으며 수십 μA 정도이다.

V_{CE}에 따라 I_{CEO}는 약간 다르기 때문에 일반적으로 $V_{CE}=-10V$일 때의 값을 표시한다. 다음은 파라미터, 즉 베이스 전류의 변화에 대한 특성을 구해 보자.

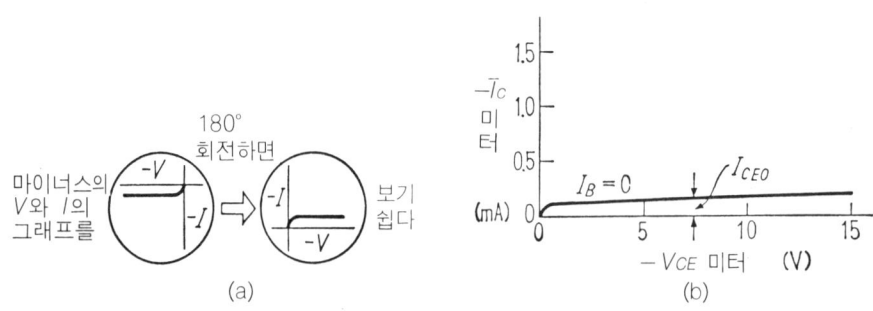

그림 16.14 트랜지스터의 출력 특성 구성

파라미터는 베이스 전류

여기서는 파라미터로서 베이스 전류를 취해 보자. $I_B=0$일 때는 측정하였으므로, 여기서는 $I_B=10\mu A$인 경우를 생각해 보자. 이를 위하여 그림 16.15와 같이 전지, 가변저항, 전류계를 직렬로 연결한다. 전지의 방향은 베이스에 ⊖가 오도록 연결한다. 이때 B−E간의 다이오드를 생각해 보면 저항이 낮은 상태, 즉 순방향 바이어스 상태가

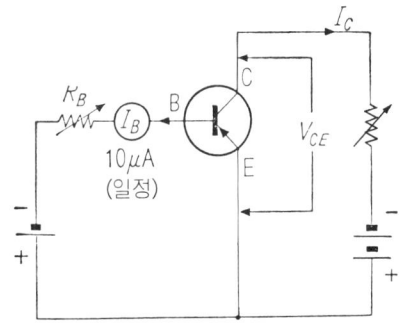

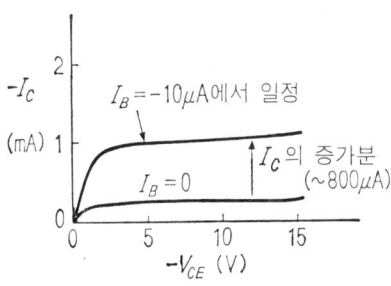

그림 16. 15 베이스 전류의 흐름   그림 16. 16 I_B에 따른 출력 특성의 변화

되므로 전지의 전압은 비교적 작아도 무관하다.

출력(컬렉터)에 연결된 전류계에서 I_C를 측정해 보면, I_B가 10μA로 증가할 때 I_C는 어떻게 변화하는가? 놀랍게도 I_C는 1mA 정도까지 흐를 것이다.

I_B를 10μA로 고정시키고 컬렉터 전압을 변화시켜 VI특성을 구해보면, 그림 16. 16과 같이 1mA까지 상승하는 특성을 구할 수 있을 것이다. 그 이유는 제12장과 제13장을 참고하면 알 수 있다.

이와 같은 VI특성의 변화는 I_B의 변화에 대해서만 일어나는 것은 아니다. 트랜지스터의 온도를 올리거나 빛을 조사할 때에도 동일한 현상이 발생할 수 있다.

여기서 중요한 사항은 I_B가 10μA 정도만 증가하여도 I_C는 800μA 정도까지 증가한다는 사실이다. 즉, 전류가 증가하는 증폭작용이 발생한다. 증폭률은

$$\frac{800\mu A}{10\mu A} = 80$$

와 같이 80배 가량 된다. 이것을 (직류) 전류증폭률, h_{FE}라 한다. 여기서 h는 h파라미터(이것에 대한 의미는 나중에 설명하겠다), F는 Forward의 F, E는 이미터 접지, F, E와 같은 대문자는 직류를 표시한다.

물론 이 h_{FE}가 크면 클수록 트랜지스터의 성능이 우수한 것이다. 이 값은 트랜지스터의 카탈로그에 대체로 기재되어 있다.

여기서 주의해야 할 점은 그림 16.16과 같이 V_{CE}가 −5V에서와 −15V에서 h_{FE}가 다르다는 사실이다. 또한 I_B가 10μA와 100μA일 때도 다르다. 그러므로 정확히 말하자면, $V_{CE}=-10$V, $I_B=-10\mu$A라고 동작점(물론 이점은 변할 수 있

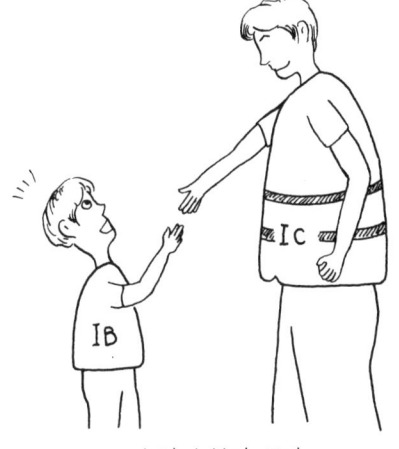

I_C가 I_B보다 크다

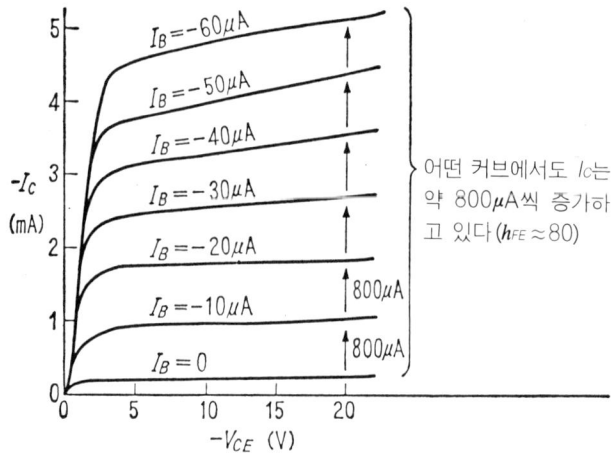

그림 16. 17 I_B에 따른 출력 특성

다)을 기재해야만 한다.

트랜지스터와 같이 비직선적인 성질(임의의 양이 일정하지 않고 바이어스에 따라 변하는 성질)을 가진 소자에서는 필수적인 것이다.

I_B를 10μA뿐만이 아니라 100μA까지 몇 단계에 걸쳐 출력 특성을 측정해 보면 **그림 16. 17**과 같이 표시된다. 매우 훌륭한 특성임을 알 수 있다. 이와 같은 특성곡선은 전에도 언급하였지만 이용도가 매우 광범위하다.

입·출력관계를 사람에 비유해 보자. 사람은 뚱뚱한 사람, 홀쭉한 사람 등이 있다. 홀쭉한 사람이 항상 식사를 조금 하는 것은 아니다. 아무리 식사량을 제한해도 뚱뚱해지는 사람도 있을 것이다. 이와 같은 차이점은 식사입력의 증폭률이 다르기 때문이다. 물론 누구든지 식사를 하면 힘이 나는 것이지만 그 효율이 다른 것이다.

조금만 먹어도 힘이 솟는 건강한 사람은 우수한 특성을 지닌 인간 트랜지스터인 것이다. 그림16. 17의 그래프에는 7개의 곡선만 표시하였지만 I_B를 조밀하게 변화시키면 더욱 많은 곡선을 얻을 수 있을 것이다. 동작점은 이 곡선상에 있는 것으로 오해하지 말기 바란다.

이 그래프 전체가 곡선으로 가득 차 있는 것으로 생각해야만 한다.

그림16. 17의 곡선은 전류계와 전압계를 이용하여 측정할 뿐만이 아니라 트랜지스터 특성곡선검출기(curve tracer)에 의하여 간단히 측정할 수도 있다. **그림 16. 18**이 한 예이다.

사람마다 증폭률이 다르다

특성을 자세히 관찰하면 I_B에 의하여 I_C가
증폭되고 있는 것을 알 수 있을 것이다. 여
기서는 트랜지스터의 내부에서 일어나는 현
상에 대해서는 생략하고 외부에서만 관찰한
특성에 대하여 살펴보았다.

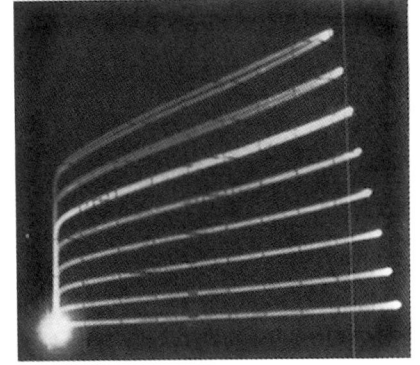

그림 16. 18 컬렉터 출력 특성

제16장 요점

다이오드는 비직선 특성을 지니고 있다.
저항 특성을 그래프로 그리면 직선이 된다.
트랜지스터에서는 이미터 접지 특성이 중요하다.

제16장 연습

문 1 전자공학을 구성하는 다음 4가지를 기본적인 요소부터 나열하라.

　　① 회로

　　② 재료

　　③ 장치

　　④ 부품

문 2 다이오드의 저항은 보통 직선적인가? 비직선적인가?

문 3 이미터 접지 출력 특성은 무엇인가? 또한 파라미터는 무엇인가?

146

제 **17** 장
증폭회로의 기초

부하선의 이용

앞 장에서 설명한 출력 특성은 트랜지스터의 특성이다. 즉 외부에 어떠한 저항이 연결되어도 이에 관계없이 트랜지스터가 지닌 특성인 것이다.

여러분들이 사회생활을 시작하면 그 곳에는 의리도 인정도 오랜 습관도 있을 것이다. 개인주의적인 행동은 적응하지 못할 것이므로 다른 사람과 조화, 즉 외부사회와 협조하면서 살아가야만 한다.

트랜지스터 회로의 경우도 마찬가지로 외부에 연결된 회로소자를 고려하지 않는다면 회로 전체는 제대로 동작하지 않을 것이다. 그러므로 부하선(동작선)을 고려해야만 한다.

트랜지스터의 출력회로(역시 pnp이미터 접지에서)에 그림 17.1과 같은 부하저항 R_L과 전지 V_{CC}를 연결하고 C′와 E′ 사이의 VI 특성을 구해 보자. 이것은 앞서 설명한 바와 같이 그림 17.2의 저항 특성에 전지의 전압 V_{CC} 만큼의 변화를 보이고 있다. 이는 $I=0$일 때(단자개방)도 단자에는 V_{CC}가 출력되므로 $I=0$에서 $V=V_{CC}$인 점으로

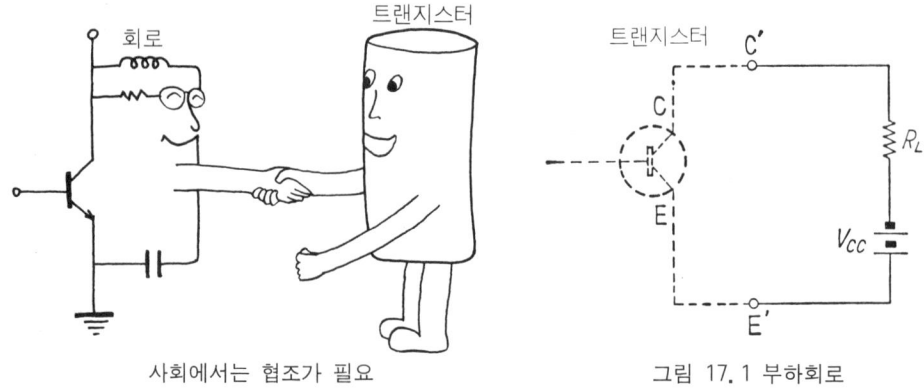

사회에서는 협조가 필요 　　　　　　그림 17. 1 부하회로

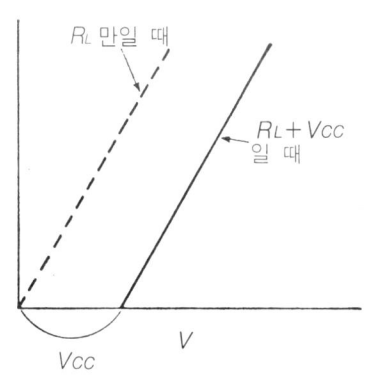

그림 17.2 R_L과 V_{CC} 직렬의 특성

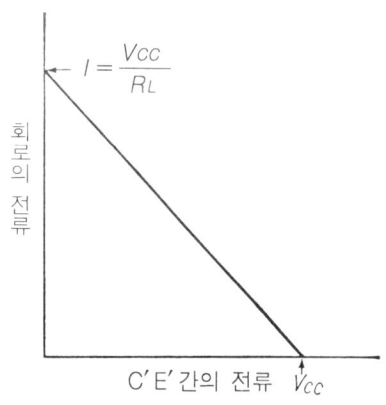

그림 17.3 부하선의 특성

평행이동하면 구할 수 있다.

그러나 이와 같은 그래프는 트랜지스터 특성과 함께 사용할 수 없다. 즉, 앞장에서 나타낸 그림 16.17이나 그림 16.18과 함께 생각하기 위하여 그림 17.2의 좌표축을 고쳐야 한다. 중요한 것은 이 R_L+V_{CC}의 특성이 아니라, 이것을 트랜지스터에 연결할 때, 회로에 흐르는 전류와 트랜지스터 단자간의 전압관계이다.

그러면 다음과 같이 생각해 보자. 먼저 그림 17.1에서 C'와 E'를 단락시키면 회로에는

$$I = \frac{V_{CC}}{R_L}$$

와 같은 전류가 흐를 것이다. 이는 트랜지스터가 단락된 상태이므로 그림 16.17에서 I_C 축 상의 점이 된다. (트랜지스터의 특성은 단락된 상태가 없으므로 이는 가상적인 것이다.)

다음에 C'와 E'를 개방한다. 그러면 출력전압은 V_{CC}가 그대로 출력된다. 이는 트랜지스터 특성에서 V_{CE}축이 된다.

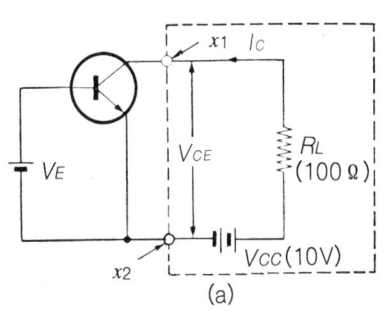

(a)

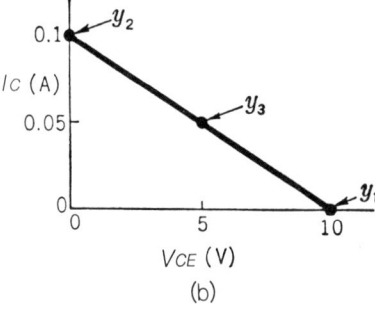

(b)

그림 17.4 부하선의 고찰

이와 같이 생각해 보면, 트랜지스터에 인가된 전압과 흐르는 전류의 관계는 그림 17.3과 같고 그림 17.2와 기울기가 역방향인 것을 알 수 있다.

숫자로 실제 계산해 보기 위하여 그림 17.4와 같은 회로를 구성해 보자. 처음에 점 x_1과 x_2를 떨어뜨리면 컬렉터 전류는 0이 된다. 그러나 전압(V_{CE})은 출력된다. x_1이 잘려 있으므로 x_1과 x_2 사이를 선압계로 측성하면 V_{CC}(10V)가 그대로 검출된다. 즉, x_1과 x_2를 떨어뜨리면 $I_C=0$A, $V_{CE}=10$V가 된다. 이 점을 그림 17.4(b)의 그래프상에 찍으면 점 y_1이 된다.

다음에 x_1과 x_2점을 단락시켜 보자. 단락시키면 전압은 0이 되므로 V_{CE}는 0이 된다. 이 때 전류는

$$I_C = \frac{V_C}{R_L} = \frac{10V}{100\Omega} = 0.1A$$

만큼 흐르므로 $V_{CE}=0$V, $I_C=0.1$A인 점 y_2를 구할 수 있다. 다음에 x_1과 x_2 사이에 100Ω을 연결해 보면,

$$I_C = \frac{V_C}{100\Omega + R_L} = \frac{10V}{200\Omega} = 0.05A$$
$$V_{CE} = 100\Omega \times I_C = 100\Omega \times 0.05A = 5V$$

와 같이 되어 점 y_3를 구할 수 있게 된다. 이와 같이 계속하면 그림 17.4(b)와 같은 직선을 구할 수 있는 것이다.

결국, 회로의 전압과 전류의 조합은 이 직선상의 임의의 점에 놓여 있게 된다(그림

그림 17.5 좁은 길(부하선) 밖에 걸을 수 없다

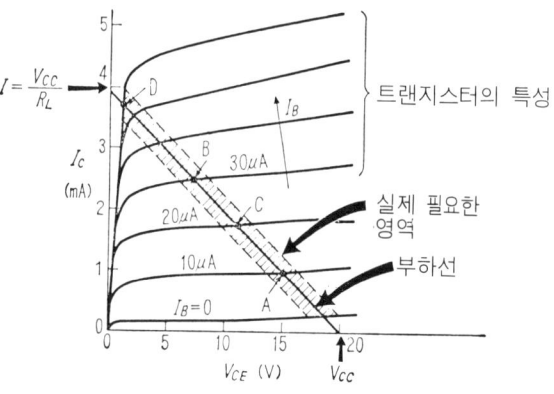

그림 17.6 트랜지스터 특성과 부하선의 조합

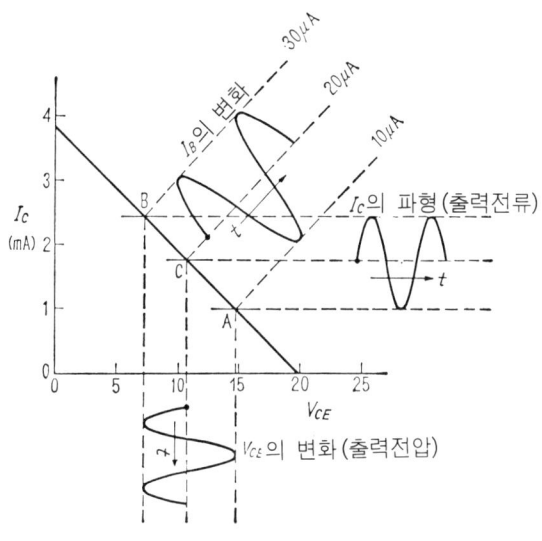

그림 17.7 I_B, I_C, V_{CE}의 변화 관계

17.5). 트랜지스터가 회로에 연결되어 있으면, 그림 17.6과 같이 그림 16.17과 그림 17.3을 조합한 그래프를 구성할 수 있으며, 트랜지스터의 I_C와 V_{CE}도 이 직선상에 있어야만 한다. 그러므로 출력 특성에서 필요한 부분은 이 부하선과 겹쳐지는 미세한 부분인 것이다.

그림 17.6을 자세히 관찰해 보자. 그림에서 $V_{CC}=20V$, $R_L=5k\Omega$인 것을 알 수 있다. 먼저 $I_B=10\mu A$라면, 이 때 $V_{CE}=15V$, $I_C=1mA$인 점 A에서 부하선과 겹치는 것을 알 수 있다(전류는 항상 트랜지스터에 유입되는 것이 ⊕이다). 다음에 $I_B=30\mu A$라면 $V_{CE}=7.5V$, $I_C=2.5mA$인 점 B가 된다. 즉, I_B가 $10\mu A$에서 $30\mu A$로 $20\mu A$ 증가할 때, I_C는 1.5mA 증가하는 것이다. 또한 I_C는 그대로 R_L에 흐르므로 $R_L=5k\Omega$에 걸리는 양단간의 전압은 $5V(1mA\times5k\Omega)$에서 $12.5V(2.5mA\times5k\Omega)$로 증가한다. 증가분만 구할 때는 그림에서도 쉽게 구할 수 있다.

만약 I_B가 정현파로서 입력되었다면, 그림 17.7과 같이 I_B는 C점($I_B=20\mu A$)을 중심으로 증감한다. I_B는 부하선상을 움직이므로 이를 부하선에 수직방향으로 표시한다. t는 시간을 나타낸다.

마찬가지로 I_C와 V_{CE}도 이에 따라 좌표축을 변환시킨다. 따라서 그림과 같이 I_C가 증폭되는 것을 알 수 있다.

동작점이란

그림 17.7에서 신호가 없을 때, 부하선상의 점 C를 동작점이라 한다. 이 동작점은 $V_{CE}=12V$, $I_C=1.8mA$, $I_B=20\mu A$인 경우이다. 입력신호가 작을 때는 관계 없으나

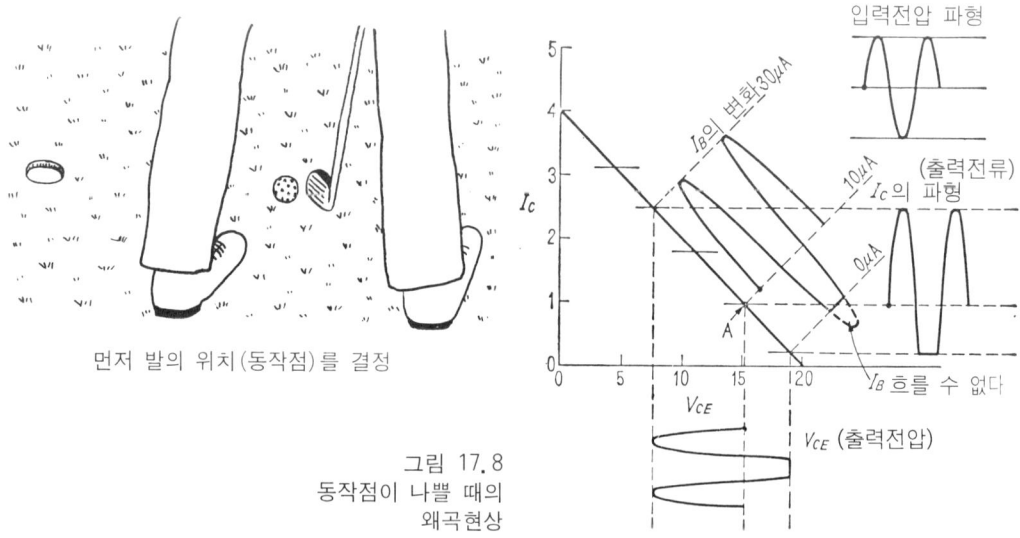

먼저 발의 위치(동작점)를 결정

그림 17.8
동작점이 나쁠 때의
왜곡현상

입력신호가 클 때는 부하선의 중심에 동작점을 두는 것이 유리하다.

동작점을 A로 하고 진폭 $40\mu A$인 I_B를 입력시키면 그림 17.8과 같이 베이스에 입력된 전압파형은 정현파이지만 베이스가 역 바이어스되면 $I_B=0$이 되어 버린다. 그러므로 출력의 아랫부분이 잘려 이상한 파형이 출력되는 것이다.

따라서 I_B가 0이 되는 것은 바람직한 현상이 아니므로 트랜지스터를 잘 동작시키기 위해선 바이어스 조건을 조정하여 위와 같은 현상이 일어나지 않도록 해야 한다.

바이어스 회로의 설계

이 절에서는 바이어스 회로를 설계해 보자. 먼저 트랜지스터는 그림 16.17과 같은 출력 특성을 지닌 것으로 가정한다. 전에는 전압이 20V, 부하를 5kΩ으로 하였지만 여기서는 $V_{CC}=15V$, 부하저항을 3kΩ으로 한다. $V_{CE}=-10V$로 하고 동작점을 선택해 보자.

그림 16.17에서 V_{CE}축의 $-15V(=V_{CC})$와 $I_C=-5mA$를 직선으로 연결하여 $V_{CE}=-10V$와 겹치는 점을 구해 보면, I_B는 약 $-20\mu A$ 정도가 된다.

그러므로 회로에서는 그림 17.9(a)와 같이 출력회로를 연결하고 입력은 3V 정도의 전지(V_{BB})에 가변저항을 연결하여 $I_B=-20\mu A$가 되도록 조정하면 원하는 동작점을 구할 수 있을 것이다.

V_{CC}와 I_C가 변화하였으므로 동작점의 위치는 그림 17.6의 경우와 약간 다를 것이다. 그림 16.17에 부하선을 그어 동작점을 구해 보아라.

가변저항기를 사용하는 것은 매우 불편하므로 V_{BB}를 15V로 고정하고 베이스−이미

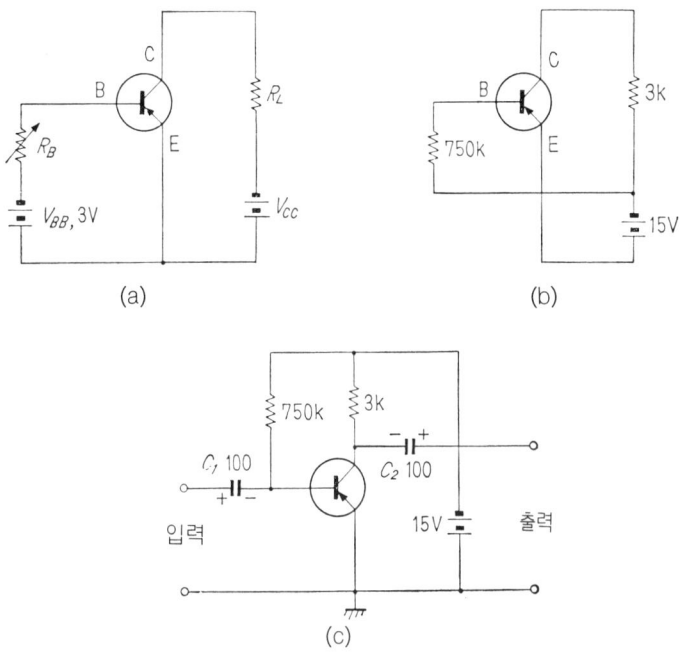

그림 17.9 간단한 바이어스 회로의 설계

터 간의 전압강하를 매우 작게 조절하면 저항 R_B 는

$$R_B = \frac{V_{BB}}{I_B} = \frac{15\text{V}}{20\mu\text{A}} = 750\text{k}\Omega$$

가 된다.

 이것을 자세히 살펴보면, V_{CC} 도 15V의 전지를 사용하고 있으므로 두 개의 전원을 공통으로 사용해도 될 것이다. 즉 V_{CC} 와 V_{BB} 를 그림 17.9(b)와 같이 공통으로 사용할 수 있다. 이때도 $I_B = -20\mu\text{A}$ 인 것이다.

 다음에 입력이 교류가 된 경우를 고찰하기 위하여 그림 17.9(c)와 같이 콘덴서를 연결한다. 컬렉터 전압이 -10V 정도이므로, 이것이 다음 단의 입력으로 사용되기는 곤란할 것이다. 그림 17.9(c)는 매우 훌륭한 바이어스 회로로서 실제로 많이 사용되고 있다. 게르마늄은 온도특성이 나쁘기 때문에 더욱 복잡한 회로가 필요하다. 그러나 실리콘 트랜지스터는 이 정도의 회로로도 충분할 것이다.

 온도 특성에 대해서는 다음에 설명할 것이다. 그러면 C_1 과 C_2 의 값은 어느 정도가 적당할까? C 와 R 이 병렬 또는 직렬로 연결되어 있을 때 그 회로의 시정수는 $R \times C$ 임을 알고 있을 것이다. 이 결합용 C 의 용량이 작다면 저주파는 통과할 수 없으며, R 은 트랜지스터의 입력저항이 되는 것이다.

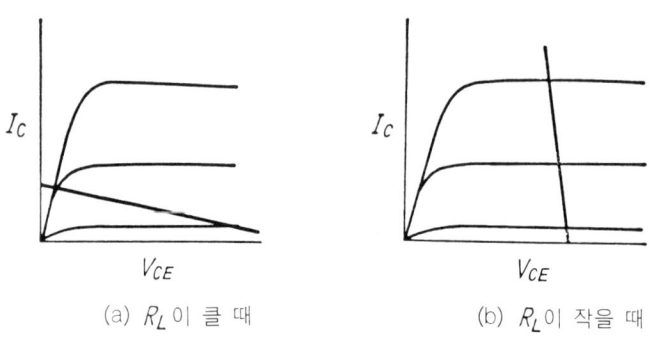

(a) R_L이 클 때　　　　　　(b) R_L이 작을 때

그림 17. 10 R_L의 대소에 의한 부하선의 변화

입력저항에 대해서는 나중에 설명하겠지만, 지금은 $1\mathrm{k}\Omega$으로 가정한다. 그렇게 되면 10Hz까지의 주파수를 통과시키기 위해서는 시정수 $1/10=0.1\mathrm{sec}$가 필요하다. 그러므로 C는

$$C = \frac{0.1}{R} = \frac{0.1}{1000} = 0.0001\mathrm{F} = 100\mu\mathrm{F}$$

정도가 필요할 것이다. 내전압이 낮아도 대용량의 C가 필요하므로 보통은 전해 콘덴서를 사용한다. 전해 콘덴서는 극성이 있으므로 그림 17.9(c)와 같이 연결해야만 한다. 결과적으로 간단한 바이어스 회로를 제작할 수 있을 것이다.

부하저항이 매우 작거나 크다면 어떻게 되는지를 생각해 보자. 만약 R_L이 충분히 크다면 I축과의 교점, 즉 V_{CC}/R_L이 작아져 그림 17.10(a)와 같이 부하선은 상당히 기울어지는 것이다. 이때는 I_B가 변해도 I_C는 거의 변하지 않지만, V_{CE}는 크게 변하게 된다.

출력전압은 V_{CE}의 진폭과 같으므로 이 경우는 큰 출력을 얻을 수 있지만, 동작점을 선택하기 어렵고, 불안정해서 왜곡현상을 일으킬 수 있을 것이다.

반대로 R_L이 작다면 부하선은 그림 17.10(b)와 같이 서 있게 되므로 출력전압은 작아져서 최적의 부하저항이 존재하게 된다. 교류신호에 대해서는 다음 단의 입력 임피던스가 R_L과 병렬로 입력되므로 교류부하선을 함께 고찰해야 하므로 매우 복잡해진다.

활성영역의 이용

그림 17.6에서 출력 특성을 살펴보자. 만약 이 트랜지스터에서 베이스에 $\oplus$전압을 인가해 보자. 즉, B-E간에 역 바이어스를 인가한 경우이다. 이때 $\oplus$방향의 I_B가 베이스에 흐르지만 거의 $I_B=0$이 되므로 $I_B=0$의 선이 된다. 이때 트랜지스터는 전혀 동작하지 않을 것이다(이를 **차단영역**이라고 한다).

그러면 반대로 그림 17.6에서 $I_B=-100\mu\mathrm{A}$ 정도가 흐르면 어떻게 될까? 부하선과

특성곡선은 D점에서 교차하고 그 이상 I_B를 증가시킬 수 없게 된다.

이 D점에서는 I_B에 60μA 이상 흐르도록 할 경우, 반드시 이 점에서 동작하므로 완전히 증폭하지 못하는 것이다.

이는 입력이 매우 커서 출력의 전원을 전부 사용해도 부족한 경우이다. 즉, 과식한 경우와 마찬가지가 된다. 이를 '포화상태'라 하며 컬렉터 접합은 전압이 부족하여 역바이어스가 인가되지 못하는 것이다.

이를 자세히 관찰해 보면 트랜지스터에는 세 가지 동작영역이 존재하게 된다. 즉, 이 책에서 설명하고 있는 증폭회로는 이 세 영역 중 제일 중간의 가장 잘 동작하는 영역인 활성영역을 설명하고 있는 것이다. 이를 '선형증폭'이라 한다. 뒤에 이 두 영역에 대한 이용방법을 설명하겠지만 스위칭 동작, 즉 펄스 증폭기 등에 이용되고 있다.

동작점이 한쪽으로 기울어져 있다면 심한 왜곡 파형이 일어나게 되지만, 펄스에서는 별로 영향을 미치지 않는다. 이 때 트랜지스터의 특성상에서 부하선상의 끝에서 끝까지 왔다갔다 할 뿐이지만, 그래도 증폭동작은 잘 이루어지고 있는 것이다.

제17장 요점

부하선은 음의 기울기를 가진 직선이다.
트랜지스터의 동작은 부하선상에서 이루어진다.
동작점이 부적당하다면 파형이 왜곡된다.

제17장 연습

문 1 부하저항이 커지면 출력 특성상 부하선의 기울기는 어떻게 변하는가?

문 2 임의의 회로 중에 트랜지스터의 동작점을 어떻게 알 수 있는가?

문 3 베이스 회로에 30μA의 바이어스 전류를 흘려보내고 전원의 전지전압이 12V일 때 전원과 베이스 단자간의 저항은 얼마인가?

문 4 포화영역에서 트랜지스터는 증폭되는가?

제 **18** 장

바이어스 회로

증폭회로에 대한 고찰

여기서 지금까지 설명한 것을 정리해 보자. 트랜지스터를 잘 동작시키기 위해서는,

① 출력 특성 중심부(신호가 왜곡되지 않도록)에서 동작점을 결정한다.

② 부하 저항값을 이용하여 부하선을 긋는다.

③ 양호한 동작점을 구하기 위하여 컬렉터 전압 V_{CE}와 베이스 전류 I_B를 결정한다.

④ 해당 베이스 전류를 흐르게 하기 위하여 베이스 저항을 결정한다.

이와 같은 순서로 각 소자값을 결정한다. 이를 그림 18.1에 설명하였다. 이 그림은 매우 간단한 바이어스 회로로서 우수한 동작을 하므로 이 회로에 대하여 좀 더 설명하겠다.

바이어스의 의미

그림 18.1과 같이 컬렉터와 베이스는 바이어스 전압 및 전류가 가해지도록 설계되어

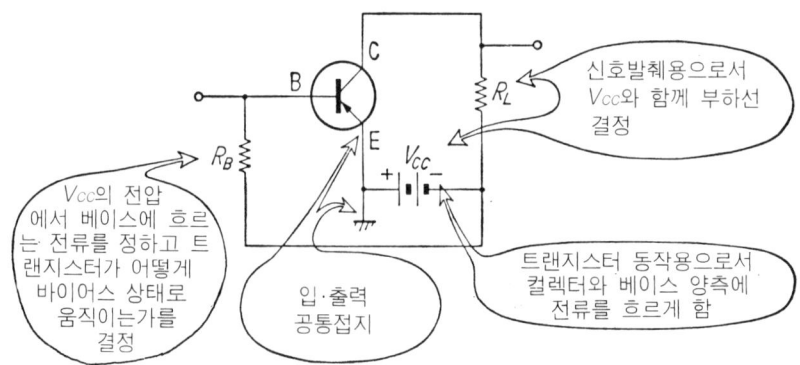

그림 18.1 간단한 이미터 접지회로의 동작

야 한다. 왜 이렇게 복잡한 과정이 필요한 것인가? 작은
신호를 크게 하는, 즉 증폭이라는 것은 전기에너지가
크게 되었다는 의미이다. 그러므로 전기에너지가 어떠
한 도움 없이 크게 되었다면, 이는 에너지 보존법칙이
라는 대불변의 법칙에 위배되는 것이다.

식사를 잘하면 일도 잘한다

　이는 별도 형태의 에너지, 즉 직류에너지를 바이어스
로 가하여 그 일부를 교류로 변환시키는 것이다. 그러므
로 증폭이라는 것은 에너지의 형태를 변환시키는 것과
동일한 작용을 한다.

　이는 우리들이 식사하면서 에너지를 섭취하는 것과 동일한 과정이다. 식사에 의해서
신체는 항상 활동할 수 있는 상태가 되는 것이다. 만약 식사량이 적다면 잘 움직일 수
없고, 또 너무 과식하여도 안 되는 것이다. 바이어스도 마찬가지로 모자라도 안 되며
많아도 트랜지스터는 파괴되어 버리는 것이다.

출력 특성과 부하선

　그러면 다시 한 번 부하선에 대하여 설명하겠다. 그림 18.2는 이미터 접지의 출력
특성곡선들이다.

　여기서 부하선을 그려 보면 음의 기울기를 가진 직선이 된다. 이 부하선은 그래프 상
에서 V_{CC}값과 저항 R을 이용하여 구할 수 있다.

　부하선을 어떻게 연결하면 좋을까? 그림 18.3과 같이 먼저 전압(V_{CE})이 매우 높다
면, 그림의 우측 점선 외측에서 트랜지스터는 파괴될 것이다.

　또 전류를 높게 흘려주면, 그림 상단에서 선이 타서 끊어져 버릴 것이다. 전류와 전
압의 제한선 범위 내에 존재할지라도 그 곱(전력)이 크다면 발열에 의하여 트랜지스터
가 타버릴 것이다. $V_{CE} \times I_C$가 일정한 선은 쌍
곡선 형태가 되어 그림의 우측 상단과 같은
곡선을 형성하며 이 선 외부에서는 동작할 수
없는 것이다. 또한 V_{CE}가 매우 낮거나 I_C가
매우 작으면 파형이 왜곡되며 트랜지스터의
특성이 여러 가지 의미에서 일정하지 않으므
로(비직선적이라 한다) 입력과 출력의 형태가
동일하지 않게 된다.

　그러므로 출력 특성 중에 제한구역이 많이
존재하게 된다. 신호가 클 때 동작점을 결정

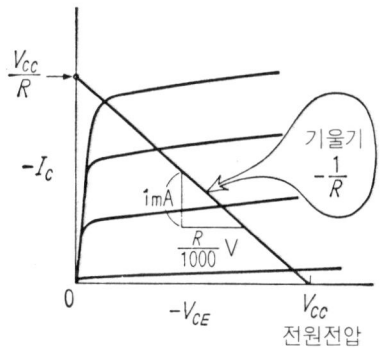

그림 18.2 부하선의 형태

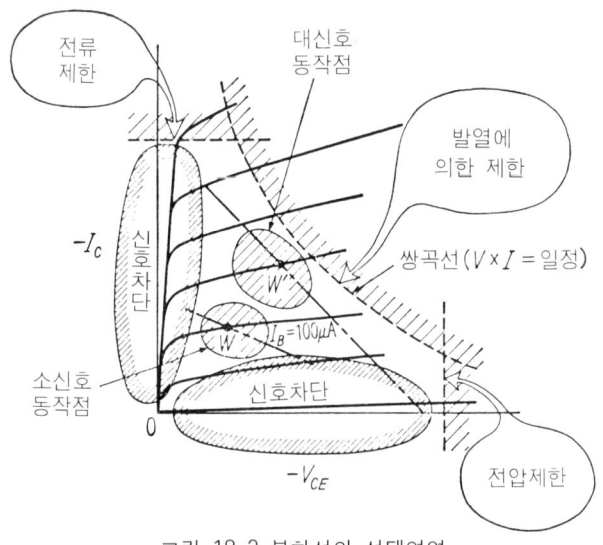

그림 18.3 부하선의 선택영역

하기란 매우 어렵지만 신호가 작을 때는 부하선상에서 신호의 진폭이 작아 부하선의 끝에서 끝까지 필요하지 않기 때문에 부하선의 구석에서 발생하는 신호의 왜곡을 걱정할 필요는 없다. 그러므로 동작점이 원점 방향에 근접할 수 있으며(즉, $-V_{CE}$, $-I_C$가 작아져 0부근에 접근한다) 그림과 같이 동작범위를 표현할 수 있는 것이다. 이 때 의외로 최적의 부분은 매우 좁게 된다.

다음에는 이 범위가 온도 등에 의하여 변화하면 별도의 바이어스가 사용되어야만 하므로 이에 대하여 설명하겠다.

베이스에 연결된 저항

그림 18.1에서 베이스에 연결되어 베이스 전류 I_B를 결정하는 저항 R_B는 어떻게 결정할 수 있는가? 베이스와 이미터 회로만을 취해 보면, 그림 18.4와 같이 된다. 전원 V_{CC}로부터 흐르는 전류는 트랜지스터의 E에서 B로 향하며 저항 R_B를 통하여 다시 전지로 돌아오는 것이다.

베이스와 이미터 단자간에는 어느 정도의 전압이 걸려 있다. 또는 I_B가 흐르므로 전압강하가 발생한다고 생각해도 좋다. 이 전압을 V_{BE}라 한다.

그러면 V_{BE}는 어느 정도의 전압인가? 실리콘 트랜지스터의 베이스—이미터 전압 특성은 거의 이

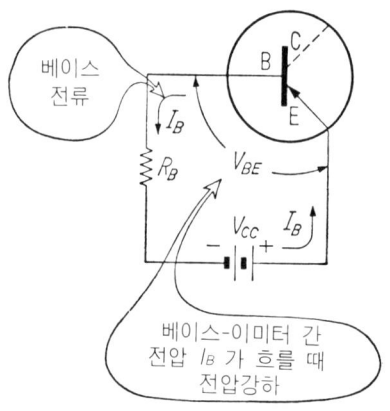

그림 18.4 베이스만의 회로

미터 접합(앞서 설명한 pn접합)의 순방향특성과 동일하다.

지금 고찰하고 있는 것은 pnp트랜지스터이므로 p, 즉 이미터에 ⊕전압이 인가되어 순방향이 된다. 베이스-이미터 간 특성의 한 예를 그림 18.5에 나타내었다. 그림에서 베이스 전류가 $200\mu A$일 때, V_{BE}는 약 0.6V가 되고 이 전압은 베이스 전류가 변해도 그다지 변하지 않는다.

즉, 베이스-이미터 간에는 항상 0.6V의 전지가 존재한다고 생각할 수 있으며 만약 그림 18.4에 전원 V_{CC}를 12V로 하면 이에 비하여 0.6V는

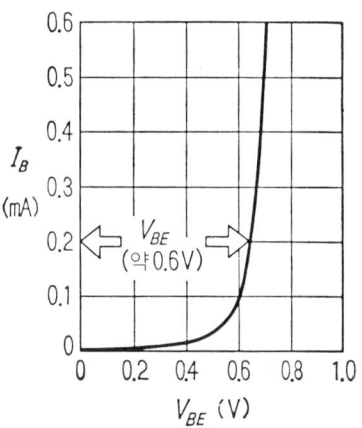

그림 18.5 베이스-이미터 간의 특성

1/20 정도이므로 V_{BE} 를 거의 0으로 간주할 수 있다. 그러므로 R_B에만 전류가 흐르는 것으로 가정한다.

$$R_B = \frac{V_{CC}}{I_B} (\Omega) \tag{18.1}$$

V_{BE} 값은 실리콘 트랜지스터의 경우 0.6V이지만, 게르마늄 트랜지스터의 경우는 0.4V가 된다.

고정 바이어스 회로

지금까지 설명한 그림 18.1의 회로를 고정 바이어스라 부른다. 바이어스 회로 중에 가장 간단한 회로로서 결점도 있지만 실험 등에서 널리 사용하고 있다.

여기서 회로를 설계하는 연습을 해보자. 일본 회사인 도시바社의 2SB56(게르마늄, 합금 pnp형)을 예로 들겠다. 이 트랜지스터의 출력 특성은 그림 18.6과 같으며, 일반적으로 트랜지스터 카탈로그에 나타나 있다.

이 트랜지스터의 컬렉터-이미터 전압의 최대정격(이 이상의 전압에서는 파괴됨)은 약 25V정도이므로 전원전압 $V_{CC}=12$V이면 안전하다. 신호가 작다면 6V 정도에서도 사용이 가능하다. 소비전력은 50mW로 선이 그어져 있다. 이 트랜지스터의 최대 소비전력은 150mW이므로 50mW 정도면 충분히 안전하다.

최대정격을 하나하나 살펴보지 않아도 출력 특성곡선은 보통 최대정격 이상은 나타나지 않으므로 특성곡선의 내측(원점방향)에서 사용하면 안전할 것이다.

다음은 부하선을 그림과 같이 그어 보자. $V_{CE}=-12$V인 점을 지나고 적당한 기울기를 갖는 직선을 그어 본다. 이 때 부하선(L_2)과 같이 누운 직선을 선택하면 이득은 커

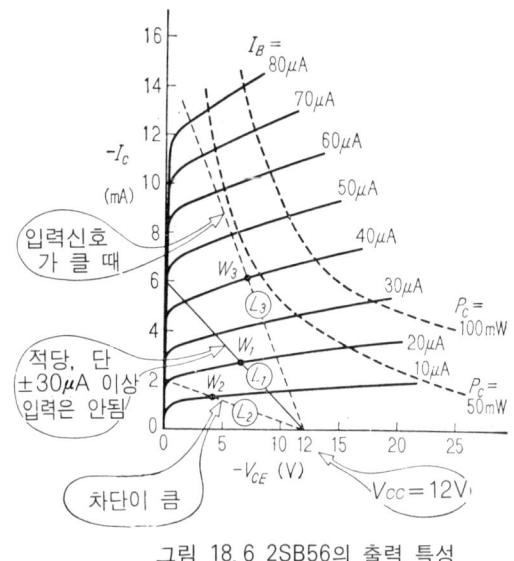

그림 18.6 2SB56의 출력 특성

지지만 그림에서 $I_B=10\mu A$ 이하의 특성곡선은 나타나지 않았으므로 이 부근에서는 직선성이 나빠지고, 또 입력이 약간만 증가해도 역시 왜곡현상이 일어나는 것이다. 따라서 L_1 정도의 부하선이 적당하다.

그러나 만약 입력신호(베이스 전류)가 매우 커져 $\pm30\mu A$ 정도가 입력되면, 이 경우도 왜곡현상이 발생함을 알 수 있다. 이러한 경우에는 부하선을 L_3까지 이동하여 사용한다. 이 때 전력이 역시 증가하므로 50mW 이상이 될지도 모른다. 또한 L_3 부하선에 $\pm40\mu A$ 정도를 입력시키면 역시 왜곡이 발생하므로 이러한 경우는 V_{CC}를 더욱 증가시키거나 별도의 트랜지스터를 사용하여 전력을 공급해야 한다.

이와 같이 하여 L_1의 부하선을 선택하고, 그 중심 부근에서 동작점(W_1)을 결정한다.

그림 18.6을 다시 보면, 부하선 L_1은 $I_C=-6mA$ 정도의 점을 지나므로 저항 R_L은

$$R_L = \frac{V_{CC}}{I_C} = \frac{-12\text{V}}{-6\text{mA}} = 2\,\text{k}\Omega \tag{18.2}$$

와 같이 된다. 또한 R_B는 동작점이 $I_B=20\mu A$를 통과하므로 식 18.1을 사용하여

$$R_B = \frac{V_{CC}}{I_B} = \frac{12\text{V}}{20\mu\text{A}} = 600\,\text{k}\Omega \tag{18.3}$$

이 된다. 완성된 회로는 그림 18.7과 같다. 보통 예와 같이 R_L은 $1\sim10\text{k}\Omega$, R_B는 트랜지스터마다 다르지만 $100\text{k}\Omega\sim1\text{M}\Omega$ 정도의 범위이다.

실제 회로에서는 그림과 같이 콘덴서를 연결하여 직류를 차단하는 것이 필요하다. 이

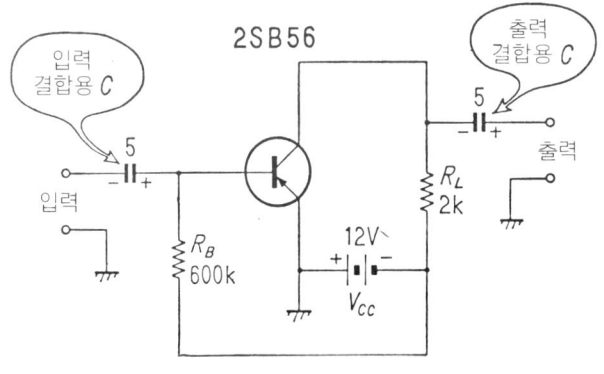

그림 18.7 설계한 회로

것에 대해선 다음에 설명하겠지만 그림과 같이 $5\mu F$ 정도를 연결하면 적당하다.

　만약 카탈로그에 출력 특성이 없고 전기적 특성표만 표시되어 있다면 다음과 같이 설계하면 된다. 먼저 V_{CC}를 앞서 설명한 바와 같이 결정한다. 그리고 트랜지스터를 동작시키기 위한 컬렉터 전류($-I_C$)를 결정한다. 그림 18.6의 예에서는 $I_C = -2.5\text{mA}$ 정도이지만, 보통 소신호에서는 $1 \sim 5\text{mA}$ 정도면 적당하다.

　$V_{CC} \times I_C$가 어느 정도의 전력이 되는가에 관해 조사해 보자. 이 예에서는 $12\text{V} \times 2.5\text{mA} = 30\text{mW}$ 정도이다. 이 값이 카탈로그에 표시된 최대정격의 1/3 정도면 충분하다.

　다음에 카탈로그에는 직류 전류증폭률(h_{FE})이 표시되어 있다. 바로 전에 구한 컬렉터 전류를 사용하면 동작점에 필요한 베이스 전류는

$$I_B = \frac{I_C}{h_{FE}} \tag{18.4}$$

에서 구할 수 있다. $h_{FE} = 100$이라면 상기 예에서 $2.5\text{mA}/100 = 25\mu A$가 된다. 그러므로 R_B값은 식 18.1에서 $12\text{V}/25\mu A = 480\text{k}\Omega$으로 결정된다.

　동일한 종류의 트랜지스터일지라도 h_{FE}값은 매우 달라서 50에서 150 정도까지 변한다. R_B 값은 h_{FE}에 따라 변하므로 결정하기 매우 까다롭다. 일반적으로 카탈로그에 표준값이 표시되어 있으므로 이들을 이용하여 계산할 수 있다.

특성은 일정치 않다

　지금까지 설명한 고정 바이어스 회로는 간단하나 단점도 있다. 그 중 첫번째가 온도에 의하여 트랜지스터 특성이 변화하기 때문에 동작점의 위치가 변하여 파형이 왜곡되거나 심할 경우, 발열에 의하여 트랜지스터가 파괴되어 버리는 것이다.

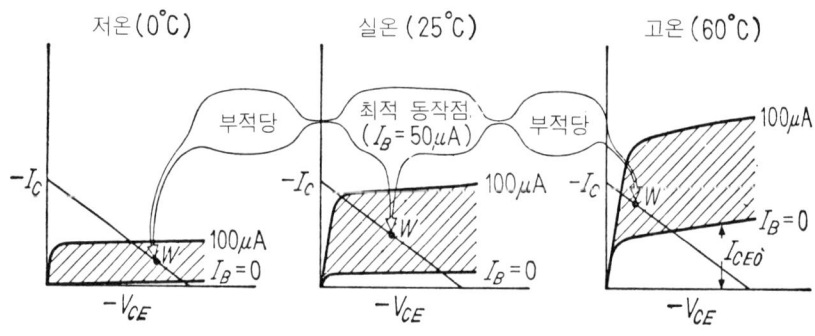

그림 18.8 온도에 따른 특성 변화

트랜지스터의 주변 온도는 한여름과 겨울철에 30℃까지 변화하게 되고 동작에 의한 자체 발열로 더욱 뜨거워진다.

그림 18.8은 동일한 트랜지스터에서 온도가 변할 때 출력 특성의 변화를 나타낸 것으로서, 실온에서 최적의 동작점일지라도 저온이나 고온에서 적당치 않은 동작점으로 변해 버릴 수 있다. 또한 베이스 전류(그림에서 실온의 경우 $50\mu A$) 자체도 변해 버린다.

두 번째 결점은 동일한 트랜지스터일지라도 h_{FE}가 다르기 때문에 만약 고정 바이어스를 사용할 경우, 그림 18.9와 같은 트랜지스터에서 동작점이 변하여 정확한 설계를 할 수 없으며 왜곡의 원인이 되기도 한다.

이와 같이 온도나 트랜지스터에 의하여 발생하는 변화를 가능한 한 최소로 하기 위하여 바이어스 회로에 대하여 좀 더 깊은 연구가 필요하다.

고정 바이어스법은 이와 같이 결점도 많지만 트랜지스터의 동작원리를 이해하기에 가장 기본적인 회로이므로 기억하는 것이 유리하다.

온도에 의한 변화

온도가 상승하면 왜 그림 18.8과 같이 출력 특성이 변하는가를 생각해 보자. 출력

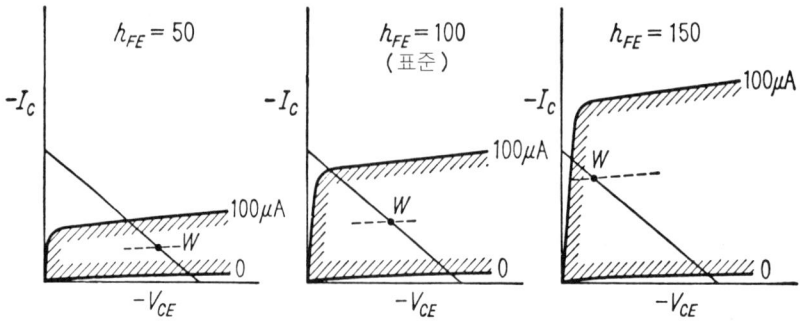

그림 18.9 h_{FE}가 다른 트랜지스터의 특성 비교($I_B = 50\mu A$)

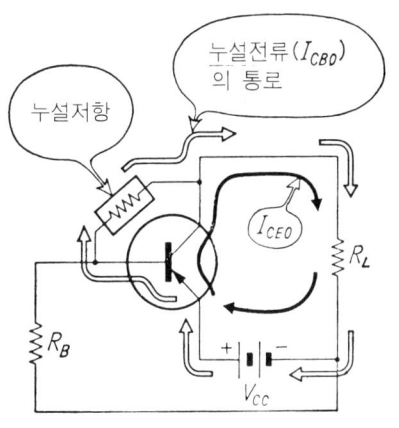

그림 18. 10 누설전류 I_{CBO}

온도상승에 따라 누설은 증가한다

특성에서 베이스 전류가 0인 선을 I_{CEO}라 하였으며 온도가 증가하면 이 I_{CEO}가 크게 증가하는 것을 그림 18.8에서 알 수 있다. 이 전류가 작으면 작을수록 우수한 트랜지스터이다. 그림 18. 10을 살펴보면, 컬렉터와 베이스 간에 저항이 연결되어 있다.

이 저항은 실제로 외부에서 연결된 것이 아니라 트랜지스터 내부에서 자연히 발생한 것이므로 보통 이 저항은 직선적인 VI 특성을 지니고 있지 않다. 이 저항을 통하여 흐르는 전류는 필요한 전류는 아니므로 **누설전류**(leakage current)라 한다. 컬렉터와 베이스 간을 흐르기 때문에 I_{CBO}라 한다.

그러면 이 I_{CBO}는 회로에서 어떻게 흐르는가를 조사해 보자. 이 전류는 이미터에서 베이스를 통하여 전원으로 흐르는, 즉 그림에서 백색 화살표와 같은 경로를 통하여 흐른다. 이 베이스 단자에서 보면, I_{CBO}는 베이스 단자를 그대로 흐르고 있다는 것을 알 수 있다. 베이스에 흐르는 전류는 어떻게 될까? 역시 증폭될 것이다. I_{CBO}는 대체로 h_{FE} 정도로 증폭하여 I_{CEO}가 되며 검은색 화살표와 같이 컬렉터 회로에 흐르는 것이다 (그림 18.10).

I_{CBO}는 온도가 약간만 변하여도 비교적 크게 변화한다. 보통 10℃ 정도 변하면 I_{CBO}는 2배 정도 변화한다. 소신호용 게르마늄 트랜지스터에서 I_{CBO}는 25℃에서 5μA 정도이므로 h_{FE}가 50이면 I_{CEO}는 250μA 정도가 되는 것이다.

만약 온도가 45℃로 변하면 I_{CBO}는 4배, 즉 20μA로 증가하여 I_{CEO}는 20μA×50＝1mA가 되어 출력 특성이 매우 틀려진다. 그러나 실리콘 트랜지스터의 I_{CBO}는 게르마늄의 1/100 이하이므로 그다지 문제되지는 않는다.

그림 18.5에 나타낸 B-E 특성도 역시 온도에 따라 변화한다. 온도가 상승하면 곡선은 좌측 방향으로 이동하여 결국 베이스 전류가 약간 변하게 되는 것이다.

온도가 상승하면 베이스 전류는 증가하게 되고 트랜지스터 특성도 변하므로 이를 보상하는 대책이 있어야만 한다.

안전한 바이어스 회로

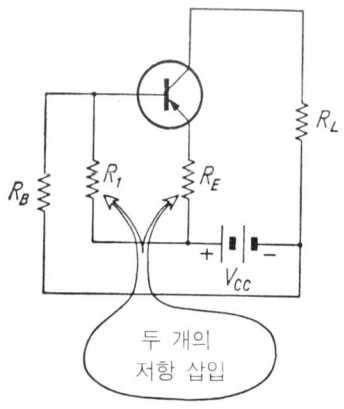

그림 18. 11 전류궤환 바이어스 회로

먼저 **그림 18. 11**과 같이 하나의 저항 R_E를 이미터와 전원간에 연결하고 별도의 저항 R_1을 베이스와 접지에 연결한다. 이 회로는 **전류궤환법**이라 하여 광범위하게 사용되고 있다. 이 회로에 대하여 설명해 보자.

먼저 그림 18.10의 I_{CBO}의 흐름의 일부분을 그림 18. 12에 나타내었다. 만약 R_1의 저항을 R_E보다 매우 작게 하면, I_{CBO}의 대부분은 R_1을 통하여 흐르므로 실제 베이스 단자에 흐르는 전류는 작아지게 된다(그림의 가는 화살표). 그러므로 온도의 변화에 대하여 출력 특성의 $I_{CBO}(I_B = 0)$는 그다지 변화하지 않는 것이다.

만약 온도가 상승하면 I_C가 증가하여 **그림 18. 13**과 같은 현상이 발생한다. I_C가 증가하면 이는 R_E를 통하여 흐르므로 그림과 같이 전압강하가 발생한다. 이 전압강하에 의하여 R_1과 베이스, 이미터를 통한 전류가 흐르게 되고 이 전류는 베이스 전류와 방향이 반대가 된다. 그러므로 베이스 전류는 감소하게 되어 결국 I_C는 증가하지 않고 일정하게 유지되는 것이다.

이 효과는 트랜지스터의 종류에 관계없이 발생한다. 즉, 만약 h_{FE}가 큰 트랜지스터로 교환한다면 동일한 I_B일지라도 I_C는 더 크게 증가하게 되지만, 전과 같이 I_B는 감소하게 되어 어떠한 트랜지스터일지라도 I_C는 일정하게 유지되는 것이다.

이와 같이 출력에 어떠한 변화가 발생할 때 변화분을 입력으로 다시 회귀시켜 출력의

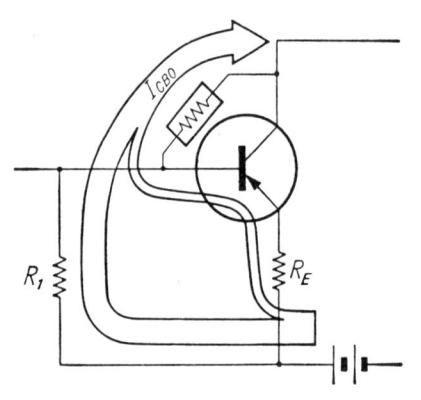

그림 18. 12 I_{CBO}는 대부분 R_1을 통과

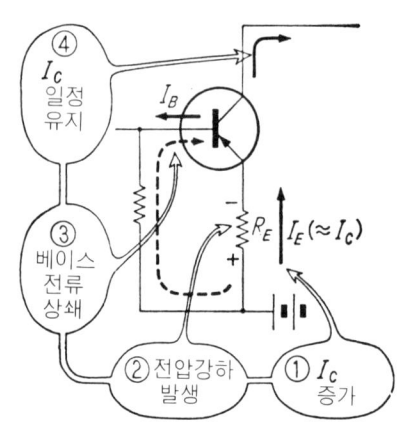

그림 18. 13 부궤환의 효과

변화를 제거하거나 또는 증가시키는 방법을 궤환(feedback)이라 한다. 변화를 제거하려면 출력변화의 역신호를 다시 입력시키면 되는데, 이를 부궤환이라 한다.

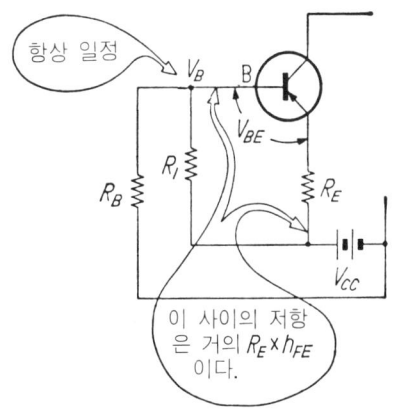

그림 18.14 V_{BE}의 보상

마지막으로 온도에 대한 베이스-이미터 간의 특성변화를 그림 18.14를 이용하여 설명한다. 이미터 접지 트랜지스터는 궤환저항 R_E가 존재할 때 베이스 접지와의 저항은 $R_E \times h_{FE}$가 된다. 이는 I_B의 h_{FE} 배에 해당하는 전류가 R_E에 흐르게 되어 전압강하도 h_{FE} 배가 되므로 결국 h_{FE} 배의 고저항이 연결된 것과 같은 효과를 나타낸다.

그러므로 R_E를 어느 정도 이상 크게 하면, B-E 간의 저항은 거의 무시할 수 있을 정도가 된다. 그림 18.14에서 R_B와 R_1을 작게 하면, V_B와 I_B에 관계없이 거의 일정한 전압이 유지되므로 부궤환이 걸리는 것이다.

제18장 요점

바이어스는 트랜지스터에 전기에너지를 인가하는 것이다.
부하선은 여러 가지 조건으로 제한된다.
전류궤환 회로는 표준 바이어스 회로이다.

제18장 연습

문 1 고정 바이어스 회로에는 어떠한 결점이 있는가?

문 2 실리콘 트랜지스터의 V_{BE}는 어느 정도인가?

문 3 소신호 트랜지스터의 컬렉터 전류는 다음 중 어느 정도인가?

　① $10 \sim 100\mu A$

　② $1 \sim 5mA$

　③ $10 \sim 30mA$

　④ $50 \sim 100mA$

문 4 온도가 상승하면 트랜지스터의 I_{CEO}는 어떻게 변하는가?

증폭회로의 설계

생활조건의 선택

　지금까지 설명한 내용은 트랜지스터의 이미터 접지 증폭회로 구성시, 바이어스 회로를 어떻게 연결하는가에 대한 사항이었다. 바이어스란 다른 용어로 말하자면 생활조건과 같은 의미이다. 사람은 모두 생활의 기초가 되는 가정이 있고 그 곳에서 매일 좋은 컨디션으로 출퇴근한다면 사회생활도 즐거울 것이다.

　만약 조금이라도 생활의 리듬을 깨는 사건이 발생한다면(예를 들어서, 가족이 병이 난다던가, 전기나 수도가 끊어져 버리거나, 버스나 지하철이 파업한다면) 사소한 일이라도 정신적

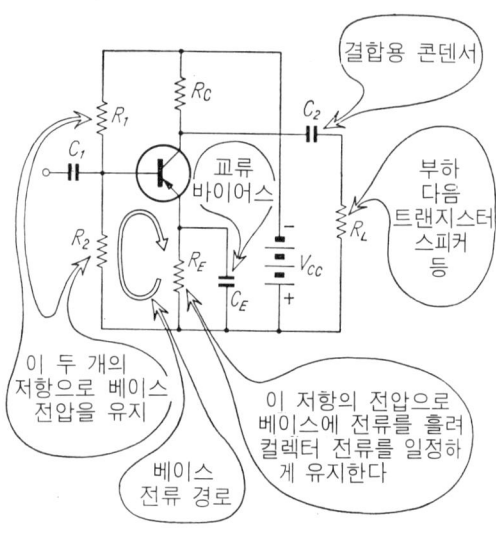

그림 19. 1 표준 바이어스 회로의 동작

으로 큰 영향을 받을 것이다.

트랜지스터의 생활조건도 마찬가지로 양호한 바이어스 조건을 인가하면 별다른 고장 없이 장시간 동작할 수 있을 것이다.

매우 양호한 증폭소자는 복잡한 바이어스 회로가 필요 없다. 이런 점에서 트랜지스터는 진공관보다 우수한 소자이나 그래도 완전무결한 소자라고는 할 수 없다. **그림 19.1**은 지금까지 설명한 표준회로이다. 이 회로의 원리는 앞서 설명한 바 있지만 다음과 같다.

(1) R_1과 R_2를 이용하여 전류를 일정하게 유지한다.

(2) R_E를 첨가시켜 R_E 양단에서 발생하는 전압에 의하여 베이스에 전류가 흐르도록 함으로써 컬렉터 전류를 일정하게 유지한다(즉, 전류를 궤환시킨다).

부하선

부하선과 출력 특성의 관계를 그림 19.1의 회로에서 고찰해 보자. 이 회로에서 컬렉터 회로(전원과 컬렉터, 이미터를 연결하는 회로)에 있는 저항은 R_C와 R_E이다. 그러므로 부하선은 $R_E + R_C$를 고려한 **그림 19.2**에서 구할 수 있다. 예를 들어서 $V_{CC}=$ 12V라면 x축의 12V를 통과하고, $R_E + R_C$가 4 kΩ이라면 y축은

$$\frac{12\text{V}}{4\,\text{k}\Omega} = 3\text{mA}$$

를 지나는 직선(부하선)을 그을 수 있다.

여기서 이 부하선은 직류에 대한 것이다. 회로 내에 C_E나 다음 단과의 연결용인 C_2가 첨가되어 있지만 직류전류에 대해선 아무 영향을 미치지 못하므로 그림 19.2와 같은 경로만을 통하여 흐를 것이다. 이를 **직류부하선**이라 한다.

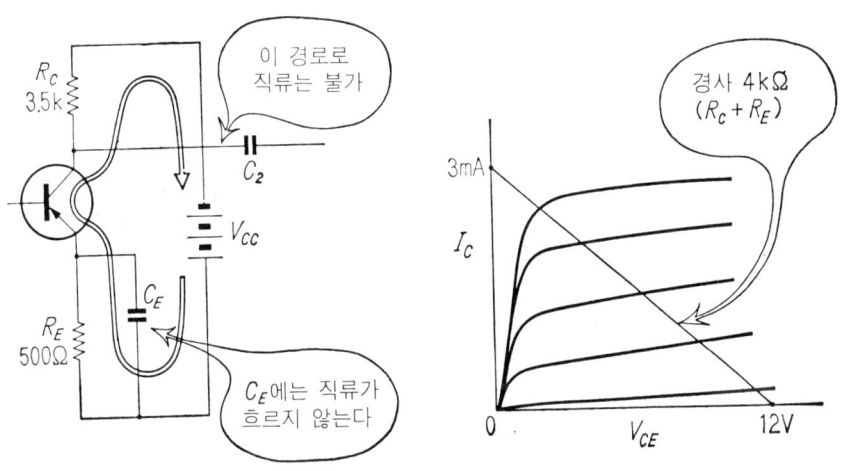

그림 19.2 직류만을 고려한 전류 흐름과 부하선

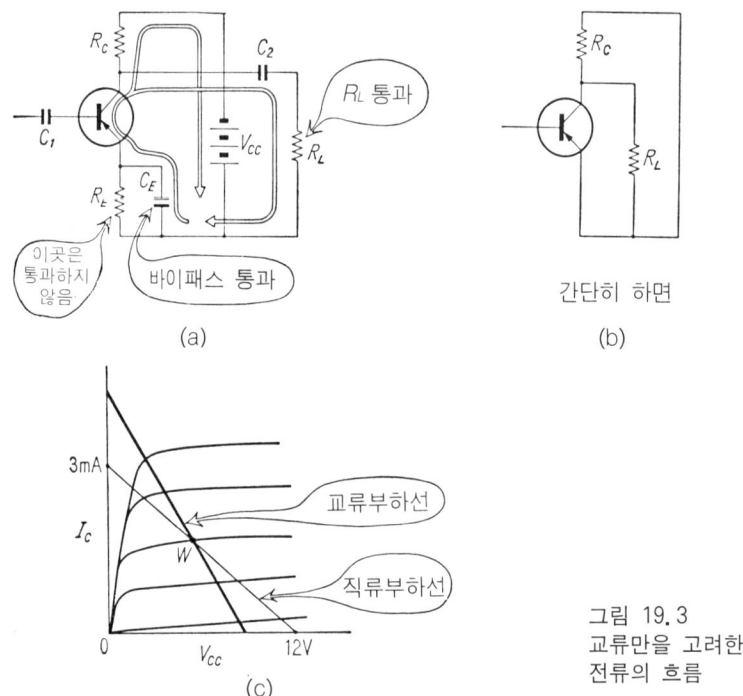

(a)

R_L 통과

간단히 하면

(b)

3mA

I_C

교류부하선

W

직류부하선

0 V_{CC} 12V

(c)

그림 19.3
교류만을 고려한
전류의 흐름

　　다음은 교류신호를 입력시킨 경우를 설명한다. 여러분도 잘 알다시피 교류신호는 콘
덴서를 통과할 수 있으므로 직류의 경우와는 달리 그림 19.3(a)와 같이 C_E를 통과하
게 된다. 또한 결합용인 C_2를 통과하는 경로도 있으므로 R_L도 영향을 미친다(R_L은 다
음 단의 트랜지스터 입력이나 스피커 등이다). 결국 교류신호 입력시 저항은 R_C와 R_L
이 병렬연결된 그림 19.3(b)와 같이 된다. 이 때 전원 V_{CC}는 어떻게 변할까? 전지라
는 것은 보통 저항이 0이다. 그러므로 교류는 그
대로 전지를 통과하여 흐르므로 R_C는 접지에 연
결된 것과 같이 된다. 이런 이유에서 교류신호
에 대한 저항은 R_C보다 작아진다. 즉 R_C가 3.5
kΩ이고 R_L이 5kΩ이라면 합성저항은 2kΩ이
되는 것이다.

　　여기서 다시 한 번 부하선을 생각해 보자. 저
항이 작아졌으므로 그림 19.3(c)와 같이 별도
의 부하선을 그릴 수 있다. 이 때 직류의 베이
스 전류는 동일하므로 동작점 W도 동일한 것
이다(이를 중심으로 신호가 증폭되므로).

　　이것은 직류(또는 매우 낮은 주파수의 저주파

남녀가 출입하는 곳이 다르다

신호)와 교류(예를 들면 음성주파수)에서는 증폭도가 다르다는 것을 의미한다. 동일한 트랜지스터를 통과하지만 외부회로의 경로가 직류와 교류에서 다르다는 것이 이상하게 생각될지 모르나 인간사회에서도 남녀가 다른 길을 걷고 있는 것과 마찬가지이다. 여성 전용 장소도 있지만 금지구역도 있는 것이다. 동일한 사물을 보더라도 남녀가 느끼는 감정이 다르듯이 동일한 컬렉터 회로를 직류와 교류가 다르게 통과하는 것이다.

저항결정

그림 19.1회로의 각 저항을 결정해 보자. R_L은 일반적으로 다음 트랜지스터 회로의 입력저항이 되며 보통 5kΩ 정도이다.

$$\boxed{R_L = 5\,\mathrm{k}\Omega}$$

다음은 동작점을 결정한다. 이는 트랜지스터의 출력 특성을 이용하며 일반적인 소신호용 트랜지스터의 경우는 컬렉터 전류 2mA, $V_{CE} = 5$V 정도이다. 이 동작점에서 신호가 왜곡되지 않도록 부하저항을 선택한다. 그림 19.4에서 부하선을 그어 보면, W를 통과하고 $I_C = 4.5$mA인 점까지 연결된다. 여기서 빗금 친 부분의 삼각형에서 부하저항은

$$R = \frac{5\mathrm{V}}{2.5\mathrm{mA}} = 2\,\mathrm{k}\Omega$$

이 된다.

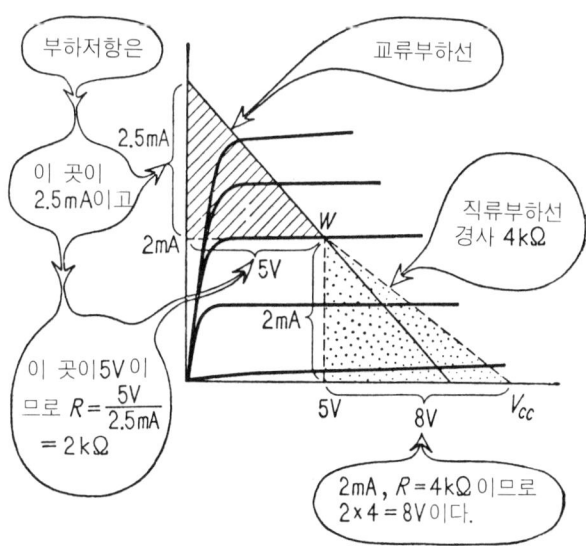

그림 19.4 부하선을 이용한 부하저항의 유도

이 부하선은 교류부하선이므로 이 부하저항은 그림 19.3(b)에서 R_C와 R_L이 병렬연결된 저항이다. 여기서 $R_L = 5\mathrm{k}\Omega$이므로, 병렬로 연결하여 $2\mathrm{k}\Omega$이 되는 저항은 약 $3\mathrm{k}\Omega$이다. 즉,

$$\frac{3\mathrm{k}\Omega \times 5\mathrm{k}\Omega}{3\mathrm{k}\Omega + 5\mathrm{k}\Omega} \fallingdotseq 2\mathrm{k}\Omega$$

이므로

$$\boxed{R_C = 3\mathrm{k}\Omega}$$

이다.

다음은 R_E를 결정해 보자. 이는 컬렉터 전류를 안정시키기 위하여 크면 클수록 좋을 것이다. 그러나 너무 크면 직류전압 강하가 크게 되고, 동작점을 적당히 결정하기 위하여 V_{CC}가 따라서 증가해야 하므로 손해이다. 그러므로 약 2V 정도의 전압 강하를 고려한다면 컬렉터 전류는 2mA이므로

$$\frac{2\mathrm{V}}{2\mathrm{mA}} = 1\mathrm{k}\Omega$$

$$\boxed{R_E = 1\mathrm{k}\Omega}$$

와 같이 결정된다.

지금부터는 직류의 부하선을 생각해 보자. 동작점은 동일하므로 R_C와 R_E를 합친 저항은 $3\mathrm{k}\Omega + 1\mathrm{k}\Omega = 4\mathrm{k}\Omega$이 되어 직류부하 저항이 된다. 또 하나의 부하선을 그어 보면 그림 19.4의 점이 찍힌 삼각형의 밑변에서 전압은 8V가 되어 결국 V_{CC}는 5V+8V = 13V가 된다. 그러나 13V 전지는 없기 때문에 1.5V 전지 8개 또는 6V 전지 2개를 합하여 12V를 이용한다. 즉 전원은

$$\boxed{V_{CC} = 12\mathrm{V}}$$

면 충분할 것이다.

R_1과 R_2 결정

그림 19.1의 R_1과 R_2는 베이스 전압을 일정하게 유지할 목적으로 사용하고 있으며 R_1과 R_2가 작으면 작을수록 베이스 전압은 더욱 안정될 수 있을 것이다. 그러나 매우 작아지면 직류전류가 많이 흘러 전력이 지나치게 요구되며 R_2가 작으면 입력신호가 이를 통하여 흐르게 되므로 트랜지스터를 통과하지 못하게 된다. 이와 같이 여러 가지를 고려하여 적당한 크기의 저항을 선택해야만 한다.

여기서 안정성의 정도를 나타내는 안정계수 S를 정의해 보자. S는 베이스 전류가 온도 등에 의하여 변화할 때 컬렉터 전류의 변화 정도를 나타내는 양으로서, 작으면 작을수록 안정된 회로를 나타낸다. 보통 여러분들이 사용하고 있는 회로는 S가 10정도로서 베이스 전류가 변하면 그 10배에 해당하는 양만큼 컬렉터 전류가 변화하게 된다.

S를 사용하면 R_1, R_2를 계산할 수 있다. 여기서는 간단한 예를 들어보자. 먼저 R_1은

$$R_1 = \frac{V_{CC}}{I_C} \times S$$

가 된다. 앞 예에서 V_{CC}는 12V, I_C는 2mA이므로

$$\frac{12\text{V}}{2\text{mA}} \times 10 = 60\,\text{k}\Omega$$

$$\boxed{R_1 = 60\,\text{k}\Omega}$$

이 된다. R_2의 경우는 좀 더 복잡하지만

$$R_2 = \frac{R_1 \cdot R_E \cdot S}{R_1 - R_E \cdot S}$$

가 된다. 예와 같은 회로에서는, $R_1 = 60\,\text{k}\Omega$, $R_E = 1\,\text{k}\Omega$이므로

$$R_2 = \frac{60\,\text{k}\Omega \times 1\,\text{k}\Omega \times 10}{60\,\text{k}\Omega - 1\,\text{k}\Omega \times 10} = \frac{600\,\text{k}\Omega}{50} = 12\,\text{k}\Omega$$

이 된다.

만약 전력소비에 관계없이 좀 더 안정한 회로를 구성하려면 S를 7이나 5정도로 하는 것이 좋다. 만약 5라면 $R_1 = 30\,\text{k}\Omega$, $R_2 = 6\,\text{k}\Omega$ 정도면 충분하다.

이 계산법은 상당히 개략적이므로 처음 결정한 동작점과 다소 어긋날 수 있을 것이며, 트랜지스터에 따라서도 약간 달라질 것이다.

콘덴서 값 결정

이상과 같이 저항값들을 결정하였으면 다음은 콘덴서 값을 결정해 보자. 먼저 그림 19.1의 C_1을 결정해 보자. C_1의 출력에서 본 입력저항과 C_1을 곱하면 시정수를 구할 수 있는데, 이는 원하는 동작주파수에 2를 곱하여 역수를 취한 것과 동일할 것이다. 즉, 해당 주파수가 이 C와 R을 통하여 흐르는 것이다.

입력저항(R_i)은 그림 19.1에서 R_1과 R_2 그리고 트랜지스터의 입력 저항이 병렬로 연결되어 있는 것의 합성저항이다. 트랜지스터의 입력저항은 이미터 저항을 h_{fe}배 한 값

이다. 즉, 전류 증폭율의 관계에 의하여 베이스−이미터 간의 저항은 높게 된다.

여기서 계산은 생략하였지만 회로의 입력저항은 대체로 $1\sim2\,\mathrm{k\Omega}$ 정도가 된다. 50Hz 까지 증폭하고 싶다면 C_1은

$$C_1 = \frac{1}{2\pi f R_i}$$

에서, $f=50\mathrm{Hz}$, $R_i=1\mathrm{k\Omega}$ 을 대입하여 계산하면

$$C_1 = \frac{1}{2\times3.14\times50\times1000} \fallingdotseq \frac{1}{300\times1000} = 3.3\times10^{-6}\mathrm{F}$$

즉, $3.3\mu\mathrm{F}$이 된다. 그러나 C는 R과 달리 정확한 값의 콘덴서를 사용할 필요는 없으며 오히려 보다 큰 값의 콘덴서를 사용하면 정확하므로 계산도 R값을 구할 때처럼 정확히 할 필요는 없다.

그러므로 대략 $5\mu\mathrm{F}$을 삽입시키면

$$\boxed{C_1 = 5\mu\mathrm{F}}$$

다음에는 C_2에 대하여 설명하겠다. 이 경우는 R_L 그리고 트랜지스터의 출력저항 R_0와 관계가 있다. 즉, C_2의 좌측에서 트랜지스터를 볼 때 저항을 고려해야만 한다. 보통 R_0는 매우 작고, R_0와 R_L은 회로에서 보면 직렬연결 형태로서 $R_L=5\mathrm{k\Omega}$ 정도이므로 R_0는 무시한다.

C_1의 경우와 마찬가지로

$$C_2 = \frac{1}{2\pi f R_L}$$

이며 해당 값을 대입시키면

$$C_2 = \frac{1}{2\times3.14\times50\times5\mathrm{k\Omega}}$$
$$\fallingdotseq 0.7\mu\mathrm{F}$$

이 되므로

$$\boxed{C_2 = 1\mu\mathrm{F}}$$

을 사용한다.

다음은 C_E에 대하여 설명하겠다. 이 경우 저항은 R_E뿐만이 아니라, 이미터−베이스 간의 저항, R_1과 R_2의 병

C_E는 크므로 주의가 필요

렬저항 등을 함께 고려해야 하며 트랜지스터 증폭률의 관계에서 매우 작게 된다는 것을 알 수 있다.

합성저항의 계산은 생략하나 일반적으로 $100 \sim 500\Omega$ 정도이다. 만약 100Ω 이라면

$$C_E = \frac{1}{2\pi f R_T} = \frac{1}{2 \times 3.14 \times 50 \times 100} \fallingdotseq 32\mu F$$

이다. 여기서 R_T는 합성저항값을 표시한다. C_1과 C_2에 비하여 매우 큰 값임을 알 수 있다.

$$C_E = 30\mu F$$

를 삽입하지 않았다면 교류에서도 전류궤환이 발생하여 이득은 감소하지만, 안정도는 증가한다.

C_1, C_2, C_E의 내압을 살펴보면, C_1, C_E는 수 V 정도이며 C_2에도 V_{CC} 이상은 인가되지 않으므로 C_1, C_E는 $10 \sim 15V$, C_2는 $20 \sim 30V$ 정도면 된다. 트랜지스터용 C는 용량이 크면 내압을 낮게 조정하여 소형으로 제작한다. 최종적으로 완성한 회로는 그림 19.5와 같다.

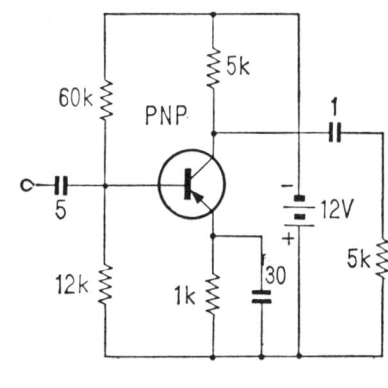

그림 19.5 완성된 1단 증폭기

회로동작의 확인

위와 같이, 간단한 회로도 설계하기에는 매우 어려우며 계산이 정확한지 확인한 후 테스터를 이용하여 각 단자의 전압이나 전류가 설계값과 같은지를 확인해야 한다. 시험결과 규격에서 벗어난다면 원인을 규명하여 재제작하여야 한다. 특히 상용화할 회로를 만들기 위해선 상당한 노력을 해야 할 것이다.

회로설계 중에는 복잡한 계산과정과 여러 가지 단위가 있어서 혼동하기 쉬울 것이다. 이와 같은 점에 유의하면서 계산하여야 한다.

여러분 중에는 귀찮기 때문에 설계된 회로를 참고하여 그대로 제작하는 사람도 있을 것이다. 물론 회로는 제대로 동작하겠지만 이때 각 소자의 역할분석이나 고장진단은 불가능할 것이다.

제19장 요점

직류부하선과 교류부하선은 별도로 생각해야 한다.

트랜지스터 회로의 C는 비교적 크다.

바이어스 회로의 저항은 각각 계산으로 구할 수 있다.

제19장 연습

문 1 트랜지스터 증폭기의 다음 단 입력저항은 직류부하선에 영향을 미치는가?

문 2 일반적으로 교류부하와 직류부하는 어느 것이 큰가?

문 3 안정계수가 5일 때 전원−베이스 간 저항 R_1 및 베이스−접지간 저항 R_2를 결정하라.

   (단, $V_{CC}=10V$, $I_C=2mA$, $R_E=1k\Omega$ 이다.)

문 4 입력저항이 500Ω일 때, 저주파 30Hz까지 증폭하기를 원할 때, 입력결합용 콘덴서의 크기는 어느 정도가 필요한가?

문 5 이미터의 바이패스용 콘덴서를 삽입하지 않으면 회로는 어떻게 될까?

문 6 이미터 접지 증폭회로에서 전류는 대개 어느 정도 증폭되는가?

제 **20** 장

파라미터와 등가회로

트랜지스터의 신분증

여러분들은 항상 주민등록증을 가지고 다닐 것이다. 트랜지스터의 경우 신분증은 특성표(specification)이다. 이 표를 살펴보면, 트랜지스터의 성격이나 환경 등 모든 정보를 얻을 수 있다. 여러분들이 트랜지스터를 사용하려고 하면 제일 먼저 이 특성표를 살펴보아야 한다. 특성표를 보지 않고 트랜지스터를 사용하는 것은 무면허운전과 같은 것이다.

표 20. 1은 전기적 특성표의 한 예이다. 이 중에 전류증폭률(h_{fe})이란 항목이 있다. 때로는 직류 전류증폭률(h_{FE})이라고도 한다. 일반적으로 최소값, 표준값, 최대값 등이 기재되어 있으며 이 예에서는 최소값 35, 최대값 200 등이다.

즉, 동일한 트랜지스터일시라도 이와 같이 진류증폭률의 범위기 크게 변하는 것이다. 이는 동일한 대학 졸업자들이라도 여러 종류의 실력자가 있는 것과 마찬가지이다. 반도체에서 이와 같은 값들을 일정하게 유지하는 것은 매우 어려운 것이다.

이 h_{fe}는 단위가 없이 단지 몇 배인지를 나타내는 인자이다. 그러면 h_{fe}란 과연 무엇을 나타내는가? 좀 더 구체적으로 말해서 h란 무엇인가? 이 장에서는 h에 관하여 설명하

표 20. 1 트랜지스터의 특성표

항 목	기 호	측정조건	최소값	표준값	최대값	단 위
컬렉터-이미터 파괴전압	BV_{CEO}	$I_C=1\text{mA}$	50			V
컬렉터 차단전류	I_{CBO}	$V_{CB}=20\text{V}$			1	μA
전류증폭률	h_{fe}	$V_{CE}=3\text{V}$ $I_C=10\text{mA}$	35	80	200	
베이스-이미터 전압	V_{BE}	$c=10\ \text{mA}$		0.65		V
이득 대역폭	f_T	$V_{CE}=6\text{V}$		100		MHz

겠다.

　　h는 하이브리드(hybrid : 혼합이란 의미)의 머리글자이다. h_{fe}라든가 h_{ie} 등 네 가지가 있다. 이들을 h파라미터라고 한다. 이 h파라미터는 트랜지스터의 성능을 표시하고 있으며 매우 중요한 양이다. 특성표의 파괴전압이나 차단전류 등은 단지 '체격'과 같은 것으로서 신장이나 체중으로 사람의 우수성을 파악하기란 어려울 것이다. 그러나 h 파라미터는 트랜지스터의 '성적표'나 '지능지수'를 나타내는 것이다.

　　파라미터란 정수로 나타내므로, 쉽게 느낌이 오지는 않을 것이다. 단지 h라는 특별한 형태로 트랜지스터의 특성을 나타내는 수치이다.

파라미터의 필요성

　　그러면 왜 이렇게 복잡한 h파라미터가 필요한 것일까? 먼저 그림 20.1은 저항과 콘덴서이다. 이들은 단지 단자간 저항이 100Ω이라든가, 0.01μF이라고 하면 간단히 성능을 표시할 수 있을 것이다. 그 이외에 내전압이나 허용전압 등이 있지만 이는 이차적인 것이다.

　　그림 20.2와 같은 회로가 있을 때, 이를 트랜지스터와 같은 특성을 지닌 회로라 한다. 그러면 어떻게 이 3단자 회로의 성능을 표시할 수 있을까?

　　먼저, 하나의 단자(c)를 공통(예를 들면 베이스라고 생각할 수 있다)으로 하여 (a)와 (c)사이를 테스터로 측정해 보면, 200Ω이 나올 것이다. 다음에 (b)와 (c) 사이를 측정하면 150Ω이 될 것이다. 이것이 이 회로(실은 회로망, network임)의 파라미터가 되는 것이다.

　　그렇다면 그림 20.3과 같이 매우 복잡한 회로의 경우는 어떻게 될까? 내부 회로가 매우 복잡하므로 (b)와 같이 하나의 상자에 넣고 생각해 보자.　내부가 보이지 않으므

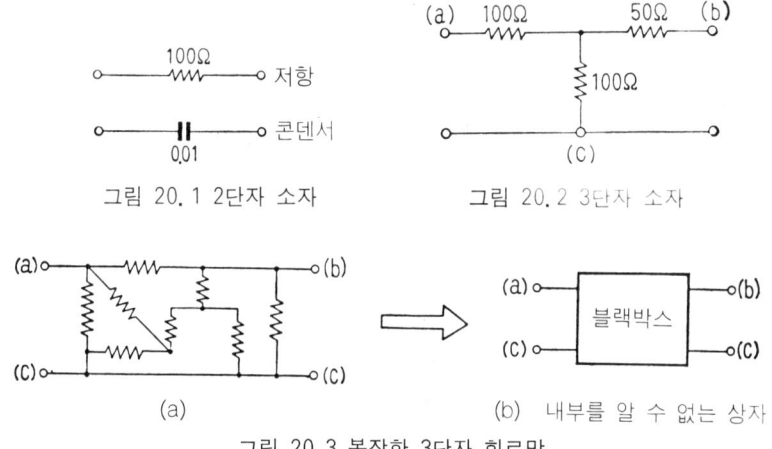

그림 20.1 2단자 소자　　　　　그림 20.2 3단자 소자

　　　　(a)　　　　　　　　　　(b)　내부를 알 수 없는 상자

그림 20.3 복잡한 3단자 회로망

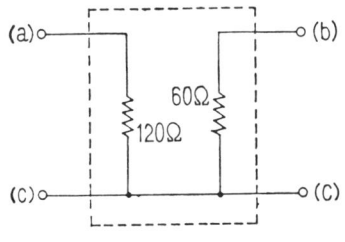

그림 20.4 그림 20.3의 블랙박스

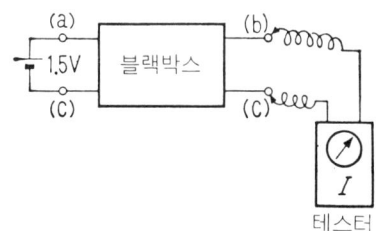

그림 20.5 변환저항의 측정

로 이를 블랙박스(black box)라고 한다(그림 20.4). 이 회로에서 (a)와 (c)사이를 테스터로 측정해 보면 어느 정도의 저항이 나올 것이다. 예를 들어서 120Ω이라 하자. (b)와 (c)사이의 측정저항은 60Ω이라 하자. 결과에 만족하는가?

한가지 걱정거리가 생긴다. 예를 들어서 그림 20.4와 같이 상자에 $R_1 = 120Ω$, $R_2 = 60Ω$이라면 외부에서 본 특성은 동일할 것이다. 그러나 그림 20.3과 20.4는 동일하게 보이진 않는다.

여기서 그림 20.5와 같이 (a)와 (c)사이에 1.5V의 전지를 연결하고 (b)와 (c)사이에서 전류를 측정해 보자. 그림 20.3에서는 어느 정도의 전류가 흐르지만 그림 20.4의 회로에서는 어떠한 전류도 흐르지 않는 것을 알 수 있다. 즉, 두 회로는 다른 것이다. 만약 그림 20.3의 회로에서 이와 같은 측정을 할 경우, 1.5V의 전지에서 15mA의 전류가 흐른다면 100Ω의 저항이 될 것이다. 여기서도 이상한 점은 전압을 인가하는 단자와 전류를 측정하는 단자가 다르다는 것이다. 회로에서는 이와 같은 저항을 **변환저항** 또는 **전달저항**이라 하여 일종의 저항으로 생각한다.

여기서 동일한 회로에 내하여 저항을 역으로 측정해 보지. 즉, (b)와 (c)사이에 전지를 연결하고 (a)와 (c)사이에 전류를 측정해 보면 이상하게도 동일한 결과로 측정될 것이다. 이 저항을 궤환저항이라 하며 이는 항상 변환저항과 동일한 것이다. 다시 말해서 블랙박스의 입력(좌측)에 전압을 인가할 때는 '변환'이며, 역으로 출력단(우측)에

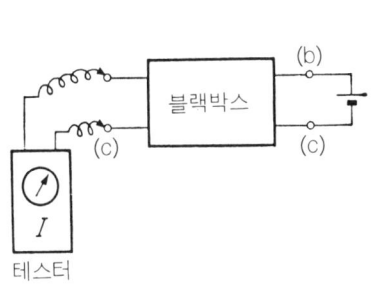

그림 20.6 역의 궤환저항도 있다

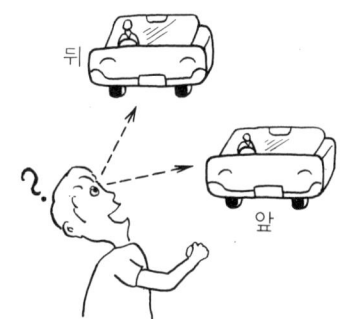

전후가 동일한 저항회로망

전압을 인가할 때는 '궤환'인 것이다.

저항이나 콘덴서 등의 수동소자만으로 제작한 회로망에서는 변환저항과 궤환저항이 완전히 일치하는 것이다. 좀 더 자세한 내용을 알고 싶은 사람은 참고서적을 이용하기 바란다. 이러한 이유에서 회로망의 파라미터는 3단자로 충분한 것이다.

능동회로망 ···· 트랜지스터

그러면 트랜지스터와 같은 능동소자에 대해서 설명하겠다. 역시 3단자가 있으므로 회로망으로 생각해도 좋을 것이다. 만약 이미터 접지라면 입력저항(B−E 사이)과 출력저항(C−E 사이), 그리고 변환저항의 3가지 저항을 측정하여 보자.

베이스에 전압을 가하여 컬렉터 전압을 측정할 때와(보통 증폭상태임) 역으로 컬렉터에 전압을 가하고 베이스에서 전류를 측정할 때를 비교해 보면, 앞서 설명한 회로망의 정리와 동일한 결과를 유도할 수 있어야 한다. 그러나 실제로는 다른 결과가 관측된다. 회로망의 정리는 거짓이 아니므로, 이 경우는 적합하지 않다. 이러한 경우를 능동소자망, 즉 트랜지스터나 진공관 등을 사용한 회로인 것이다. 회로망의 정리는 R, L, C 등 수동소자로만 이루어진 회로일 경우 성립한다. 능동회로망에서는 변환저항과 궤환저항이 다르므로 원칙적으로 4가지 파라미터가 필요한 것이다.

(1) R 파라미터

여기서는 수식을 유도해 보자. 즉 위에서 설명한 저항간의 관계를 알기 쉽게 나타내고자 한다. 먼저 그림 20.7과 같은 블랙박스를 생각해 보자. 여기서 입력전압(V_1), 입력전류(I_1), 출력전압(V_2), 출력전류(I_2)는 표시한 바와 같은 방향성을 지니고 있다. 이는 별다른 이유없이 하나의 약속일 뿐이다. 그러면

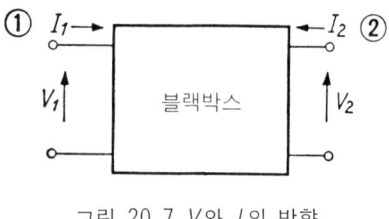

그림 20.7 V와 I의 방향

$$V_1 = R_I \cdot I_1 + R_R \cdot I_2 \qquad (20.1)$$

와 같은 식을 유도할 수 있을 것이다. 이 식을 고찰해 보면 먼저, $V_1 = R_I \cdot I_1$이라면 이는 옴의 법칙이며 R_I가 ①의 단자와 베이스 간의 저항이다. 여기서 R_I의 전류가 입력(Input)된 것이다. 또한 V_1은 단자 ②에 흐르는 전류에 영향을 미칠 것이다. 이 부분만을 생각해 보면 $V_1 = R_R \cdot I_2$인 것이다. R_R은 보통 저항이 아닌 궤환저항(Reverse)이다.

입력단자 전압은 이와 같이 두 저항의 영향을 더하여 구할 수 있다. 이 또한 중요한

회로망의 정리이다. (중첩의 정리) 결과는 식 20.1과 같
다. 다음은 ②단자에서와 마찬가지로 구해 보자. ②단
자의 출력단에서 보면,

$$V_2 = R_F \cdot I_1 + R_O \cdot I_2 \qquad (20.2)$$

와 같은 수식을 유도할 수 있다. 식 20.1과 거의 동일하
나 V_1과 V_2, 저항 등이 다르다는 것을 알 수 있다. R_F
는 ①단자의 전류와 ②단자의 전압관계에서 유도한 변

중량의 원리

환저항이며, R_O는 출력저항(output)이다.

　이상의 결과를 고찰해 보면, 파라미터는 완전히 저항의 차원으로 표시되므로 이를
R 파라미터라고 한다. 이는 매우 쉽게 이해할 수 있으나 실제로 측정방법이 복잡하기
때문에 자주 사용하고 있지 않다. 이와 같은 파라미터는 직류뿐만이 아니라 교류에서
오히려 널리 사용되고 있다. 만약 식 20.2에서 R_F을 구하려면 어떻게 해서든지 I_2를
0으로 하여야만 R_F를 구할 수 있을 것이다. $I_2=0$이라면 전류가 흐르지 않아 결국 트
랜지스터가 동작하지 않는 경우이므로 전혀 의미가 없을 것이다. 이때는 직류 바이어
스를 인가하고 교류신호만 $I_2=0$으로 하여야 한다. 이것이 매우 어려운 측정이 된다.
예를 들면, 무한대의 임피던스 초크(choke)를 사용하여 직류를 인가하여야 한다.

　결국 측정이 곤란하므로 R 파라미터는 자주 사용하고 있지 않다. 그러나 회로망의
파라미터를 이해하는 데 가장 많이 사용되고 있다.

(2) h 파라미터

　식 20.1과 20.2의 식에서 회로망의 특성을 V_1, I_1, V_2, I_2로 표시하면 다른 조합도
가능할 것이다. 한 예가 h 파라미터로서

$$V_1 = h_I \cdot I_1 + h_R \cdot V_2 \qquad (20.3)$$
$$I_2 = h_F \cdot I_1 + h_O \cdot V_2 \qquad (20.4)$$

와 같은 것이다. R 대신 h를 사용한 것은 저항의 차원이 아니기 때문이다. 그러면 식
20.3에서 입력에 대해서는(그림 20.8)

$$V_1 = h_I \cdot I_1$$

이므로, h_I는 R_I와 동일하므로 저항과 같은 차원이 될 것이다. 또한 V_2에 의한 영향은

$$V_1 = h_R \cdot V_2$$

와 같을 것이다.

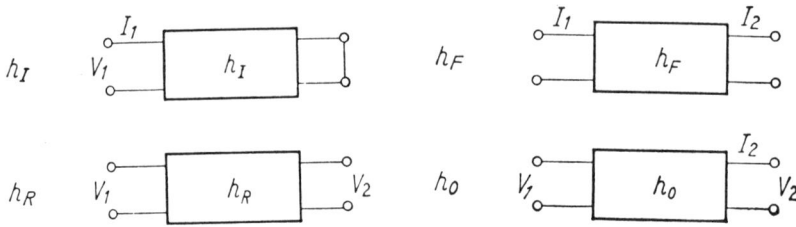

그림 20. 8 4개의 h파라미터

이것은 ②단자에 V_2를 인가할 때 ①에 나타나는 전압 V_1의 비이므로 V_1/V_2로서, h_R은 단위가 없는 양이다. 보통 트랜지스터에서는 1 이하의 수이다.

식 20.4에서와 마찬가지로

$$I_2 = h_F \cdot I_1$$

이다. 이는 입력전류에 대한 출력전류의 비이며, **전류증폭률**을 나타내고 있다. 전류의 비이므로 역시 단위가 없다. 여러분도 잘 알다시피 보통 20~200 정도이다. 다음은

$$h = h_O \cdot V_2$$

을 생각해 보면, 이는 출력저항과 관계가 있는데, h_O는 I_2/V_2가 되어 저항의 역수, 즉 컨덕턴스가 되며 ℧의 단위이다.

트랜지스터의 경우 출력저항이 매우 크므로 h_O는 매우 작은 수가 된다. 보통 μ℧ 정도이다. 트랜지스터의 접지방법에 따라 파라미터도 틀릴 것이다. 이때 단순히 h_F라는 기호도 혼동될 수 있으므로 하나의 첨자를 더 사용하여 표현하면 이미터 접지에서는 h_{FE}, 베이스 접지에서는 h_{FB} 등과 같이 표현할 수 있다. 그러므로 h_{IE}, h_{OE} h_{RE} 등의 기호도 쉽게 이해할 수 있을 것이다.

(3) 교류 파라미터

지금까지 설명한 것은 직류만을 고려한 h 파라미터이다. 그러나 여러분들이 사용하고 있는 증폭회로에서는 교류가 자주 사용되고 있다. 앞서 설명한 바와 같이 교류의 경우는 부하저항값 등이 직류의 경우와는 매우 다르다. 결국 파라미터라는 것은 결정된 일정한 값이 아니고 바이어스 조건이나 동작점이 바뀌면 따라서 바뀌는 값이다. 그러므로 신호의 크기에 따라서도 변하게 된다. 때문에 특성표에는 반드시 측정조건이 서술되어 있는 것이다.

교류신호에서 측정할 때, h파라미터는 매우 안정되어 있다. 식 20.3을 살펴보면, h_I는 V_2가 0이 될 때 V_1과 I_1과의 관계를 측정한 것이다. V_2가 0이란 것은 출력단자를 콘덴서로 단락하면 된다.

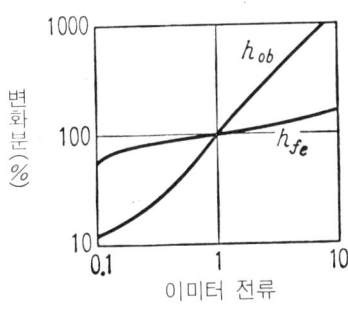

그림 20.9 이미터 전류에 의한
h 파라미터의 변환

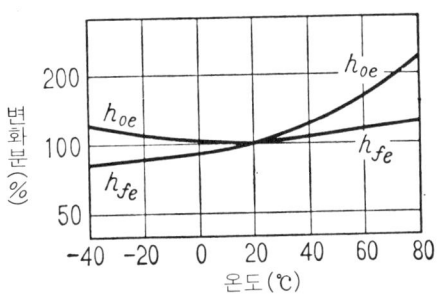

그림 20.10 온도에 따른 h 파라미터의 변환

R 파라미터에서는 출력을 개방해야만 하므로 특히, 고주파에서 측정할 때 회로의 기생용량 등의 영향에 의하여 측정이 불가능하게 된다. 마찬가지 이유로 식 20.4에서 h_o를 구할 때 $I_1 = 0$으로 놓는다. 이는 입력단자 개방조건으로서, 이것도 안전하게 된다. 출력단에서는 단락시키는 것이 안전하다는 이유는 출력단의 내부저항은 상당히 높으므로 개방시킬 경우 더욱 높은 저항이 되어버리기 때문이다. 이에 비하여 입력저항은 낮아 단락시키기가 곤란해지는 것이다.

개방이나 단락이 이상적인 방법은 아니므로 내부저항을 무시할 수 있을 만큼 제한을 두면 h 파라미터는 안정적으로 사용할 수 있다. h 파라미터는 이와 같은 특성을 고려하여 구상된 것이다. 직류와 교류를 구분하기 위하여 h에 첨자를 붙인다. 즉, 직류에서는 h_{FE}, 교류에서는 h_{fe}를 사용한다. 그러므로 다음과 같은 양은 무엇에 관한 것인지 쉽게 알 수 있다.

$$h_{ie}, \ h_{re}, \ h_{fe}, \ h_{oe}, \ h_{ib}, \ h_{rb}, \ h_{fb}, \ h_{ob}$$

이 때 i를 11, o를 22로 사용하는 경우도 있지만 자주 사용하지는 않는다.

그림 20.9는 이미터 접지에서 h_{fe}와 h_{ob}의 변화를 나타내고 있다. h 파라미터는 그다지 변하지 않지만 큰 변화를 겪는 경우도 있다. 그림 20.10은 온도의 변화에 따른 h_{ob}와 h_{fe}의 변화를 나타내고 있다. 또한 트랜지스터가 약간의 이상이 생길 때에도 이 h 파라미터는 크게 변화한다. 이 경우 h 파라미터는 트랜지스터의 건강상태를 표시하고 있는 것이다.

회로의 저항

지금까지 h 파라미터에 관하여 설명하였지만 이것은 단지 트랜지스터에 관한 사항이며 증폭회로 구성시 입력 및 출력 임피던스는 h_{ie}나 h_{oe}는 아니다. 외부에서 저항을 연결해 놓기 때문에 입·출력 임피던스는 변하는 것이다. 그러나 트랜지스터 자체의 저항,

h 파라미터를 이용하여
트랜지스터의 건강상태 점검

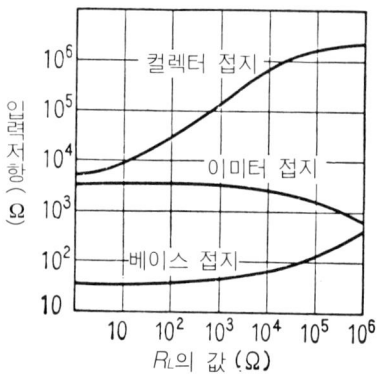

그림 20. 11 R_L에 따른 입력저항의 변화

즉 h 파라미터를 알고 있으므로 회로에서도 입·출력 임피던스를 계산할 수 있을 것이다. 예를 들면 h 파라미터를 알고 있는 블랙박스에 신호원의 저항(R_P)이나 부하저항(R_L)을 연결하면 입력저항(R_i)이나 출력저항(R_o)을 구할 수 있으나 매우 복잡한 식이 된다. R_i는

$$R_i = \frac{h_{ie} + R_L (h_{ie} \cdot h_{oe} - h_{re} \cdot h_{fe})}{1 + h_{oe} \cdot R_L} \qquad (20.5)$$

와 같이 된다. 이 식에서 보면 R_L이 변하면 R_i도 변함을 알 수 있다. 그림 20. 11에 이를 계산하여 나타내었다. 증폭기로서 전압의 증폭률을 계산해보면

$$G_v = \frac{-h_{fe} \cdot R_L}{h_{ie} + (h_{ie} \cdot h_{oe} - h_{re} \cdot h_{fe}) \cdot R_L} \qquad (20.6)$$

이 되어 R_L이 변하면 G_v (voltage gain)도 변하는 것을 알 수 있다. 이외에 출력저항, 전류이득, 전력이득 등도 계산할 수 있다.

이상으로 트랜지스터의 선형 증폭회로에 대한 설명을 마치겠다. 지금까지의 설명을 모두 이해하였다면 증폭회로 외의 다른 회로에 대해서도 쉽게 이해할 수 있을 것이다. 트랜지스터 회로에는 발진회로, 변조회로, 고주파증폭, 직류증폭, 전원증폭 등의 회로가 있으며, 펄스 회로도 널리 사용되고 있다. 모든 회로를 이 책에서 다루기에는 한계가 있으므로, 기초를 이해하였다면 회로에 관한 서적을 참고하여 공부해 주기 바란다. 마지막으로 하고 싶은 말은 모든 공부를 '철저히'하라는 것이다. 이해하지 못한 사항은 그냥 넘어가지 말고 확실히 이해할 수 있도록 반복하여 공부해야 한다.

제20장 요 점

4단자 회로를 결정하기 위하여 파라미터가 필요하다.

수동회로망에서는 전달저항이나 궤환저항이 중요하다.

h 파라미터가 측정상 유리하다.

제20장 연 습

문 1 능동회로망에서 전달저항과 궤환저항이 다른 이유는 무엇인가?

문 2 R 파라미터와 h 파라미터의 차이점을 설명하라.

문 3 파라미터는 바이어스에 의하여 변화하는가?

문 4 파라미터에서 증폭률은 어떻게 나타내는가?

문 5 이 책의 마지막 질문으로서, 반도체에 대하여 어느 정도 이해하였는가?

　　 확실히 이해하지 못하였다면 다시 한 번 천천히 정독해 보도록 하라.

참고문헌

◆ 반도체의 기초와 취급에 관하여

「半導体電子工学」柳井, 電子通信学会

「半導体の物理」モル, 菅野他訳, 近代科学社

「半導体物性測定法」今村, 伝田他, 日刊工業

「半導体処理技術」伝田, 日刊工業

「初等トランジスタ教科書」藤本他, オーム社

「半導体物性工学の基礎」原留, 工業調査会

「シリコン集積素子技術の基礎」バーガー, 菅野訳, 地人書館

◆ 일렉트로닉스 일반

「エレクトロニクスへのスタート」川上, 共立出版

「エレクトロニクス専科」中野, 誠文堂

「図解エレクトロニクスへの基礎」笹井, 電気書院

「トランジスタ, ダイオードの使い方」久保, CQ出版社

「MOSデバイス」徳山, 工業調査会

◆ 회로이론 관련

「基礎電子回路I」電子通信学会, コロナ社

「大学演習―回路」高橋秀俊, 裳書房

「電子回路教室」武藤, 電気書院

◆ IC 관련

「わかりやすい集積回路」関口他, 産報

「集積回路技術」伝田, 工業調査会

「半導体集積回路入門」垂井, オーム社

「入門ICセミナー」伝田, CQ出版社

「集積回路とその応用」小田川他, 日刊工業

「ICの使い方」伝田, CQ出版社

「定電圧ICとその使い方」伝田他, 産報

◆ 관련 잡지

「トランジスタ技術」CQ出版社

「電子材料」工業調査会

「日経エレクトロニクス」日経マグロウヒル

「電子技術」日刊工業

◆ 핸드북

「電子通信ハンドブック」

「集積回路ハンドブック」

연습문제
해 답

제 1 장

문[1] 두 물질 모두 화학적으로 활성이므로 자연계에서는 산소와 결합하고 있다.

문[2] 재료의 단가가 상승한 것이 아니라, 순수한 반도체를 만들기 위한 장치 및 부대비용이 증가하였기 때문이다.

문[3] 온도가 상승할 때 저항이 상승하므로 반도체가 아니고 금속이다.

제 2 장

문[1] 보동은 결정성이 사라져 버린다.

문[2] 전자는 매우 가벼우며 물질 중의 전기적 인력이 중력보다 크기 때문이다.

문[3] 만약 산소가 첨가되면 바로 산화되어 버리기 때문이다.

제 3 장

문[1] 29개

문[2] 네온은 10개의 전자로서 제1, 제2궤도를 가득 채우고 있기 때문에 산소와의 결합력이 약하다.

문[3] 존재하지 않는다.

제 4 장

문[1] 불가능하다.

문[2] 모든 전자가 전도대로 천이하므로 반도체가 될 수 없다.

문[3] 열에너지(0.03eV)

제 5 장

문[1] 충만대

문[2] 전자가 빠르다.

문[3] 생략(34페이지 참조)

제 6 장

문[1] 안티몬이 $2000 - 1000 = 1000$개 많기 때문에 게르마늄은 n형이 된다.

문[2] 그림 6.7로부터(As나 P 동일) 저항률은 약 $2\Omega \cdot cm$이다.

제 7 장

문[1] 실리콘 중 전자의 이동도는 1350 $cm^2/V-sec$이고

이동도 $= \dfrac{\text{속도}}{\text{전계}}$ 이므로

속도 $= 1350 \times 100 = 135000 \text{cm/sec}$
$\qquad = 1350 \text{m/sec}$이다.

문 2 어느 정도 이상에서는 속도가 증가하지 않는다. 이를 핫(hot)전자라고 하며 반도체가 이 영역에 들어오면 완전히 다른 행동을 한다.

문 3 인간의 상식으로는 매우 짧은 시간이지만, 전자의 세계에서는 그리 짧은 시간은 아니다.

제 8 장

문 1 주행중 공기와의 마찰로 인해, 내부의 사람이나 기계 등에 대전되지만, 타이어에서는 방전될 수 없기 때문이다.

문 2 근본적으로는 동일하지 않다.

제 9 장

문 1 역시 불가능하다. 원자상태에서 결합되지 않으면 안 된다.

문 2 페르미 레벨은 보통 그 위 아래에 동일한 수의 전자가 있어야만 한다. 따라서 위로 이동한다.

제 10 장

문 1 이미터 단자에서 정공이 주입되어 컬렉터 단자로 흐르므로 원리는 접합형 트랜지스터와 동일하다.

문 2 50μ 정도의 가는 금이나 알루미늄

선을 이용하여 열증착하거나 초음파 본딩으로 연결한다.

제 11 장

문 1 이미터에서 전류를 대량 흘려보내면, 원래 전자보다 주입된 정공이 많아져 보통의 확산과 다른 이동을 하는 경우이다. 이로 인하여 스스로 전계를 만들어 버린다.

문 2 $L_P = \sqrt{D_n \tau_n} = \sqrt{100 \times 10^{-3}}$
$\qquad = \sqrt{0.1} \text{cm} \fallingdotseq 0.316 \text{cm}$

문 3 전류 $= -q \cdot D_P \cdot$ 농도의 변화율
$\qquad = -1.6 \times 10^{-19} \times 19 \times \dfrac{10^{15}}{10 \times 10^{-3}}$
$\qquad = -30 \times 10^{-2} \text{A} = -300 \text{mA}$

제 12 장

문 1 진공관 회로에서는 전압증폭만으로도 유용한 경우가 있다.

트랜지스터 회로에서는 회로에서의 증폭보다 전후단의 임피던스를 조합시켜 위상을 조절하기 위하여 사용한다.

문 2 (1) 컬렉터 접지
(2) 베이스 접지
(3) 이미터 접지

제 13 장

문 1 불가능하다.

문 2 베이스 내에 전계가 걸려 있어 캐리어를 가속시키기 때문이다.

제14장

문1 볼 수 없다.

문2 IC의 단가는 대체로 면적에 비례하며 일회 공정으로 만들기 때문에 작을수록 저렴해 진다.

문3 금속과의 결합부분이 거의 없고 표면이 산화물 등으로 덮여 있기 때문이다.

문4 소자를 전기적으로 절연시킨 분리층을 말한다.

제15장

문1 게르마늄은 안 된다. 실리콘의 경우는 가능하다.

문2 파괴되지 않는다.

문3 가능하다.

문4 빛을 차단시키기 위함

제16장

문1 ② ④ ① ③

문2 비 직선적이다.

문3 컬렉터－이미터 사이의 전압과 컬렉터 전류 간의 특성이며, 이 때 파라미터는 베이스 전류이다.

제17장

문1 기울어진다.

문2 입력신호를 0으로 하여 컬렉터와 이미터 간의 전압을 측정하고 컬렉터 단자에 전류계를 삽입하여 컬렉터 전류를 관찰하면 된다.

문3 베이스－이미터 간의 저항을 무시하면 간단히

$$R_B = \frac{12V}{30\mu A} = 400k\Omega$$

이다.

문4 증폭되지 않는다.

제18장

문1 온도변화에 대한 안정성이 없다.

문2 약 0.6V

문3 ②

문4 I_{CEO}는 증가한다.

제19장

문1 직류부하에서는 콘덴서로 차단할 수 있으므로 영향을 미치지 못한다.

문2 직류부하가 크다.

문3
$$R_1 = \frac{V_{CC}}{I_e} \times S = \frac{10V}{2mA} \times 5 = 25k\Omega$$

$$R_2 = \frac{R_1 \cdot R_E \cdot S}{R_1 - R_E \cdot RS} = \frac{25k \times 1k \times 10}{25k - 1 \times 10}$$

$$= \frac{250k^2}{15k} ≒ 17k\Omega$$

문4
$$C_1 = \frac{1}{2\pi f R_i} = \frac{1}{6.28 \times 30 \times 500}$$

$$≒ \frac{1}{10^5 F} = 10\mu F$$

문5 이득은 떨어지나 전류 부궤환이 일어나 특성이 향상된다.

문6 해당 트랜지스터의 h_{fe}정도로 증폭

된다.

제20장

문① 능동회로망의 경우 신호가 증폭되기 때문이다.

문② R 파라미터는 저항만의 회로로서 비교적 쉽게 이해할 수 있지만, 실제 측정이 어렵다. 이에 비하여 h 파라미터는 약간 이해하기 어렵지만, 측정이 용이하여 널리 사용되고 있다.

문③ 상당히 변화한다. 파라미터를 표시할 때 바이어스 조건을 기입하는 것은 이 때문이다.

문④ 직류 전류증폭률 h_{FE}, 교류 전류증폭률 h_{fe}이다. 또한 베이스 접지에서는 h_{FB} 또는 h_{fb}, 컬렉터 접지에서는 h_{FC} 또는 h_{fc}이다.

찾아보기

【역자 소개】

✱ 정 학 기

- 1979~1983 아주대학교 전자공학과 공학사
- 1983~1985 연세대학교 대학원 전자공학과 공학석사
- 1985~1990 연세대학교 대학원 전자공학과 공학박사
- 1994~1995 일본 오사카대학 객원교수
- 1990~현재 군산대학교 전자정보공학부 교수

E-mail : hkjung@ks.kunsan.ac.kr

원서명 : わかる半導體セミナ

알기쉬운
반도체 세미나

정가 : 15,000원

검 인

지은이 : 伝 田 精 一

옮긴이 : 정 학 기

펴낸이 : 이 종 춘

펴낸곳 : BM 성안당

주 소 : 경기도 파주시 문발로 112

전 화 : (031)955-0511

팩 스 : (031)955-0510

등 록 : 1973.2.1 제13-12호

2000. 8. 16	초판 1쇄 발행
2004. 8. 26	초판 2쇄 발행
2005. 7. 1	초판 3쇄 발행
2006. 4. 3	초판 4쇄 발행
2009. 3. 10	초판 5쇄 발행
2010. 3. 24	초판 6쇄 발행
2012. 3. 13	**초판 7쇄 발행**

© 2000~2012 성안당

ISBN 978-89-315-3153-4

홈페이지 : **www.cyber.co.kr**